덧셈·뺄셈의 발견

최수일
개념연결 수학교육연구소
지음

비아에듀
ViaEducation

덧셈·뺄셈의 발견

지은이 | 최수일, 개념연결 수학교육연구소

초판 1쇄 발행일 2022년 9월 26일
초판 2쇄 발행일 2024년 2월 23일

발행인 | 한상준
편집 | 김민정·강탁준·손지원·최정휴·김영범
삽화 | 홍카툰
디자인 | 조경규·김경희·이우현
마케팅 | 이상민·주영상
관리 | 양은진

발행처 | 비아에듀(ViaEdu Publisher)
출판등록 | 제313-2007-218호(2007년 11월 2일)
주소 | 서울시 마포구 월드컵북로 6길 97(연남동 567-40) 2층
전화 | 02-334-6123 전자우편 | crm@viabook.kr
홈페이지 | viabook.kr

ISBN 979-11-91019-83-4 64410
ISBN 979-11-91019-61-2 (세트)

머 리 말

덧셈과 뺄셈은 세로로 빨리 하는 것이 최고 아닌가요?

맞습니다! 덧셈과 뺄셈을 가장 빨리 계산하는 방법은 세로로 하는 것이지요. 그런데 세로셈은 할 줄 알아도 부분적으로 더하는 방법으로는 계산하지 못하는 학생이 많지요. 또 덧셈과 뺄셈은 답만 내면 된다고 생각하는 학생도 많습니다. 하지만 여러 가지 방법, 즉 가로로 계산하는 방법 등도 알아야 한답니다. 받아올림이나 받아내림을 할 때 실수가 많이 일어나는데 계산하기 전에 미리 어림을 하고, 나중에 계산한 결과와 비교해 보면 실수를 미리 알아차릴 수 있답니다. 세로셈으로 계산한 결과만 믿지 말고 가로셈으로도 계산해 보면 확신할 수 있지요.

개념을 연결한다고요?

모든 수학 개념은 연결되어 있답니다. 그래서 덧셈과 뺄셈이 이전의 어떤 개념과 연결되는지를 알면 덧셈과 뺄셈의 거의 모든 것을 아는 것과 다름없습니다. 가르기와 모으기부터 시작해서 10이 되는 모으기와 10을 가르기 하는 과정을 정확히 알면 거기에 덧셈과 뺄셈의 받아올림과 받아내림을 연결할 수 있습니다. 한 자리 수나 두 자리 수의 덧셈과 뺄셈을 정확히 연결하면 이후 세 자리 수보다 큰 수의 덧셈과 뺄셈도 저절로 해결됩니다. 이 책은 1~3학년의 덧셈과 뺄셈을 통합적으로 볼 수 있는 안목을 길러 줄 것입니다. 개념이 연결되면 학년 구분 없이 다른 학년 수학까지 도전해 볼 수 있습니다.

설명해 보세요

수학을 이해했다는 증거는 간단히 찾을 수 있습니다. 다른 사람에게 설명해 보면 알 수 있지요. 술술~ 설명할 수 있으면 이해한 것입니다. 매 주제마다 한두 문제를 골라서 친구나 부모님 등 다른 사람에게 설명해 보세요. 연산 문제를 모두 해결했더라도 설명을 하지 못하면 아직 이해한 것이 아닙니다. 한 가지 방법만 알면 그만이라는 생각을 버리고 다양한 방법으로 설명해 보기 바랍니다.

2022년 9월

최수일

개념의 뜻 이해하기

수학 개념의 핵심은 뜻과 성질입니다. 그리고 개념 사이의 연결입니다.
'30초 개념'을 통해 개념의 뜻과 성질을 정확하게 이해해야 합니다.
그리고 이전에 학습한 내용을 기억하며
개념을 연결하는 습관을 길러 봅시다.

기억해 볼까요?

이전에 학습한 내용을
다시 확인해 볼 수 있어요.
지금 배울 단계와
어떻게 연결되는지 생각하면서
문제를 해결해 보세요.

개념연결

현재 학습하는 개념이
앞뒤로 어떻게
연결되는지 알 수 있어요.
자기주도적으로
복습 혹은 예습을
할 수 있게 도와줘요.

30초 개념

교과서에 나와 있는 핵심 개념을
정리해서 보여 줍니다.
짧은 시간에 개념을 이해하는 데
도움이 돼요.

03 덧셈하기 1

기억해 볼까요?

그림을 보고 알맞은 덧셈식을 쓰세요.

30초 개념

덧셈은 두 수를 모으는 것과 같아요. 두 수를 모아 모두 몇인지 세어 보면 두 수의 합을 알 수 있어요.

두 수를 덧셈하기

방법1 처음부터 수를 세어 덧셈을 해요.

처음부터 하나씩 수를 세어 계산할 수 있어요.

방법2 이어서 세어 덧셈을 해요.

4하고 5, 6과 같이 이어서 세어 계산할 수 있어요.

덧셈은 2가지 경우가 있어요.

두 모임을 합치는 경우

한 모임에 다른 모임을 더하는 경우

개념 익히기

30초 개념에서 이해한 개념은 꾸준한 연습을 통해 내 것으로 익히는 것이 중요합니다.
필수 연습문제로 기본 개념을 튼튼하게 만들 수 있어요.

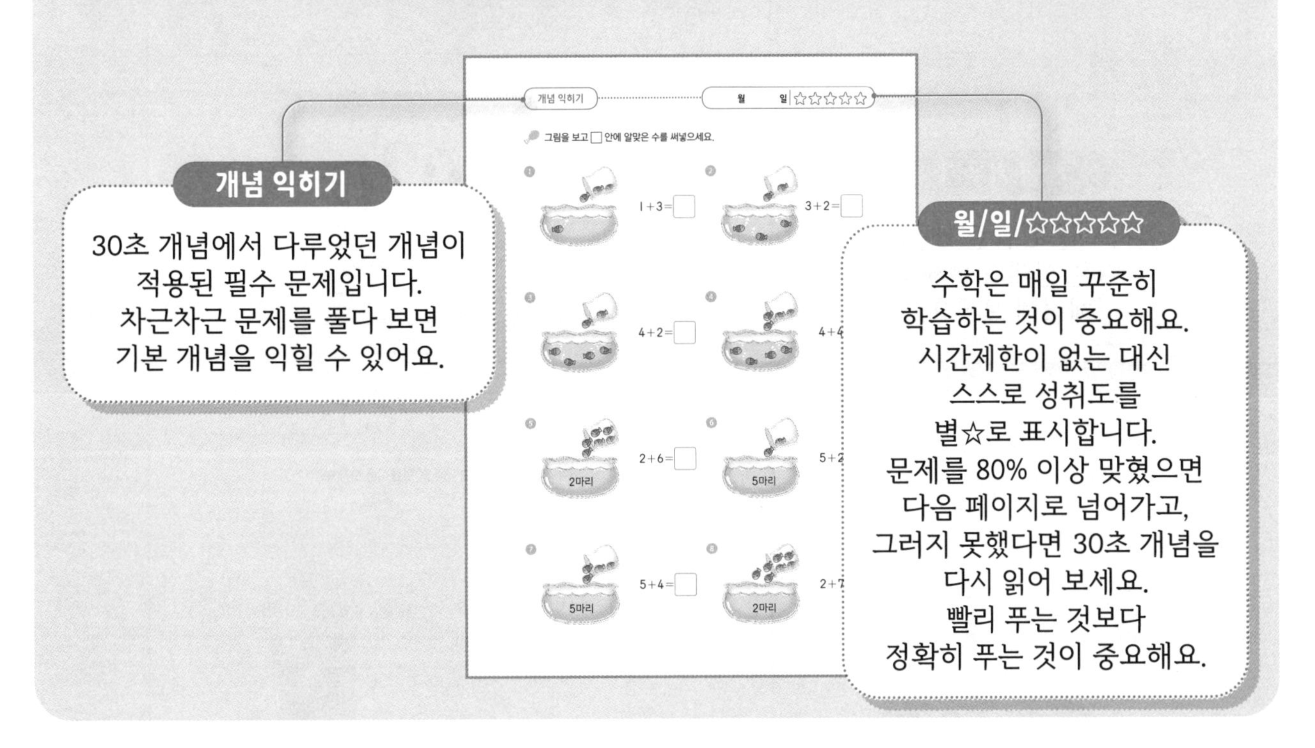

개념 다지기

필수 연습문제를 해결하며 내 것으로 만든 개념은 반복 훈련을 통해 다지고,
다른 사람에게 설명하는 경험을 통해 완전히 체화할 수 있어요.

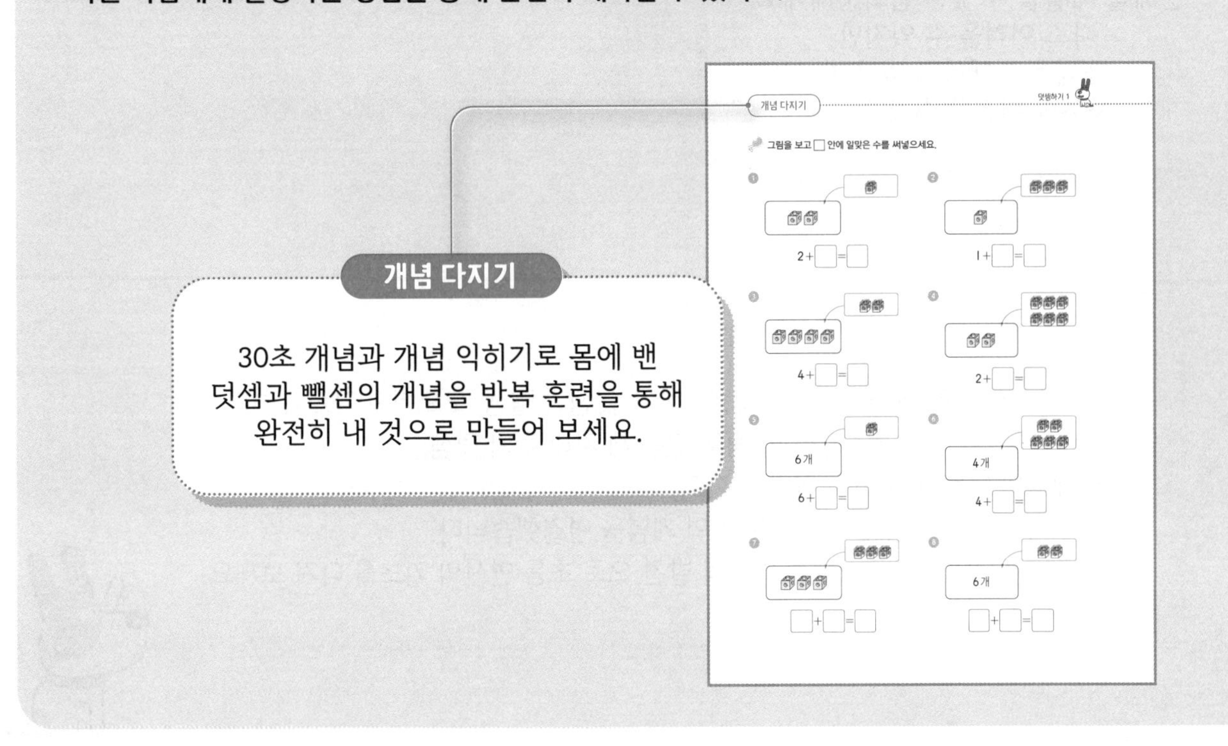

개념 키우기

다양한 형태의 문제를 풀어 보는 연습이 중요해요.

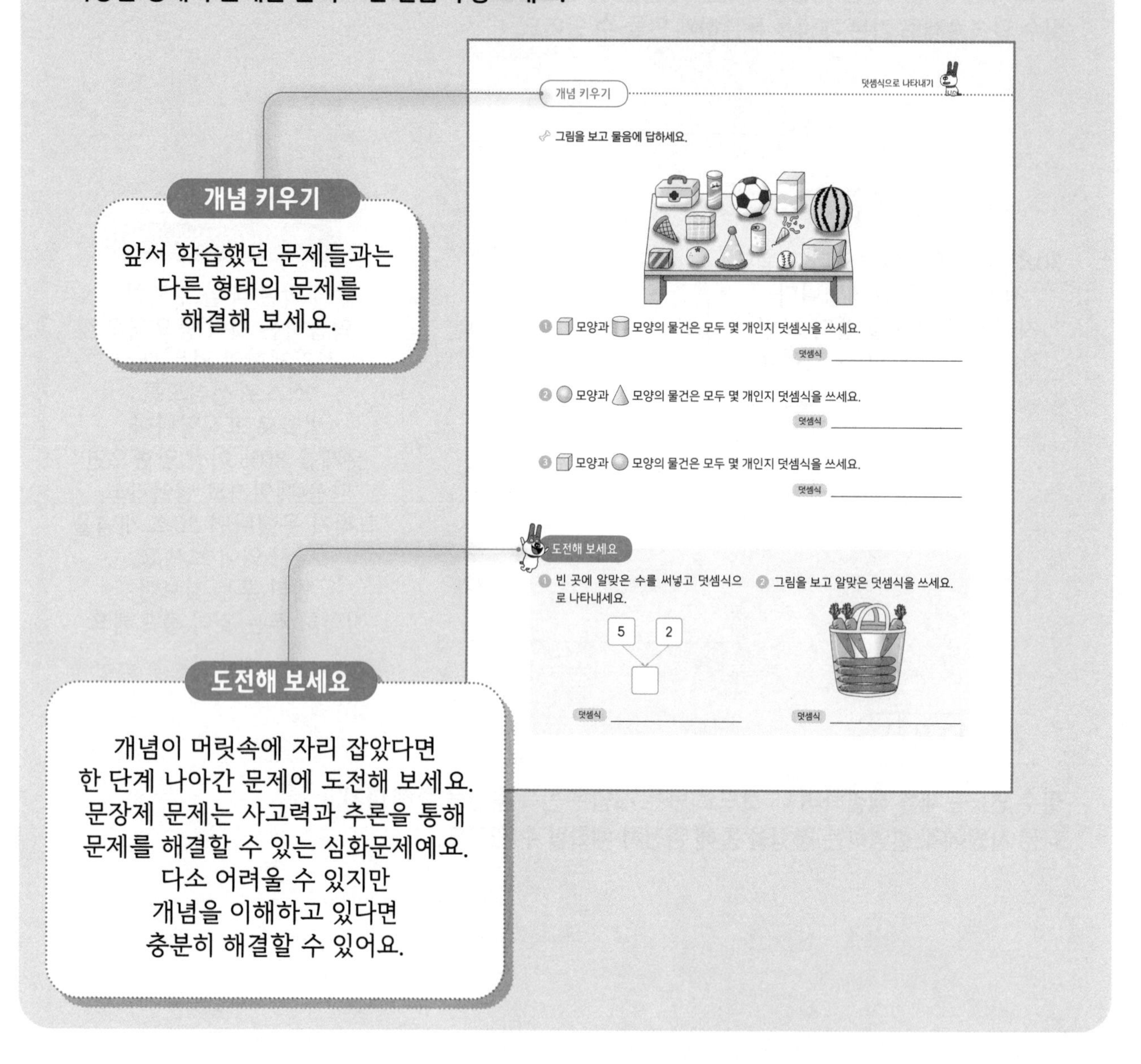

『덧셈·뺄셈의 발견』에서는 초등 1학년 1학기 '덧셈과 뺄셈_모으기와 가르기'부터
3학년 1학기 '덧셈과 뺄셈_받아올림이 있는 세 자리 수의 덧셈,
받아내림이 있는 세 자리 수의 뺄셈'까지
자연수의 덧셈과 뺄셈에 관한 모든 것의 개념을 연결했습니다.
43차시로 구성되어 있는 『덧셈·뺄셈의 발견』으로 초등 연산의 기초를 다져 보세요.

초등학교에서 배우는 사칙연산

1학년

덧셈과 뺄셈
- 모으기와 가르기
- 덧셈식으로 나타내고 덧셈하기
- 뺄셈식으로 나타내고 뺄셈하기
- 0을 더하거나 빼기
- (몇십몇)+(몇), (몇십)+(몇십)
- (몇십몇)+(몇십몇)
- (몇십몇)−(몇), (몇십)−(몇십)
- (몇십몇)−(몇십몇)

2학년

덧셈과 뺄셈
- 받아올림이 있는 (몇십몇)+(몇), (몇십몇)+(몇십몇)
- 여러 가지 방법으로 덧셈하기
- 받아내림이 있는 (몇십몇)−(몇), (몇십몇)−(몇십몇)
- 여러 가지 방법으로 뺄셈하기
- 덧셈과 뺄셈의 관계를 식으로 나타내기
- □의 값 구하기
- 세 수의 계산
- 덧셈표에서 규칙 찾기

곱셈
- 묶어 세기
- 곱셈식 알기와 나타내기
- 곱셈구구(2~9단), 1단, 0의 곱
- 곱셈표 만들기와 규칙 찾기

3학년

덧셈과 뺄셈
- 받아올림이 없는 (세 자리 수)+(세 자리 수)
- 받아올림이 있는 (세 자리 수)+(세 자리 수)
- 받아내림이 없는 (세 자리 수)−(세 자리 수)
- 받아내림이 있는 (세 자리 수)−(세 자리 수)

곱셈
- 올림이 없는 (몇십)×(몇), (몇십몇)×(몇)
- 올림이 있는 (몇십몇)×(몇)
- 올림이 없는 (세 자리 수)×(한 자리 수)
- 올림이 있는 (세 자리 수)×(한 자리 수)
- (몇십)×(몇십), (몇십몇)×(몇십), (몇)×(몇십몇)
- (몇십몇)×(몇십몇)
- 곱셈의 활용

나눗셈
- 똑같이 나누기
- 곱셈과 나눗셈의 관계를 알고 나눗셈의 몫을 곱셈으로 구하기
- (몇십)÷(몇), (몇십몇)÷(몇)
- 나머지가 있는 (몇십몇)÷(몇)
- 나머지가 있는 (세 자리 수)÷(한 자리 수)
- 계산이 맞는지 확인하기

4학년

곱셈과 나눗셈
- (세 자리 수)×(몇십), (세 자리 수)×(몇십몇)
- 곱셈의 활용
- 몇십으로 나누기
- 몇십몇으로 나누기
- (세 자리 수)÷(두 자리 수)
- 나눗셈 결과가 맞는지 확인하기

5학년

자연수의 혼합 계산
- 덧셈과 뺄셈이 섞여 있는 식 계산하기
- 곱셈과 나눗셈이 섞여 있는 식 계산하기
- 덧셈, 뺄셈, 곱셈이 섞여 있는 식 계산하기
- 덧셈, 뺄셈, 나눗셈이 섞여 있는 식 계산하기
- 덧셈, 뺄셈, 곱셈, 나눗셈이 섞여 있는 식 계산하기

영 역 별 연 산

덧셈·뺄셈의 발견 차례

1장

덧셈, 뺄셈의 기초

2장

받아올림, 받아내림이 없는 덧셈과 뺄셈

3장

받아올림, 받아내림의 기초

4장

받아올림, 받아내림이 있는 덧셈과 뺄셈

5장

덧셈과 뺄셈의 응용

권장 진도표

	초등 1학년 (30일 완성)	초등 2학년 (25일 완성)	초등 3학년 (15일 완성)
1장 덧셈, 뺄셈의 기초			하루 다섯 단계씩 2일 완성
2장 받아올림, 받아내림이 없는 덧셈과 뺄셈	하루 두 단계씩 14일 완성	하루 세 단계씩 9일 완성	하루 네 단계씩 2일 완성
3장 받아올림, 받아내림의 기초			하루 세 단계씩 3일 완성
4장 받아올림, 받아내림이 있는 덧셈과 뺄셈	하루 한 단계씩 10일 완성	하루 한 단계씩 10일 완성	하루 두 단계씩 5일 완성
5장 덧셈과 뺄셈의 응용	하루 한 단계씩 6일 완성	하루 한 단계씩 6일 완성	하루 두 단계씩 3일 완성

1장 덧셈, 뺄셈의 기초

무엇을 배우나요?

- 10보다 작은 수 범위에서 모으기와 가르기를 할 수 있어요.
- 그림을 보고 덧셈식과 뺄셈식을 쓸 수 있어요.
- 0을 더하거나 뺄 수 있어요.
- 덧셈과 뺄셈의 상황을 알고 그에 맞게 덧셈식이나 뺄셈식을 만들 수 있어요.

1-1-1
9까지의 수
9까지의 수를 세고 읽고 쓰기
두 수의 크기 비교하기

1-1-3
덧셈과 뺄셈
모으기
덧셈식으로 나타내기
덧셈하기
가르기
뺄셈식으로 나타내기
뺄셈하기
0을 더하거나 빼기

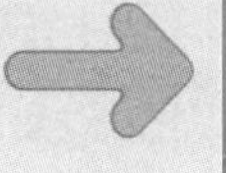

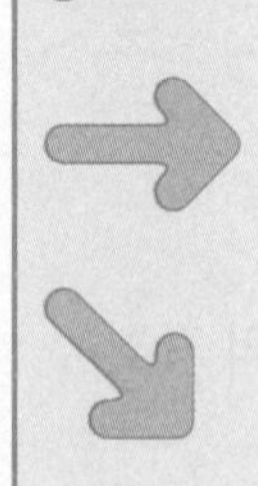

1-2-2
덧셈과 뺄셈 1
세 수의 덧셈
세 수의 뺄셈

1-2-6
덧셈과 뺄셈 3
받아올림이 없는 (몇십몇)+(몇), (몇십)+(몇십), (몇십몇)+(몇십몇)
받아내림이 없는 (몇십몇)-(몇), (몇십)-(몇십), (몇십몇)-(몇십몇)

3-1-1
덧셈과 뺄셈
받아올림이 없는 (세 자리 수)+(세 자리 수)
받아올림이 없는 (세 자리 수)-(세 자리 수)

1장 덧셈, 뺄셈의 기초	초등 1학년 (30일 진도)	초등 2학년 (25일 진도)	초등 3학년 (15일 진도)
	하루 두 단계씩 공부해요.	하루 세 단계씩 공부해요.	하루 다섯 단계씩 공부해요.

권장 진도표에 맞춰 공부하고, 공부한 단계에 해당하는 조각에 색칠하세요.

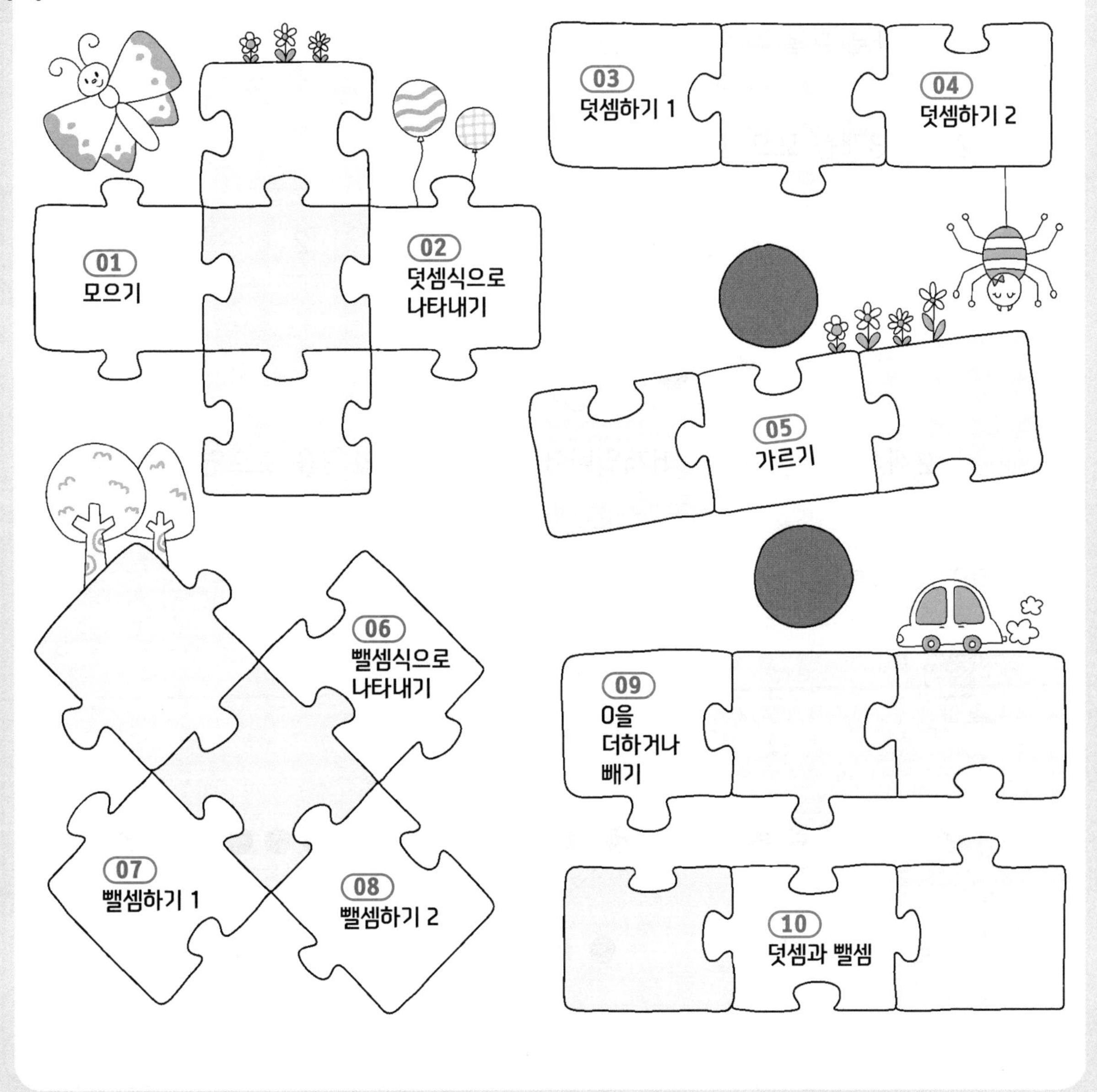

01 모으기

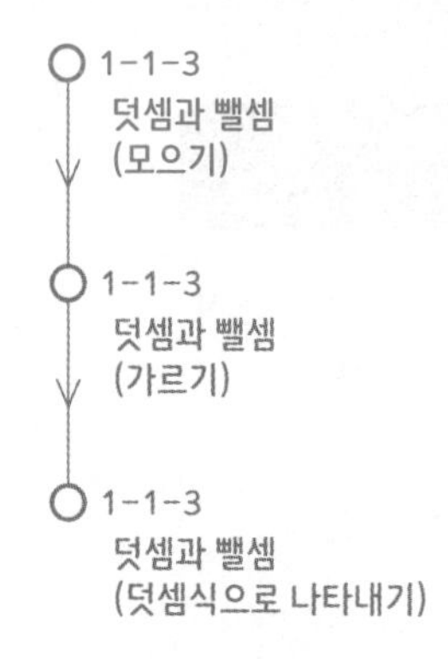

?! 기억해 볼까요?

빈 곳에 알맞은 수를 써넣으세요.

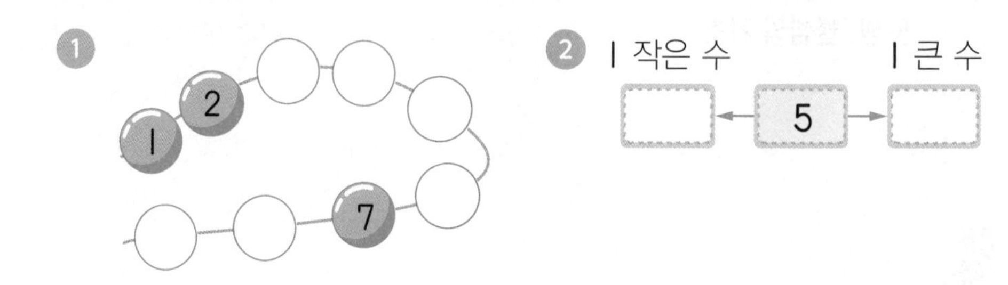

30초 개념

두 수를 하나로 모을 수 있어요. 모으기는 덧셈의 기초예요.

2개와 3개를 모으기

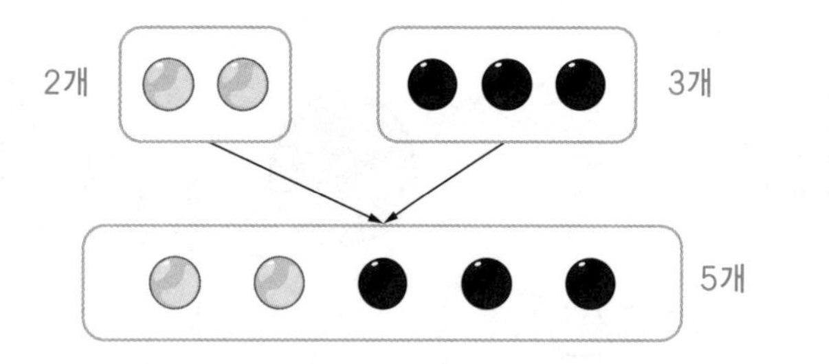

2개와 3개를 모으면 5개입니다.

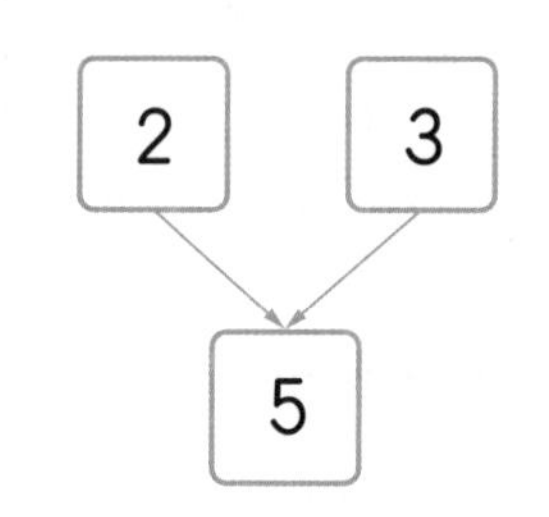

2와 3을 모으면 5입니다.

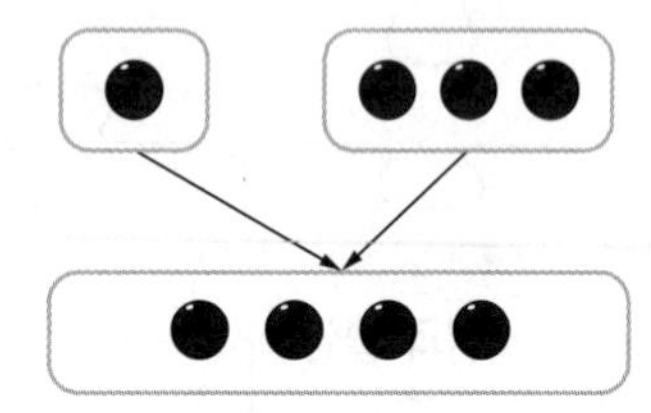

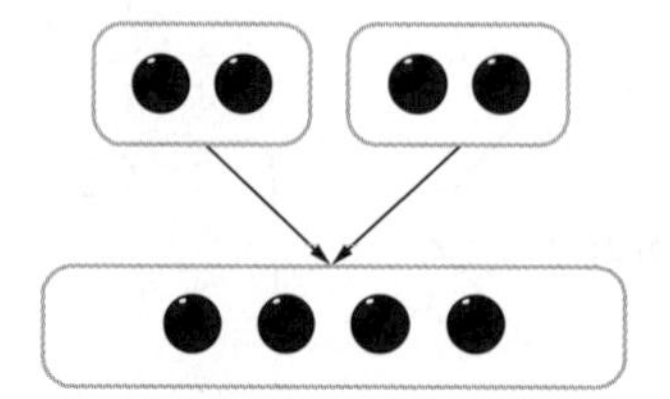

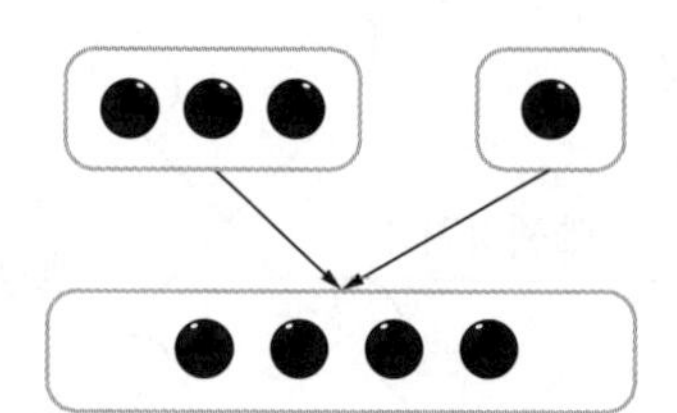

빈 곳에 알맞은 수를 써넣으세요.

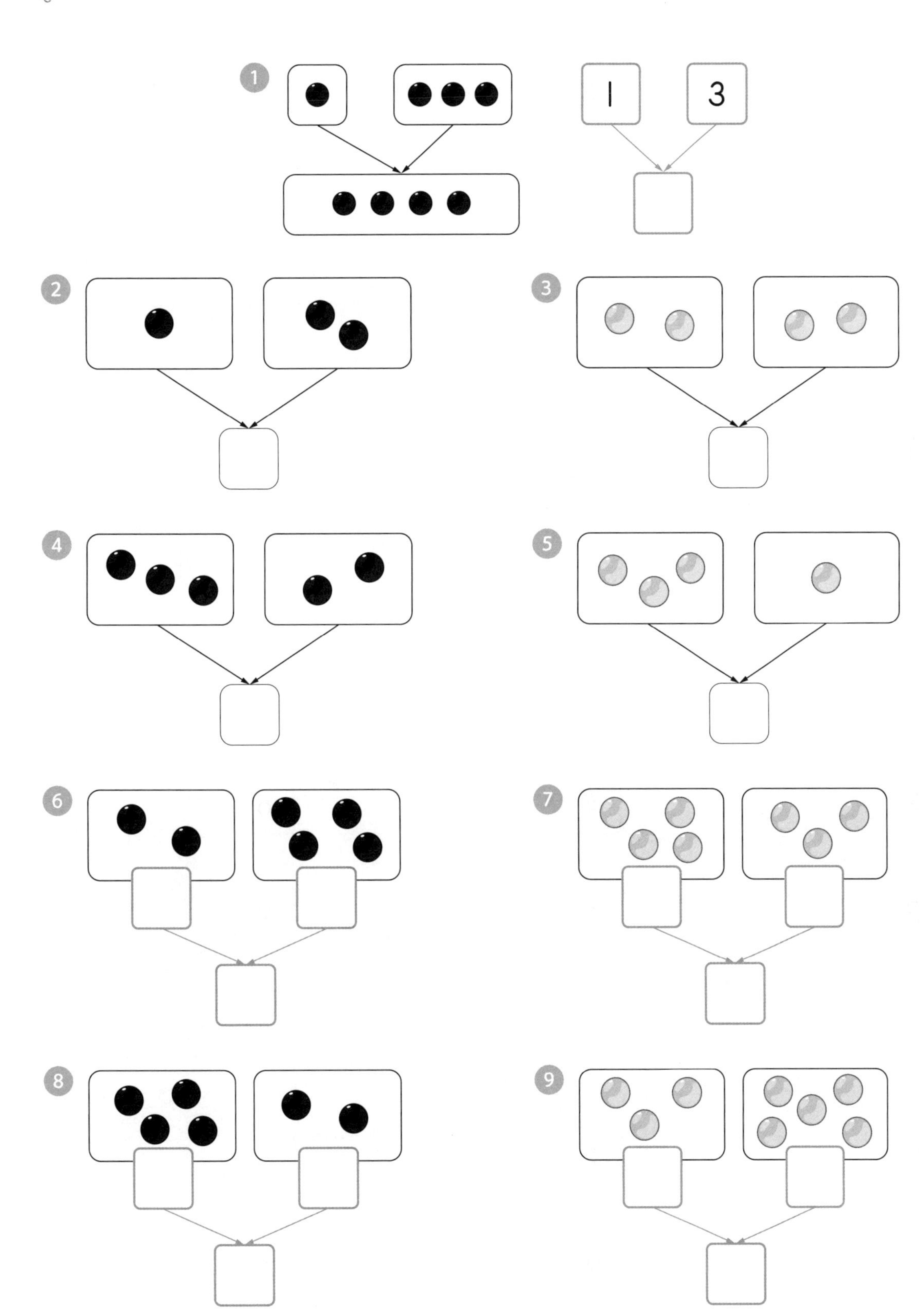

빈 곳에 알맞은 수를 써넣으세요.

❶ 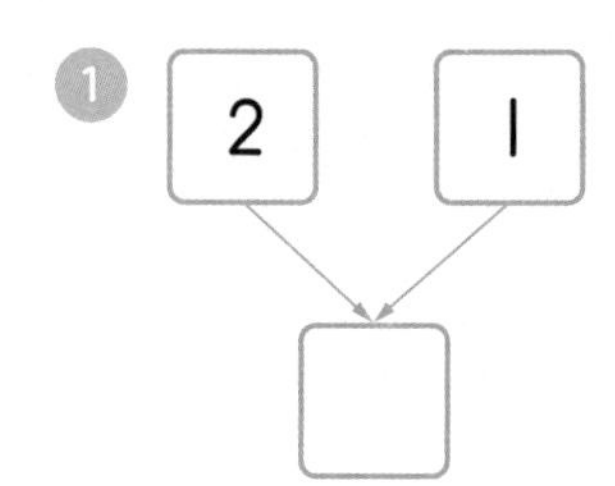

❷ 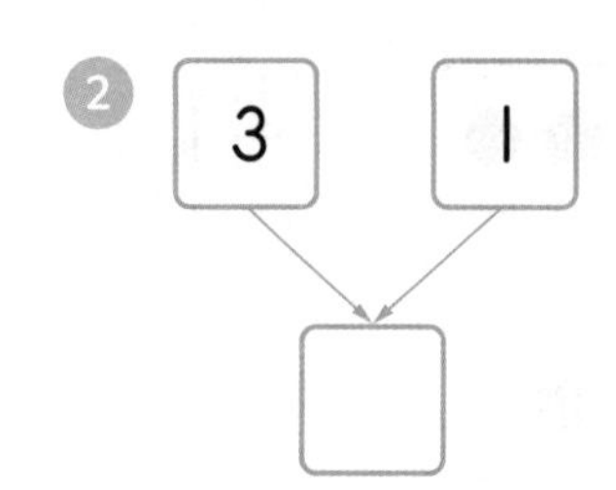

❸ 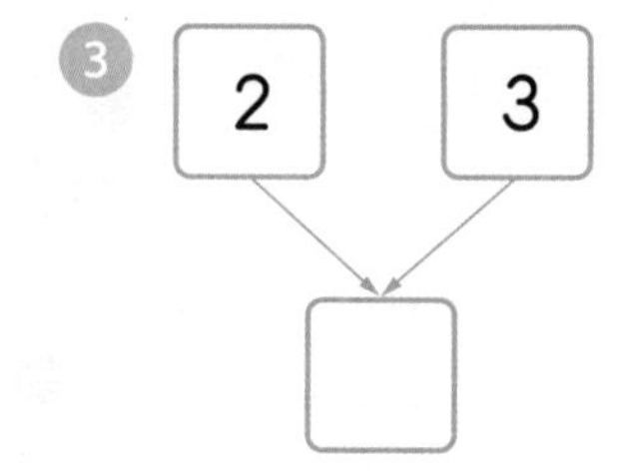

❹ 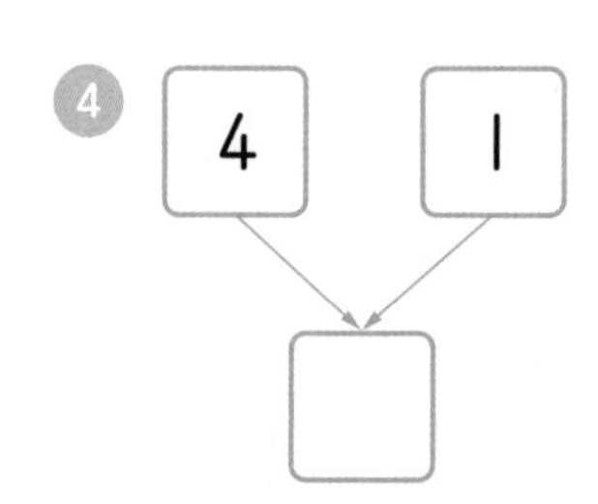

❺ 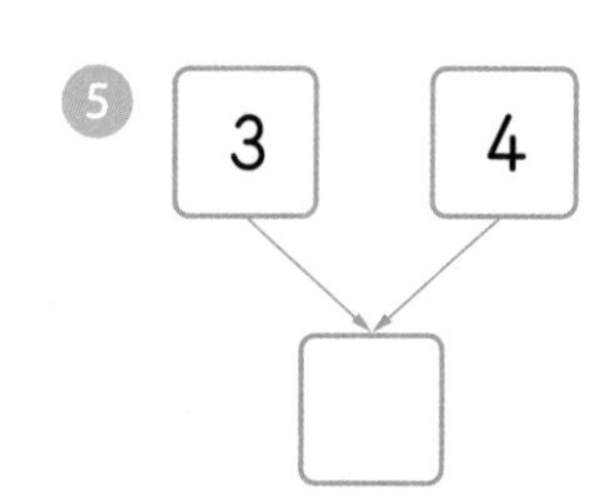

❻ 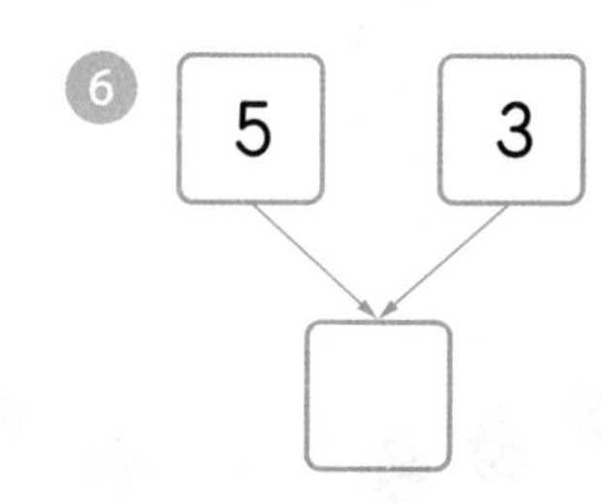

❼ 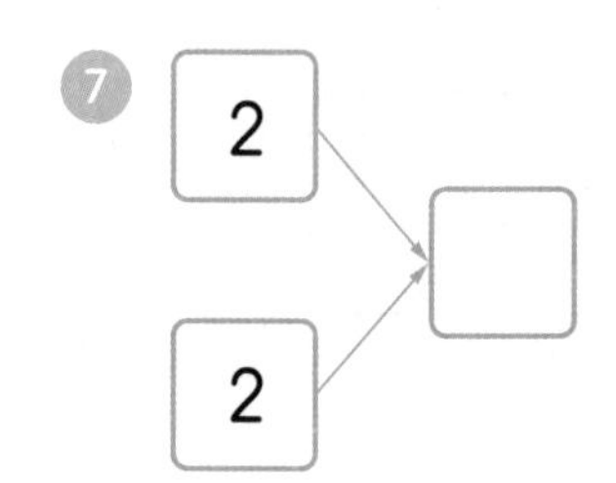

❽ 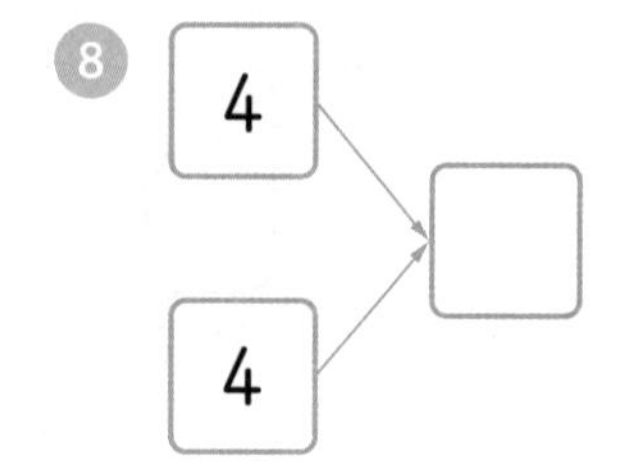

❾ 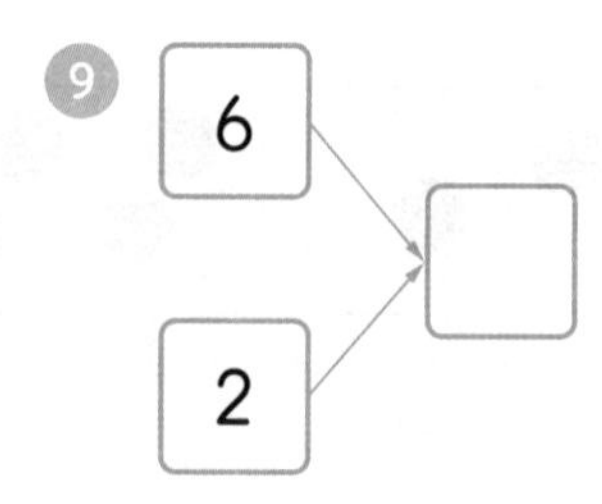

❿ 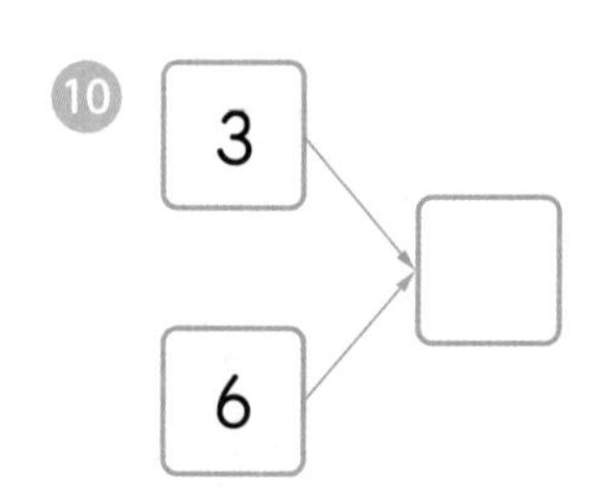

⓫ 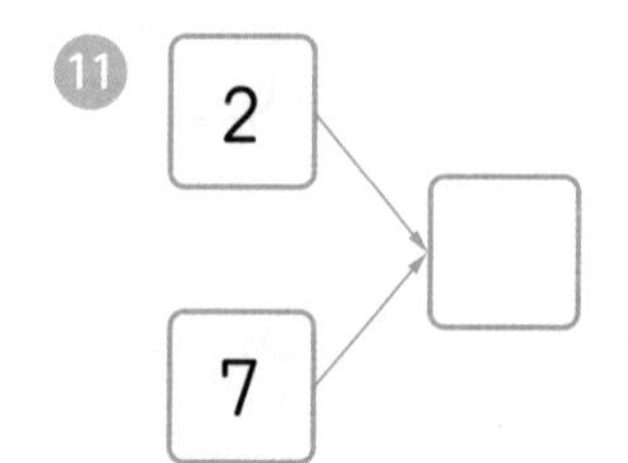

⓬ 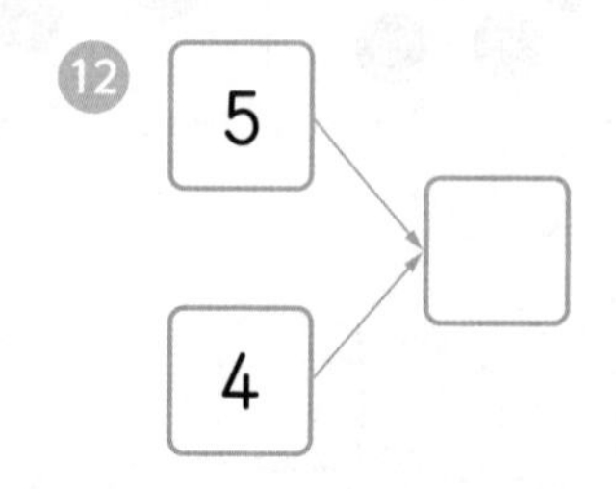

개념 키우기

모으기 규칙을 찾아 빈 곳에 알맞은 수를 써넣으세요.

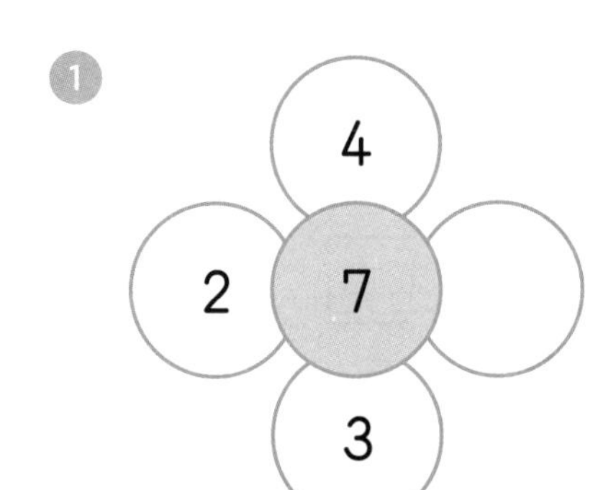

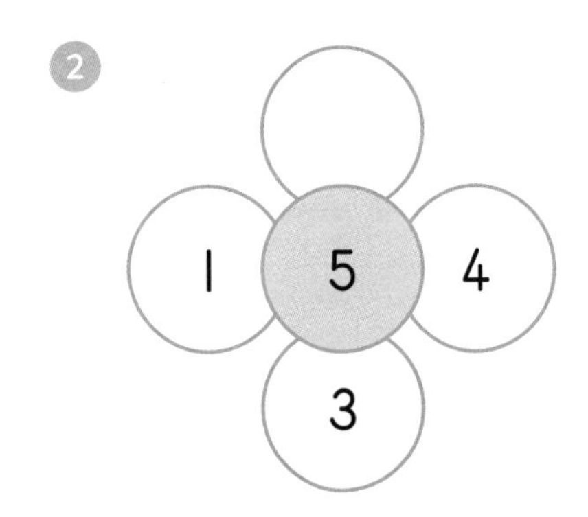

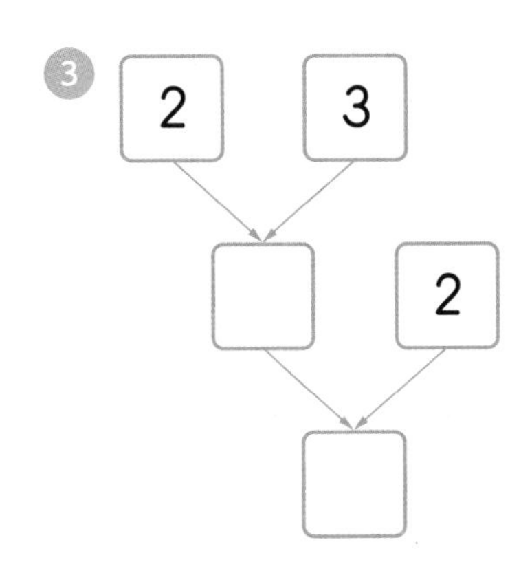

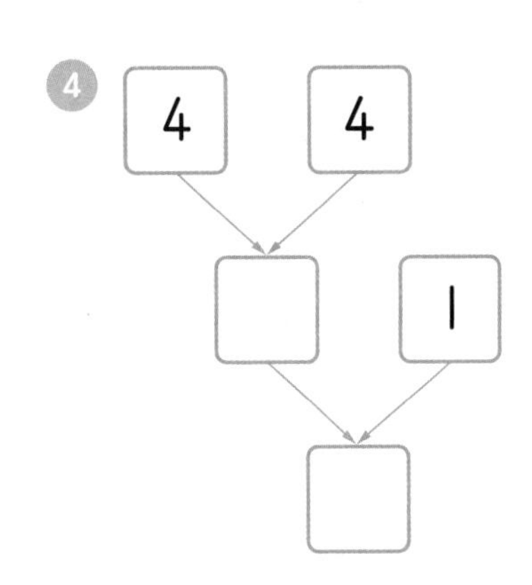

도전해 보세요

빈 곳에 알맞은 수를 써넣으세요.

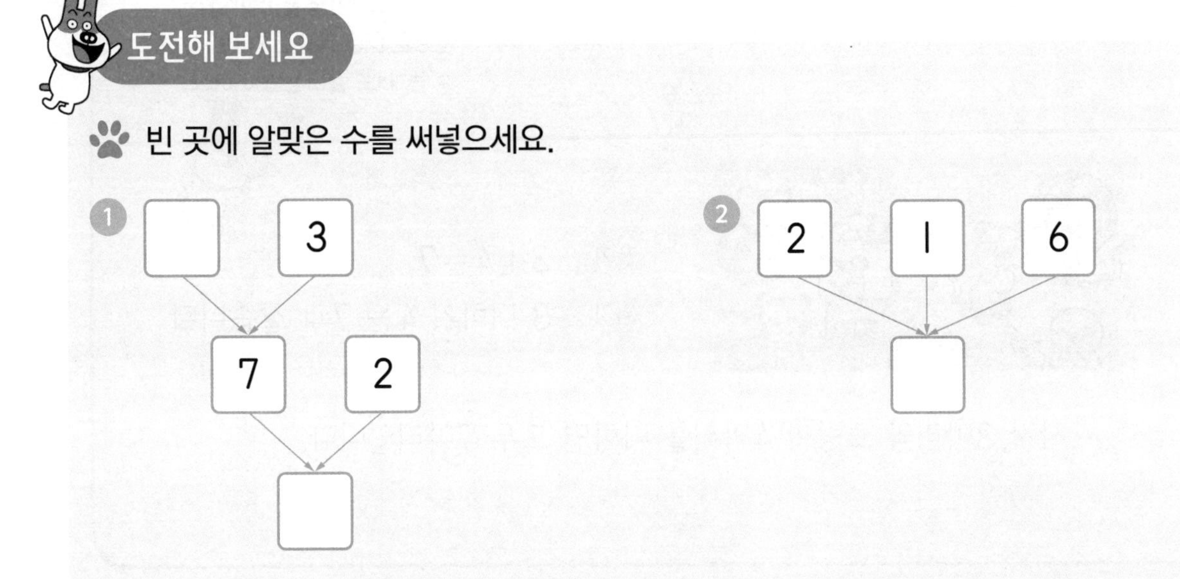

02 덧셈식으로 나타내기

- 1-1-3 덧셈과 뺄셈 (모으기)
- 1-1-3 덧셈과 뺄셈 (덧셈식으로 나타내기)
- 1-1-3 덧셈과 뺄셈 (덧셈하기 1)

기억해 볼까요?

빈 곳에 알맞은 수를 써넣으세요.

❶ 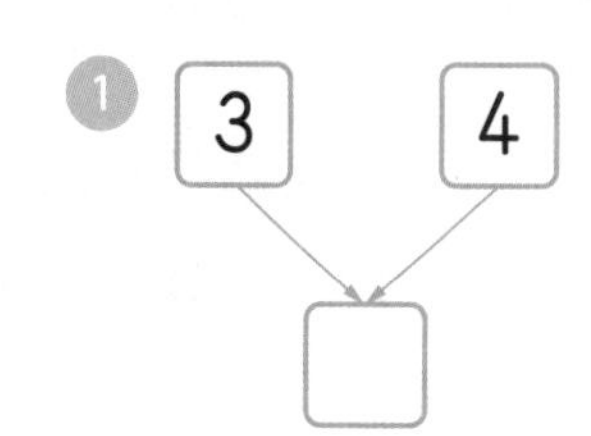

❷ 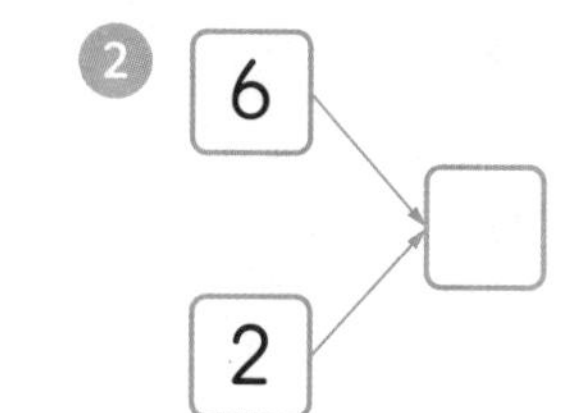

30초 개념

덧셈식으로 나타낼 때는 '+'와 '='를 사용해요.

덧셈식을 쓰고, 읽기

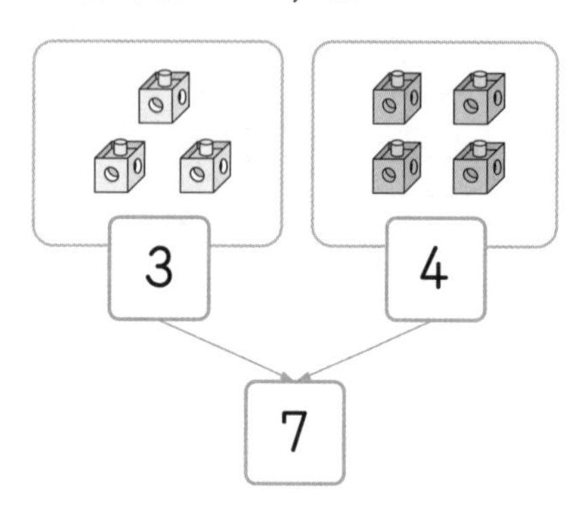

쓰기 $3+4=7$

읽기 3 더하기 4는 7과 같습니다.

3과 4의 합은 7입니다.

'+'는 앞뒤의 수를 더한다는 뜻으로 더하기라고 읽어요.
'='는 서로 같다는 뜻이에요.

쓰기 $3+4=7$

읽기 3 더하기 4는 7과 같습니다.

사자 3마리와 호랑이 4마리를 더하면 모두 7마리입니다.

그림을 덧셈식으로 나타내고 읽어 보세요.

1

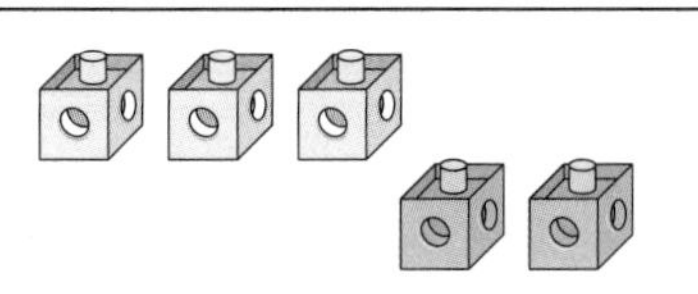

쓰기

읽기

2

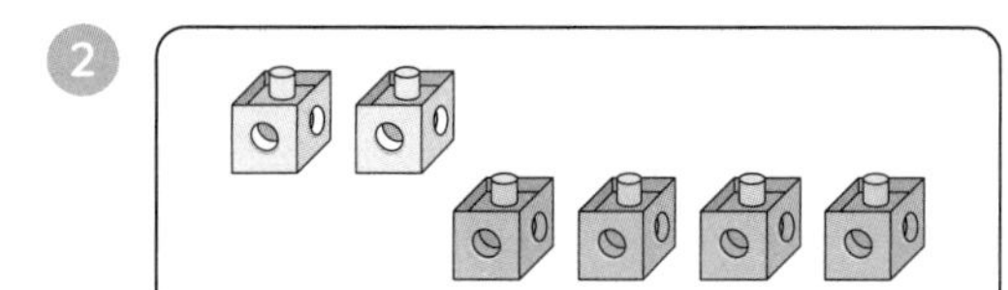

쓰기

읽기

3

쓰기

읽기

4

쓰기

읽기

5

쓰기

읽기

6

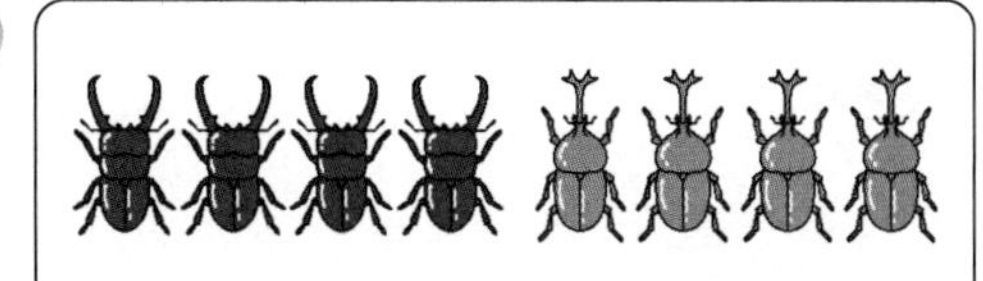

쓰기

읽기

7

쓰기

읽기

8

쓰기

읽기

개념 다지기

그림을 보고 알맞은 덧셈식을 쓰세요.

1

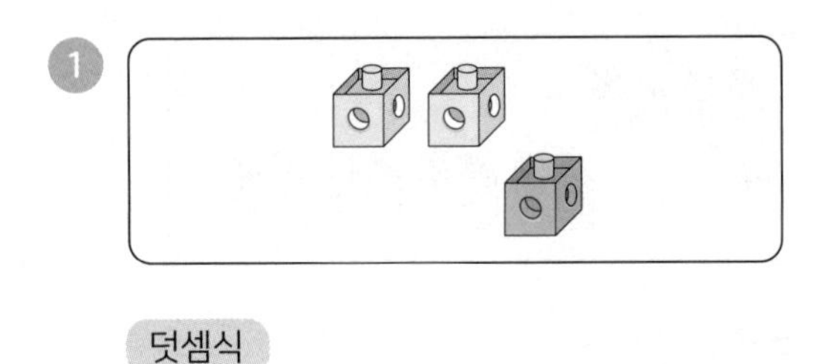

덧셈식 ____________

2

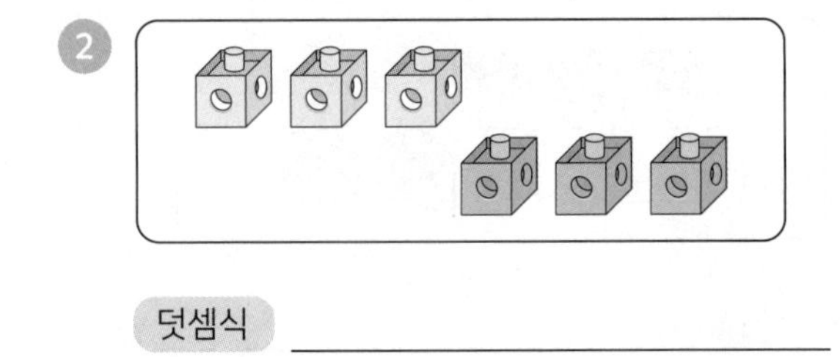

덧셈식 ____________

3

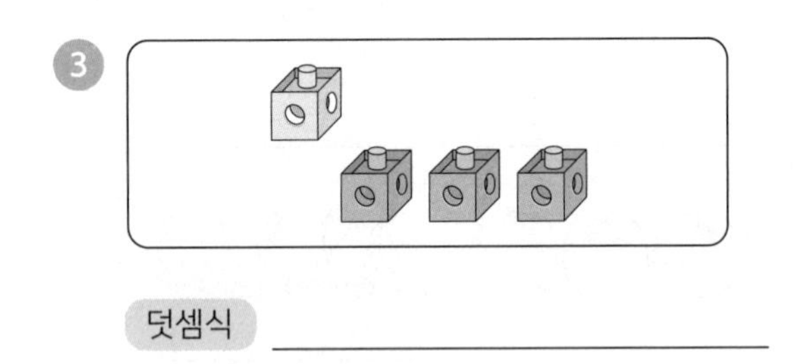

덧셈식 ____________

4

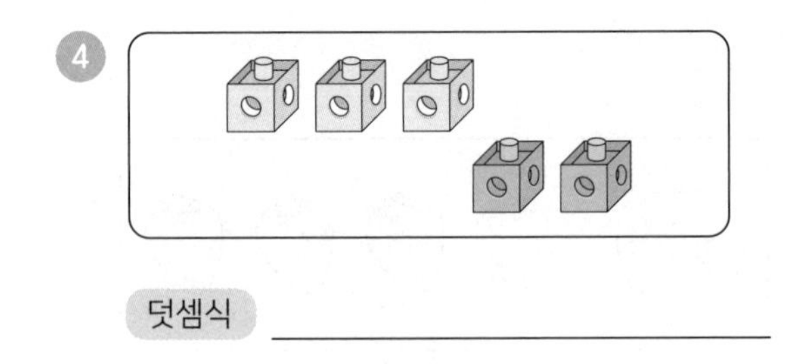

덧셈식 ____________

5

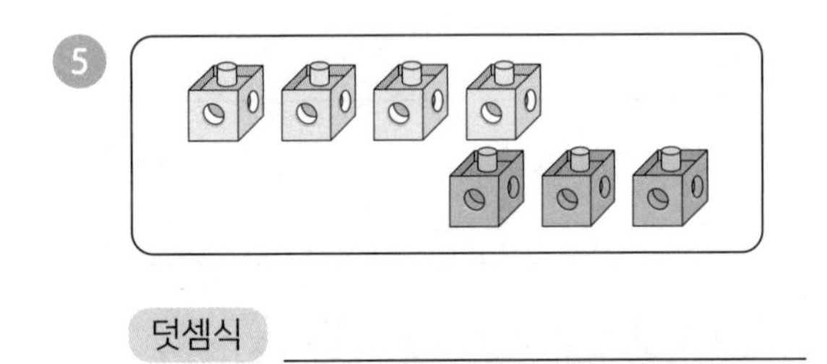

덧셈식 ____________

6

덧셈식 ____________

7

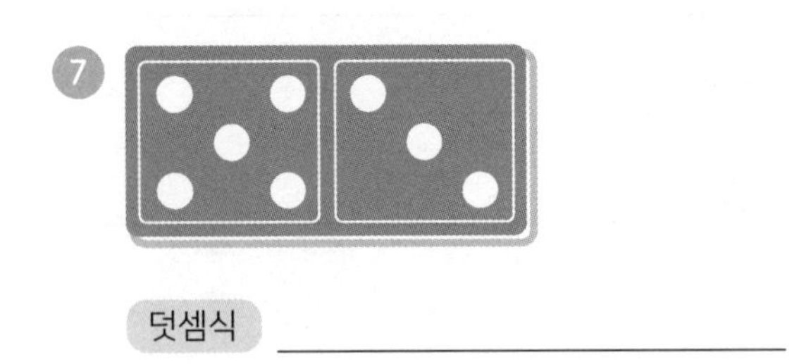

덧셈식 ____________

8

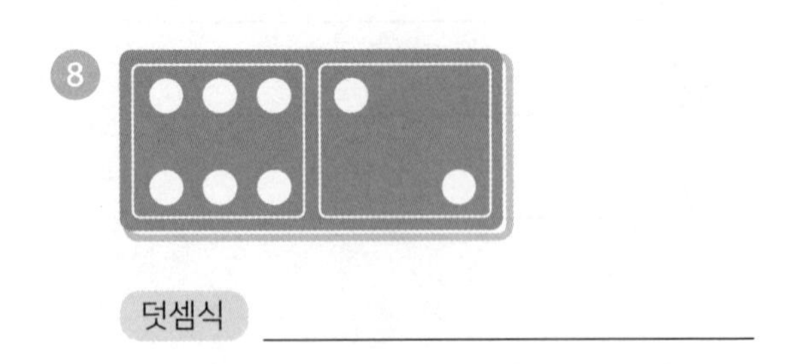

덧셈식 ____________

9

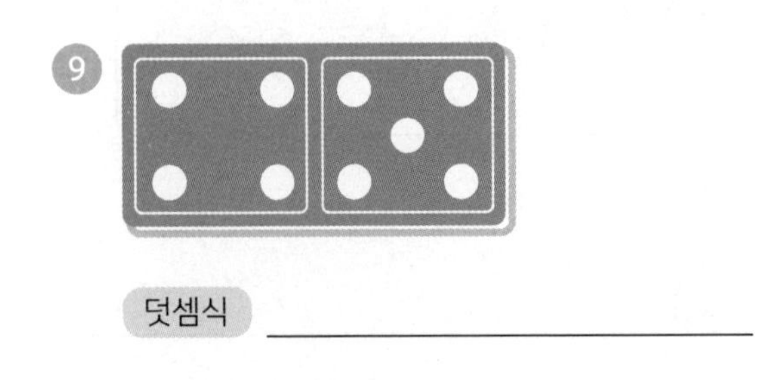

덧셈식 ____________

10

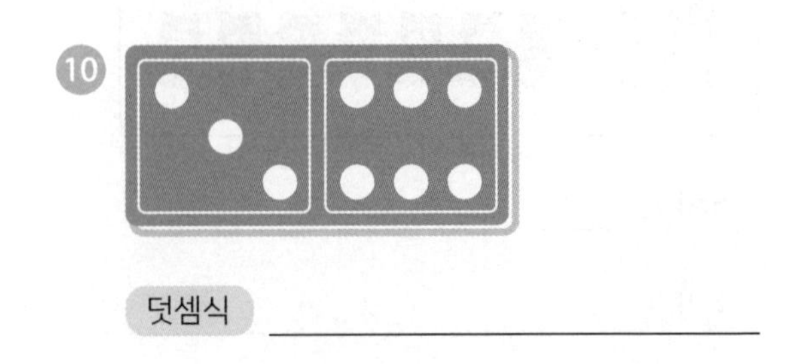

덧셈식 ____________

그림을 보고 물음에 답하세요.

1 모양과 모양의 물건은 모두 몇 개인지 덧셈식을 쓰세요.

덧셈식 ______________________

2 모양과 모양의 물건은 모두 몇 개인지 덧셈식을 쓰세요.

덧셈식 ______________________

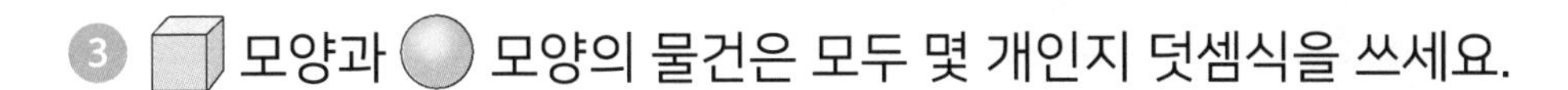

3 모양과 모양의 물건은 모두 몇 개인지 덧셈식을 쓰세요.

덧셈식 ______________________

도전해 보세요

1 빈 곳에 알맞은 수를 써넣고 덧셈식으로 나타내세요.

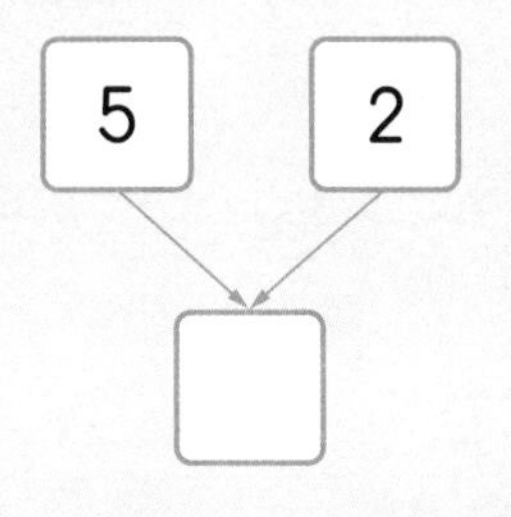

덧셈식 ______________________

2 그림을 보고 알맞은 덧셈식을 쓰세요.

덧셈식 ______________________

03 덧셈하기 1

1-1-3
덧셈과 뺄셈
(덧셈식으로 나타내기)

1-1-3
덧셈과 뺄셈
(덧셈하기 1)

1-1-3
덧셈과 뺄셈
(덧셈하기 2)

기억해 볼까요?

그림을 보고 알맞은 덧셈식을 쓰세요.

① 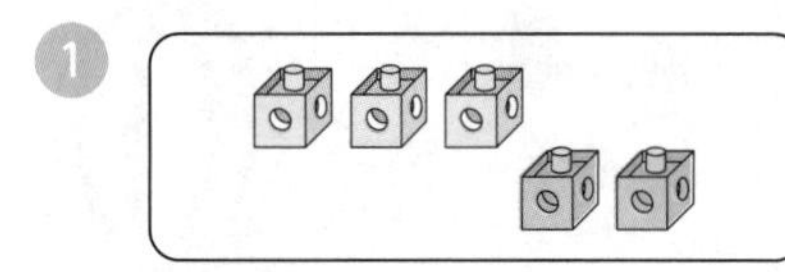

덧셈식 ____________

② 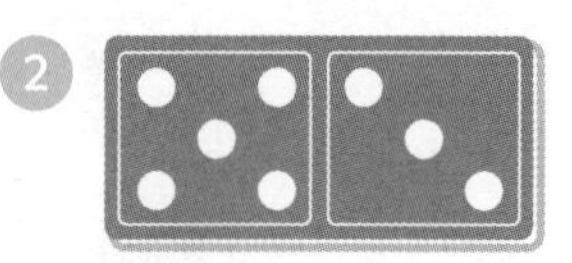

덧셈식 ____________

30초 개념

덧셈은 두 수를 모으는 것과 같아요. 두 수를 모아 모두 몇인지 세어 보면 두 수의 합을 알 수 있어요.

두 수를 덧셈하기

방법1 처음부터 수를 세어 덧셈을 해요.

처음부터 하나씩 수를 세어 계산할 수 있어요.

방법2 이어서 세어 덧셈을 해요.

4하고 5, 6과 같이 이어서 세어 계산할 수 있어요.

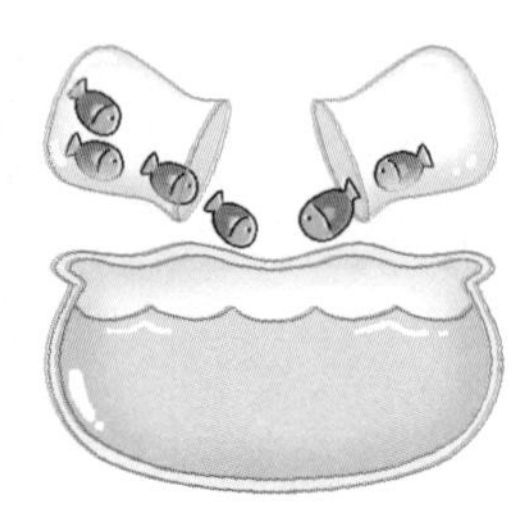

두 모임을 합치는 경우

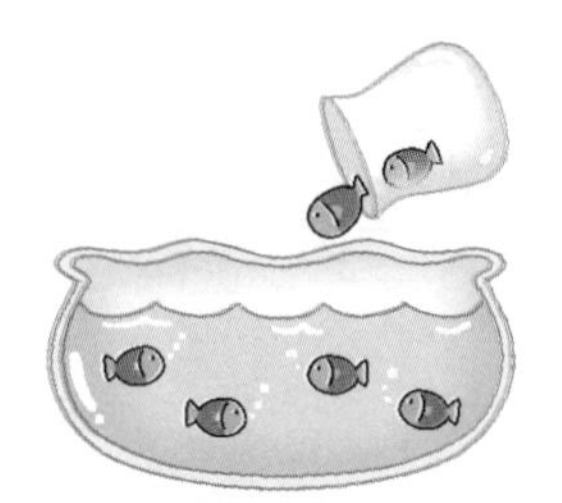

한 모임에 다른 모임을 더하는 경우

그림을 보고 □ 안에 알맞은 수를 써넣으세요.

1
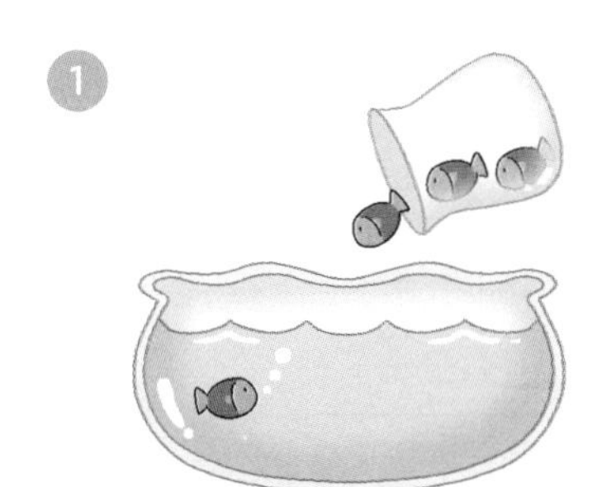
$1+3=\square$

2
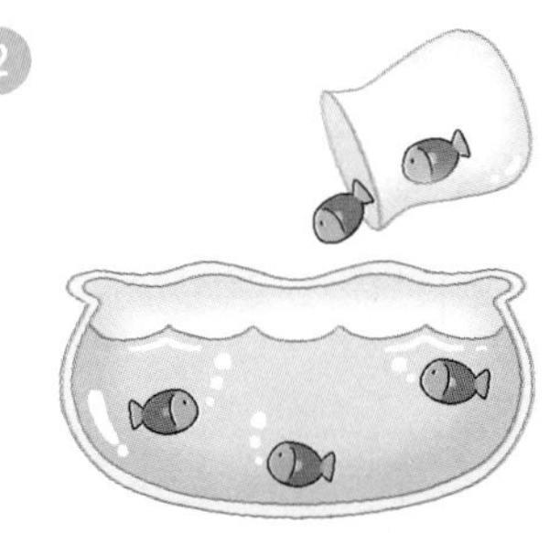
$3+2=\square$

3
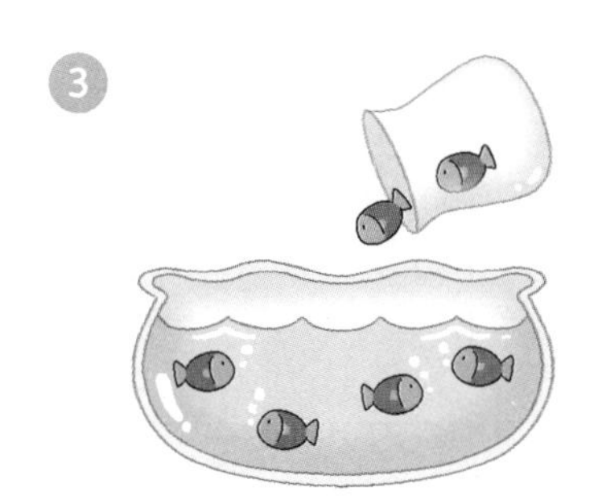
$4+2=\square$

4
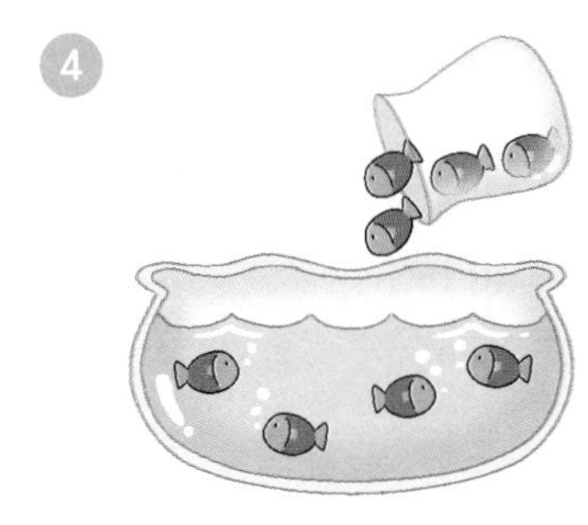
$4+4=\square$

5

$2+6=\square$

6
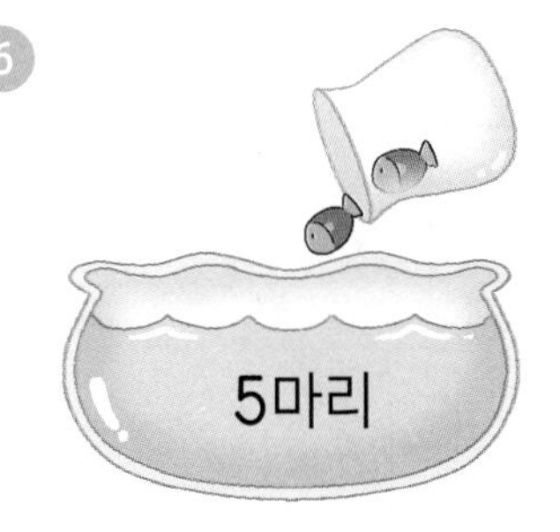

$5+2=\square$

7

$5+4=\square$

8
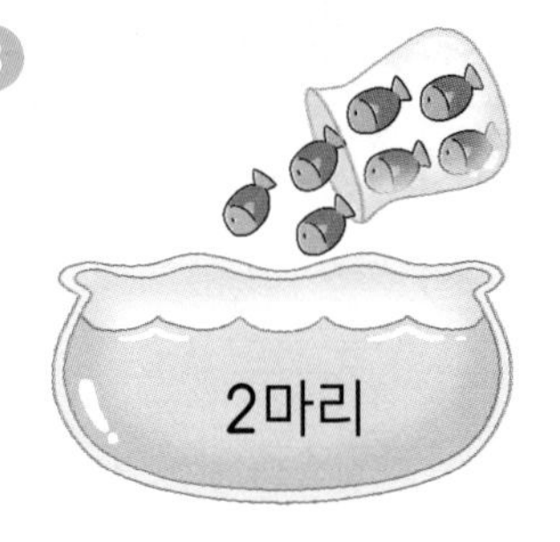

$2+7=\square$

개념 다지기

그림을 보고 □ 안에 알맞은 수를 써넣으세요.

1

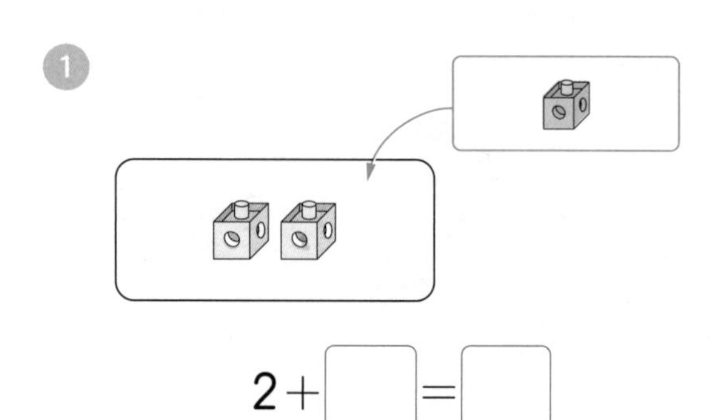

2 + □ = □

2

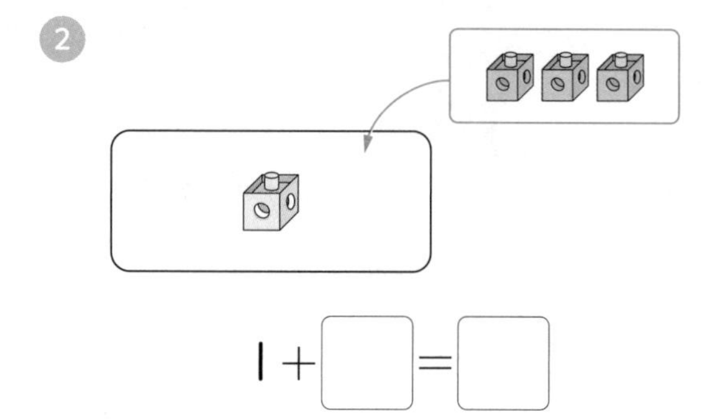

1 + □ = □

3

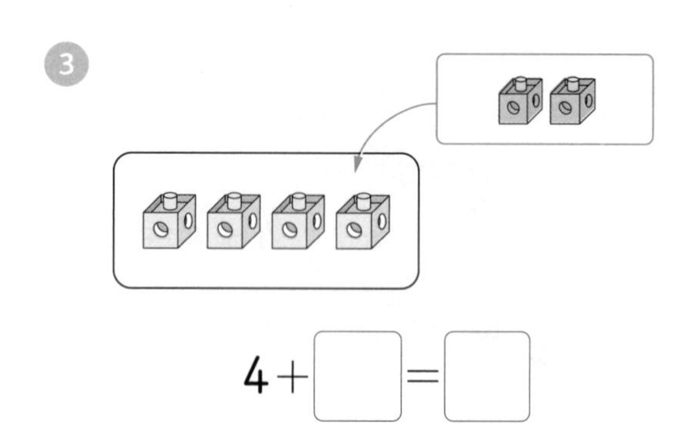

4 + □ = □

4

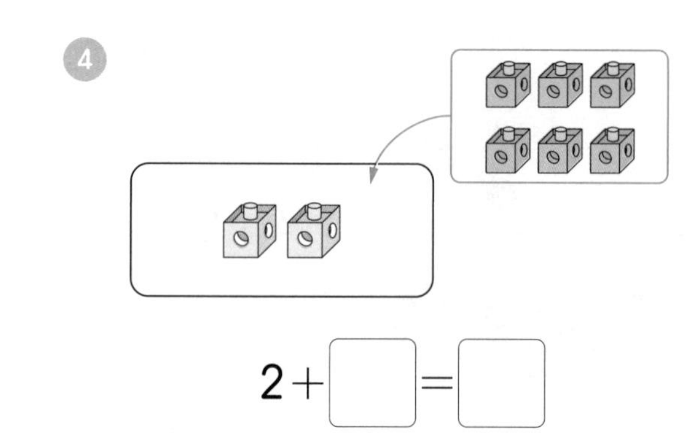

2 + □ = □

5

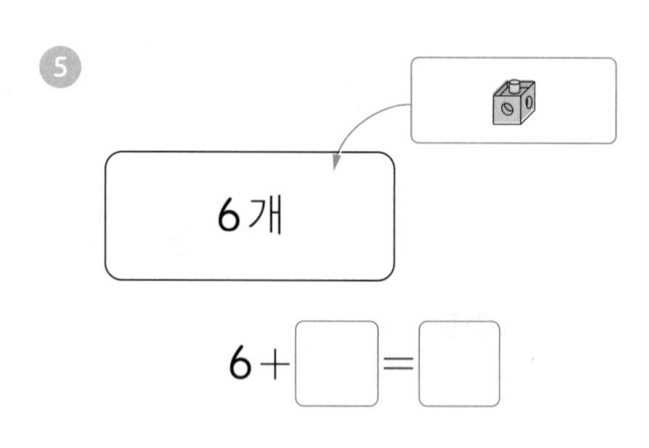

6 + □ = □

6

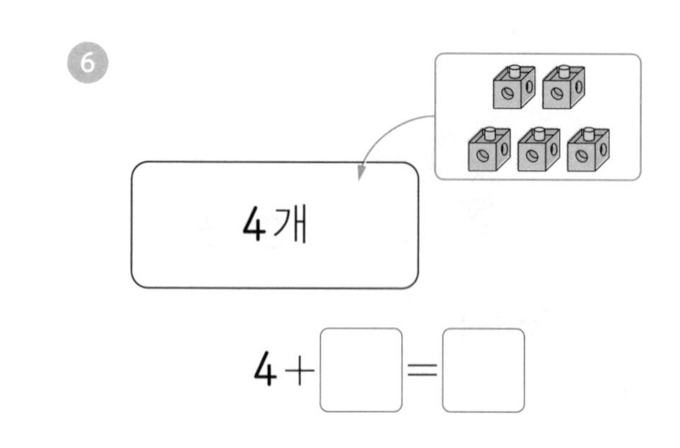

4 + □ = □

7

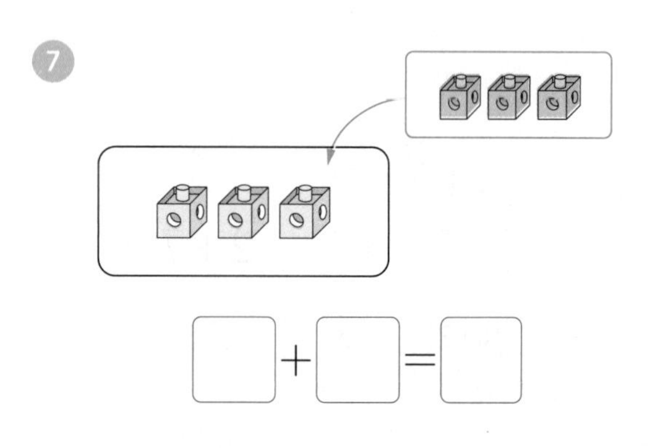

□ + □ = □

8

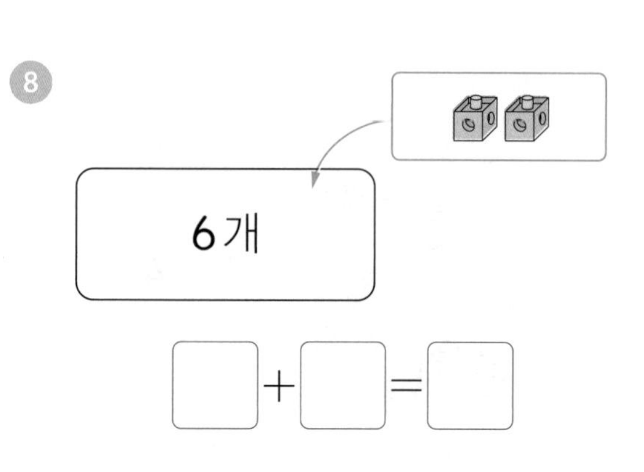

□ + □ = □

개념 키우기

그림을 보고 알맞은 덧셈식을 쓰세요.

1 

덧셈식 ______________________

2 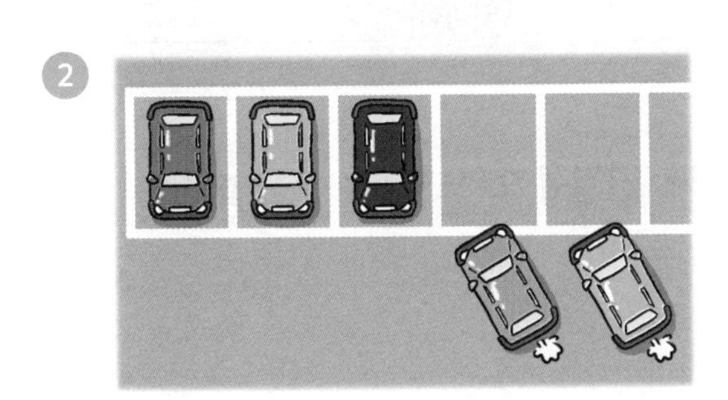

덧셈식 ______________________

3 

덧셈식 ______________________

도전해 보세요

1 그림을 보고 덧셈을 하세요.

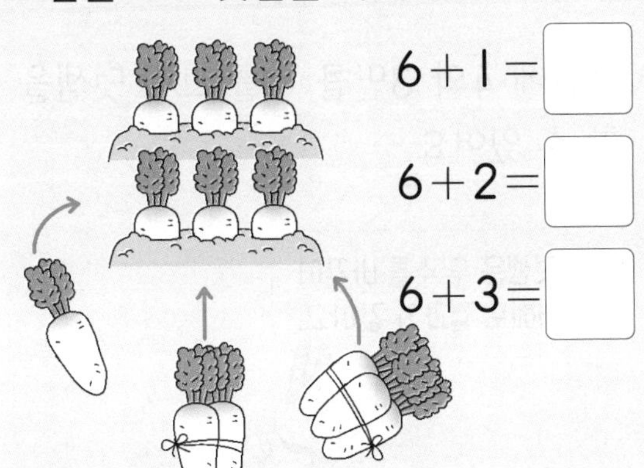

$6+1=$ ☐

$6+2=$ ☐

$6+3=$ ☐

2 빈 곳에 알맞은 수를 써넣고 덧셈식으로 나타내세요.

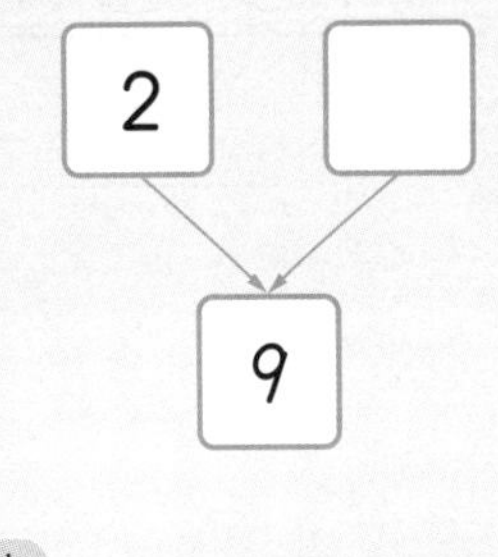

덧셈식 ______________________

04 덧셈하기 2

기억해 볼까요?

그림을 보고 알맞은 덧셈식을 쓰세요.

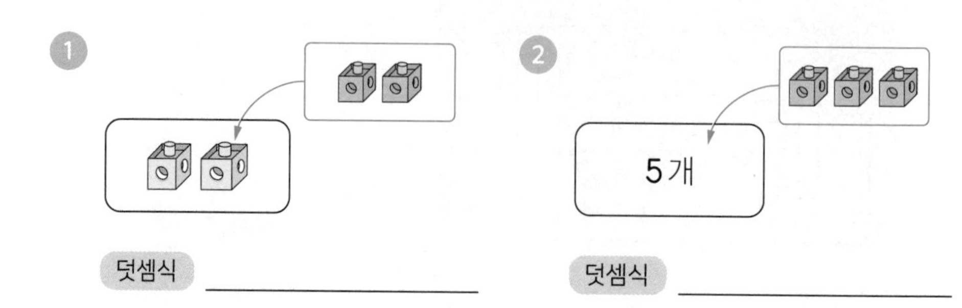

덧셈식 ____________ 덧셈식 ____________

30초 개념

덧셈은 두 수의 모으기와 같아요. 덧셈을 할 때 연결큐브(모형)나 수판을 머리에 떠올려 수를 세면 쉽게 계산할 수 있어요.

4+3의 계산

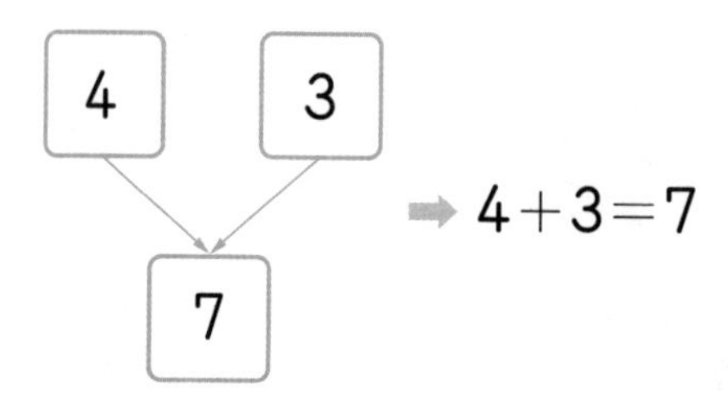

➡ $4+3=7$

방법1 연결큐브(모형) 이용하기

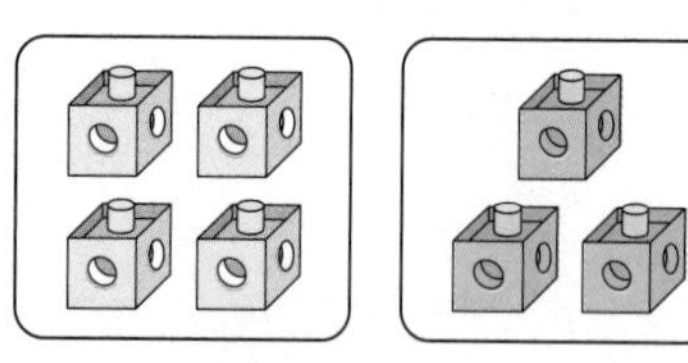

연결큐브 4개, 3개를 놓고 수를 세어 덧셈을 할 수 있어요.

방법2 수판 이용하기

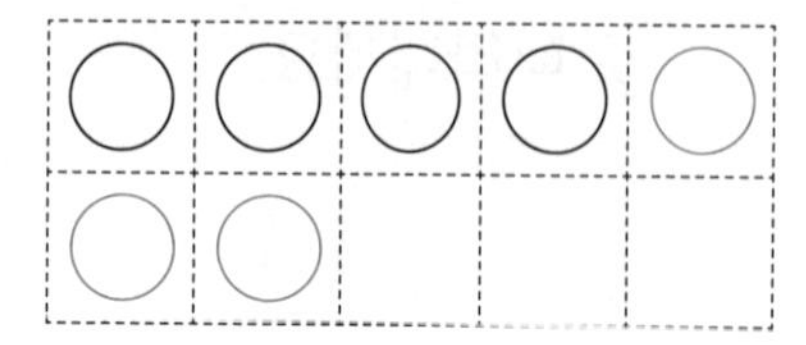

수판에 4와 3만큼 ○를 그려 덧셈을 할 수 있어요.

$4+3=7$
$3+4=7$

덧셈은 두 수를 바꾸어 더해도 결과가 같아요.

빈 곳에 알맞은 수를 써넣으세요.

1
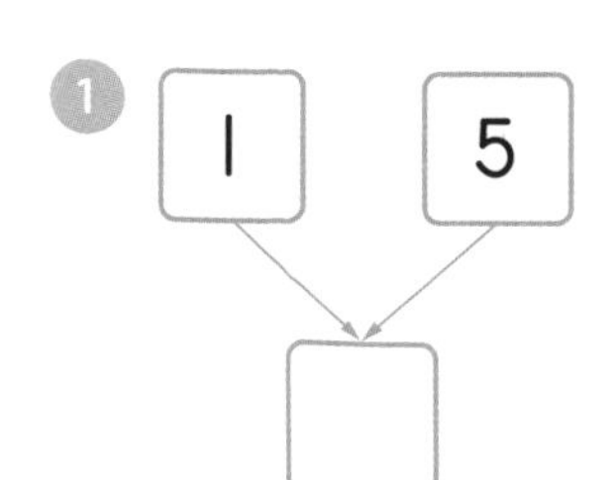

$1+5=\square$

2
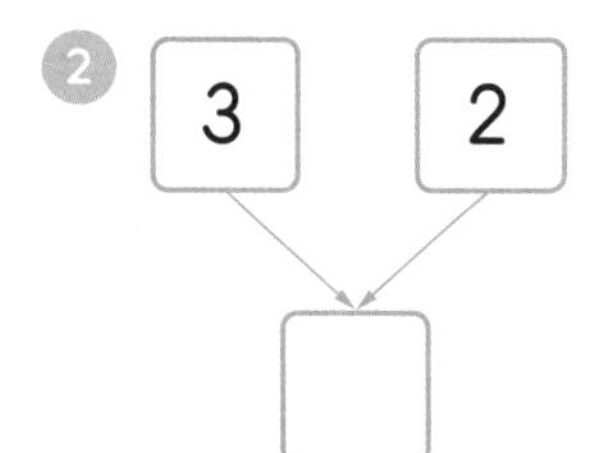

$3+2=\square$

3
1 1

$1+1=\square$

4
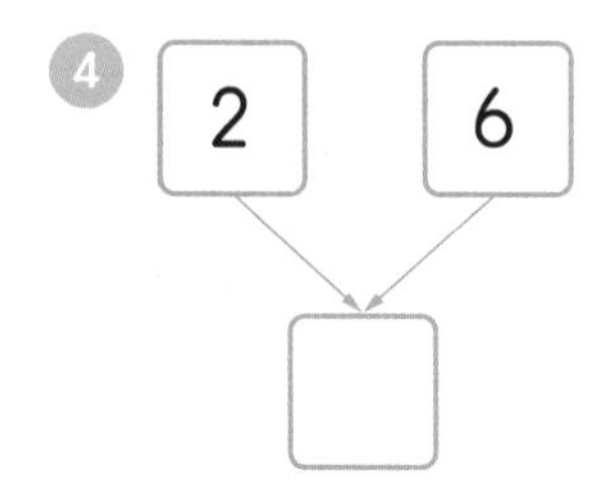

$2+6=\square$

5
4 3

$4+\square=\square$

6
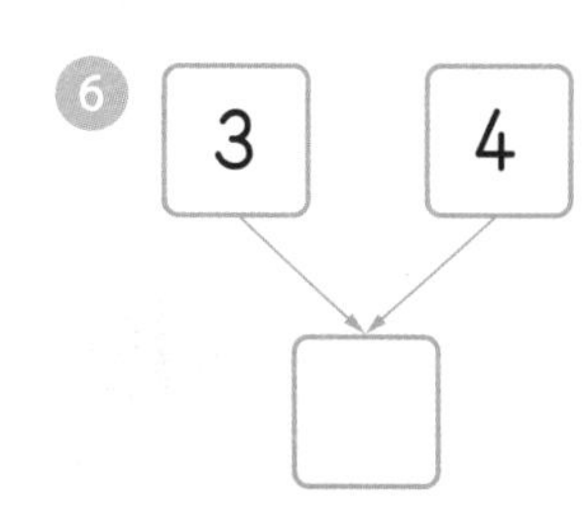

$3+\square=\square$

7
5 2

$\square+2=\square$

8
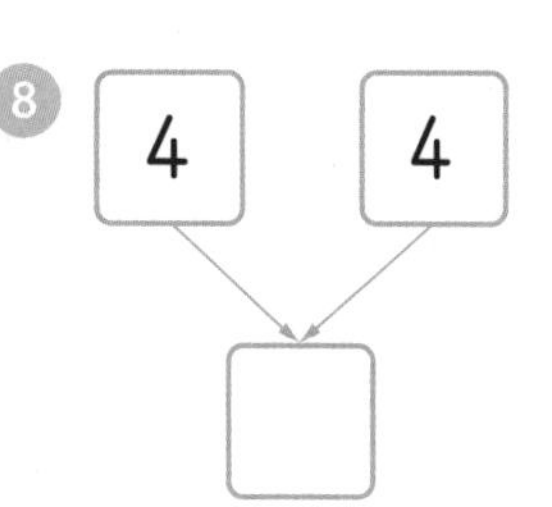

$\square+4=\square$

9
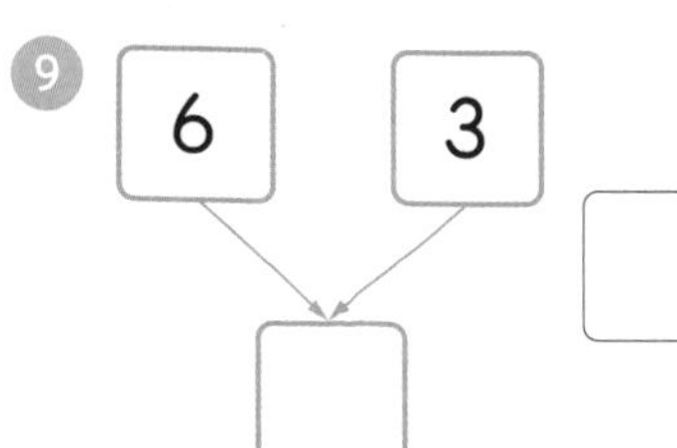

$\square+\square=\square$

10
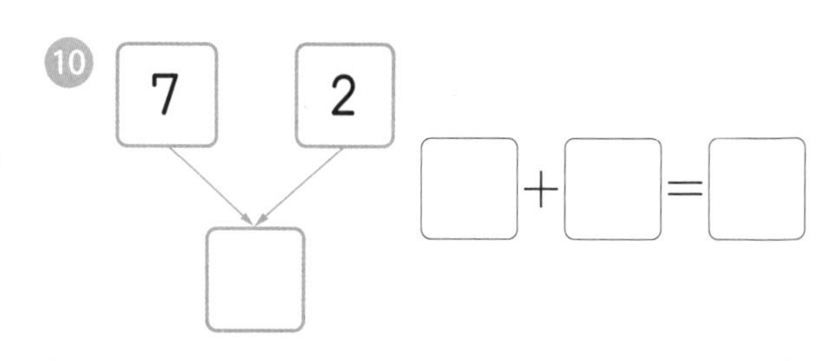

개념 다지기

덧셈을 하세요.

① $1+2=$

② $3+1=$

③ $1+4=$

④ $2+5=$

⑤ $6+2=$

⑥ $3+6=$

⑦ $4+3=$

⑧ $2+4=$

⑨ $4+2=$

⑩ $3+2=$

⑪ $5+3=$

⑫ $2+6=$

⑬ $4+4=$

⑭ $6+3=$

⑮ $2+7=$

⑯ $5+4=$

⑰ $8+1=$

⑱ $7+2=$

빈 곳에 알맞은 수를 써넣으세요.

① 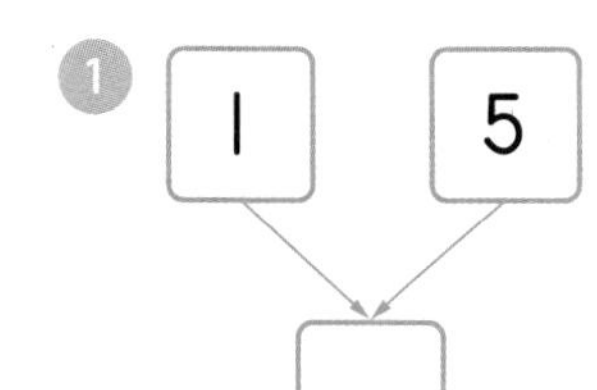

$1+5=\square$

② 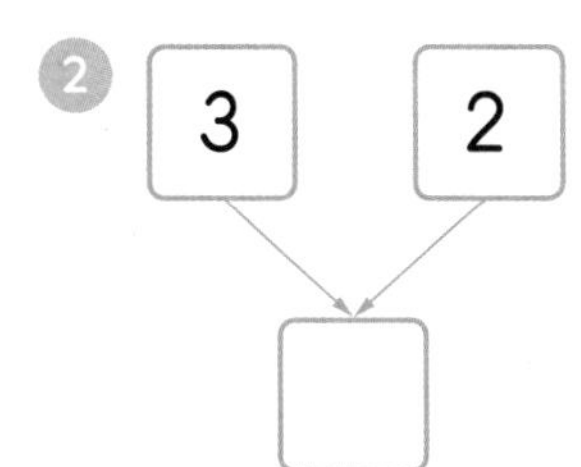

$3+2=\square$

③ 1 1

$1+1=\square$

④ 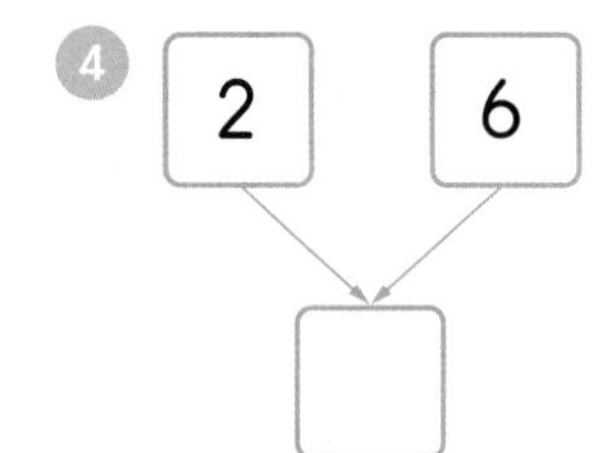

$2+6=\square$

⑤ 4 3

$4+\square=\square$

⑥ 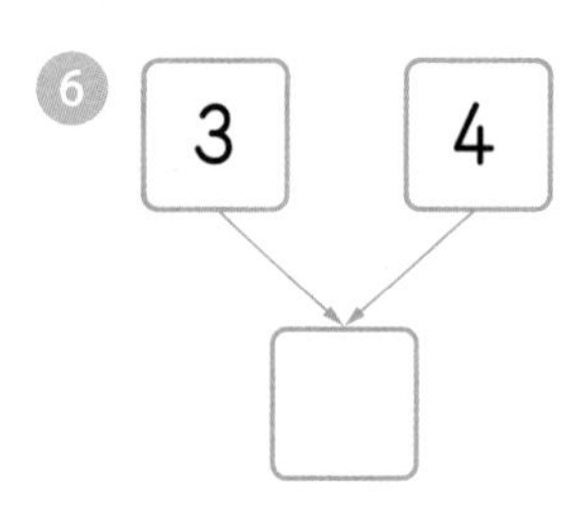

$3+\square=\square$

⑦ 5 2

$\square+2=\square$

⑧ 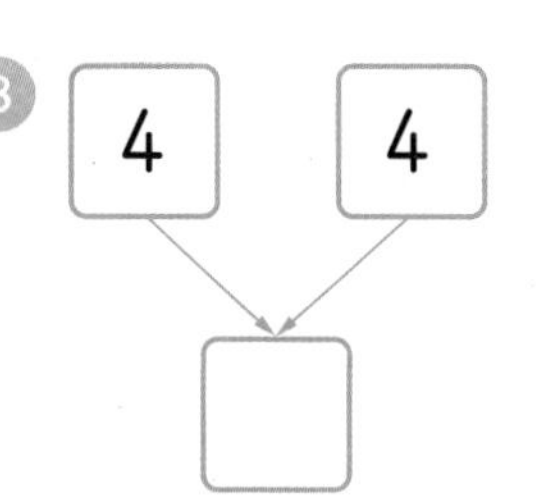

$\square+4=\square$

⑨ 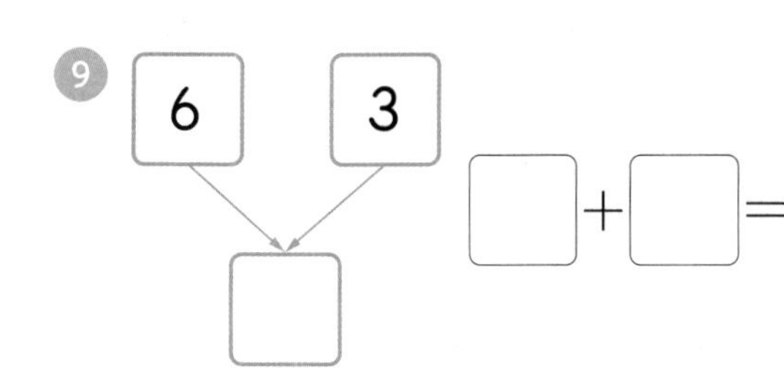

$\square+\square=\square$

⑩ 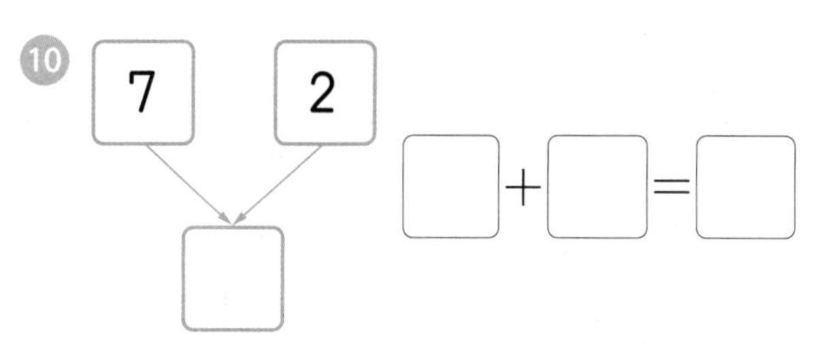

$\square+\square=\square$

개념 다지기

덧셈을 하세요.

① $1+2=$ ② $3+1=$ ③ $1+4=$

④ $2+5=$ ⑤ $6+2=$ ⑥ $3+6=$

⑦ $4+3=$ ⑧ $2+4=$ ⑨ $4+2=$

⑩ $3+2=$ ⑪ $5+3=$ ⑫ $2+6=$

⑬ $4+4=$ ⑭ $6+3=$ ⑮ $2+7=$

⑯ $5+4=$ ⑰ $8+1=$ ⑱ $7+2=$

합이 8인 나뭇잎을 모두 찾아 색칠하세요.

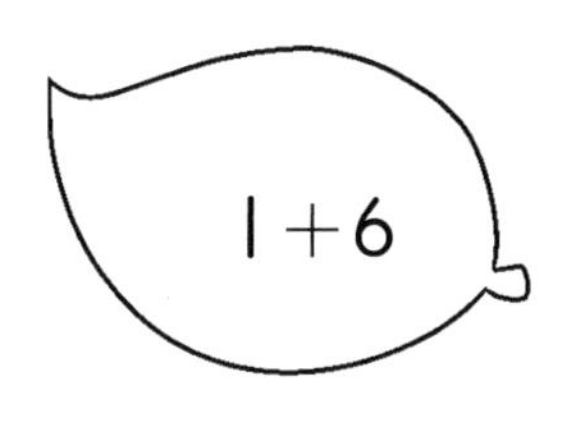

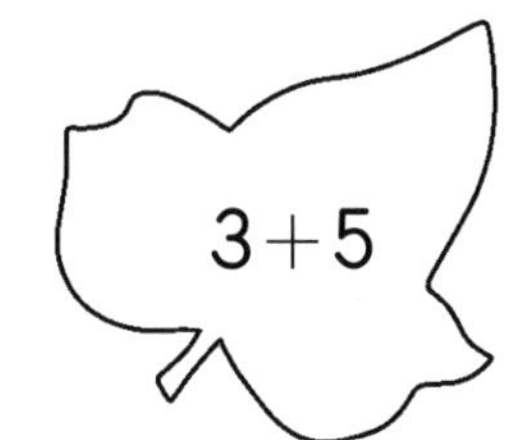

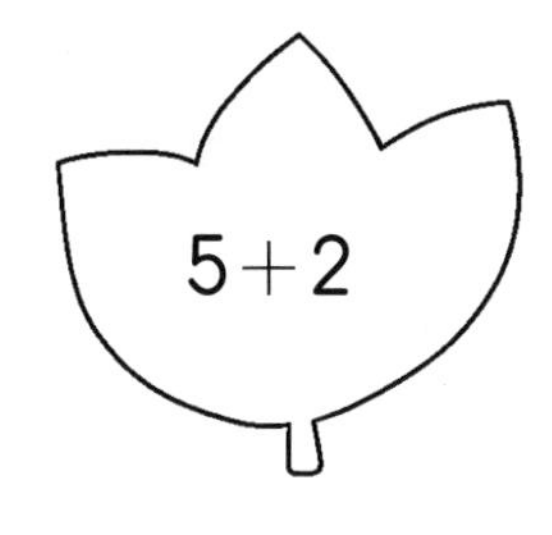

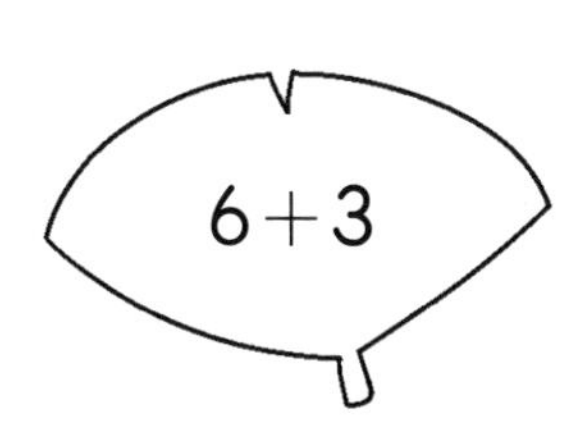

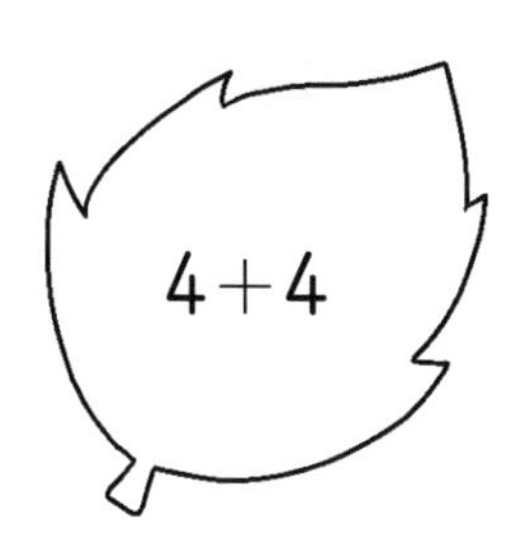

5+3

7+1

6+2

4+5

도전해 보세요

① □ 안에 알맞은 수를 써넣으세요.

$4 + \square = 9$

② 빈칸에 알맞은 수를 써넣으세요.

+	0	3	5
4			

05 가르기

- 1-1-3 덧셈과 뺄셈 (모으기)
- 1-1-3 덧셈과 뺄셈 (가르기)
- 1-1-3 덧셈과 뺄셈 (뺄셈식으로 나타내기)

?! 기억해 볼까요?

빈 곳에 알맞은 수를 써넣으세요.

❶ 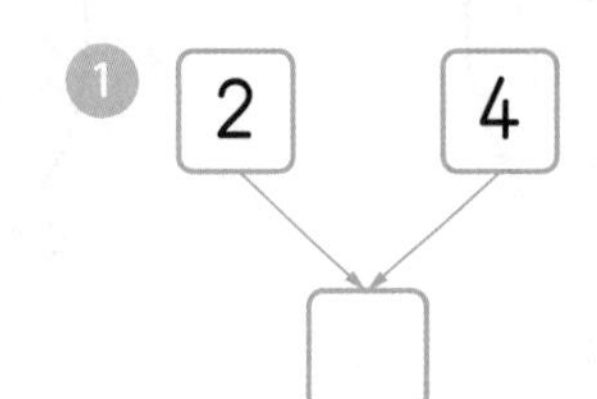

❷ 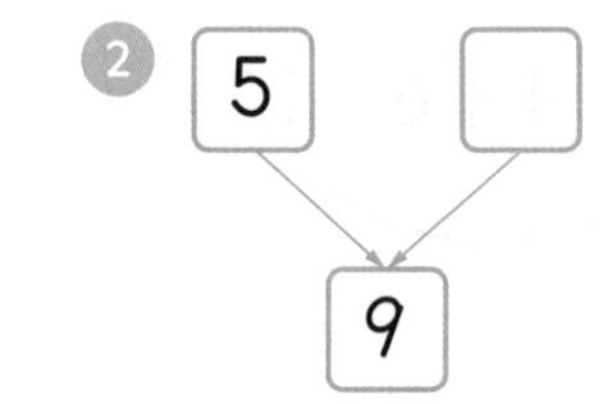

30초 개념

한 수를 두 수로 가르기 할 수 있어요. 하나의 수를 가르는 방법은 여러 가지예요.

4 가르기

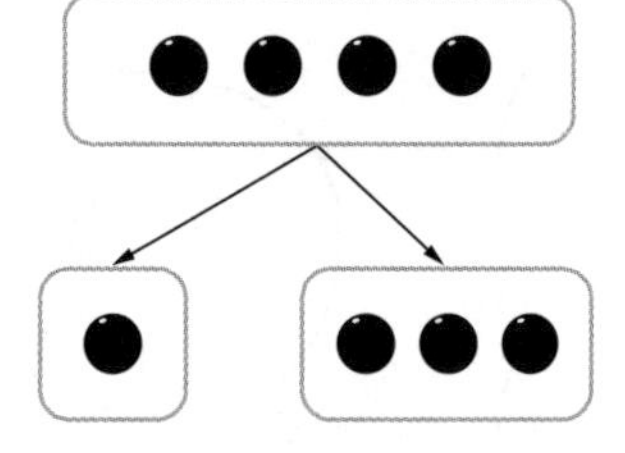

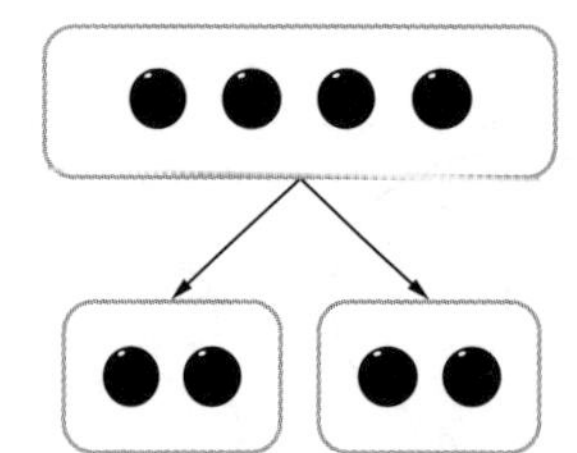

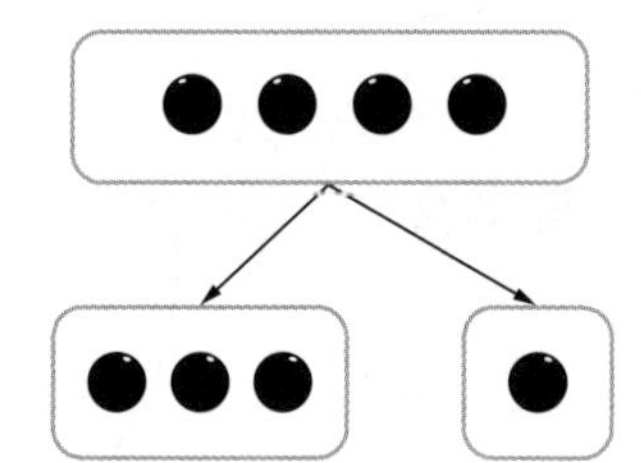

물건을 가르기 한 것을 보고
숫자로 나타낼 수 있어요!

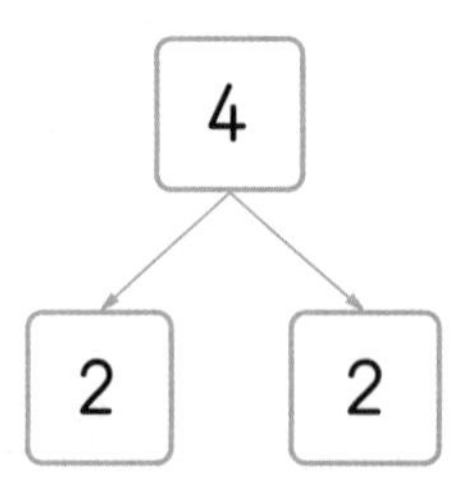

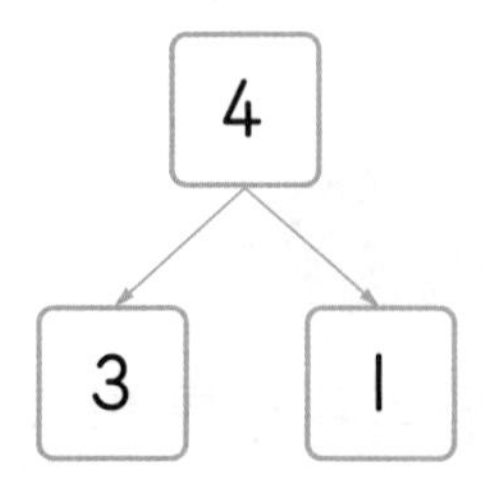

월 일 ☆☆☆☆☆

빈 곳을 알맞은 그림이나 수로 채우세요.

1

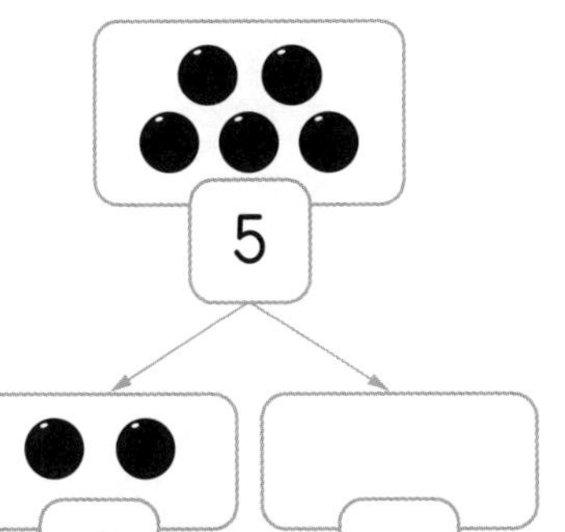

2

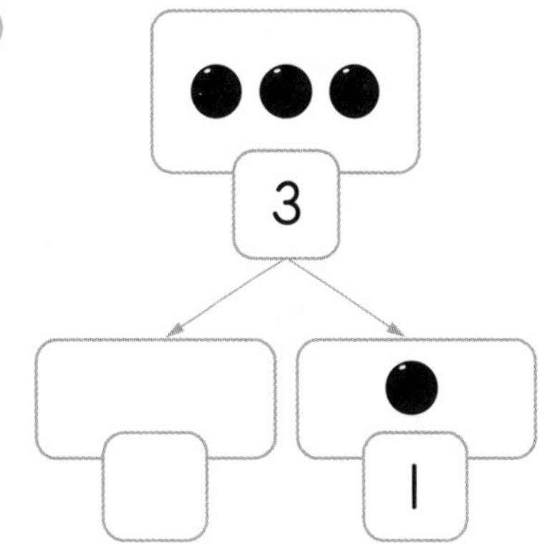

3

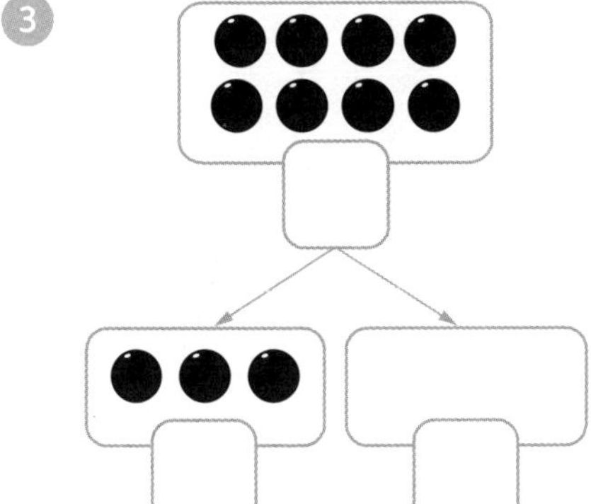

4

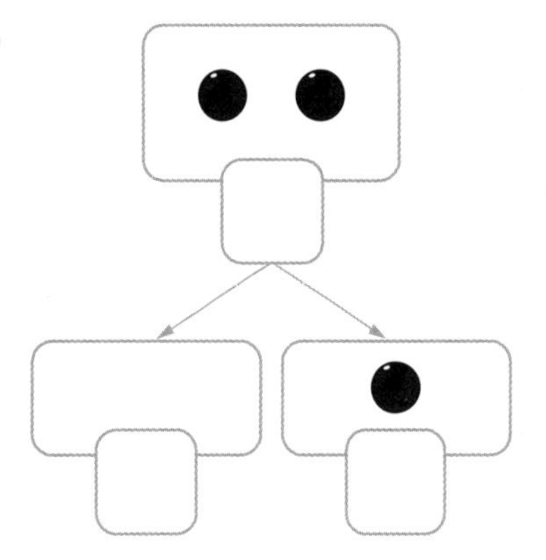

5

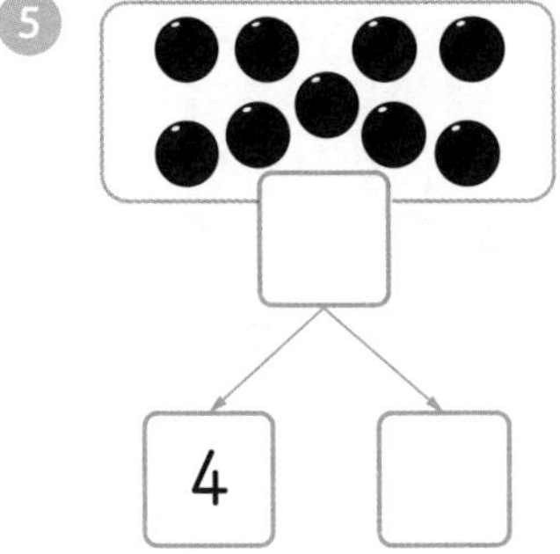

6

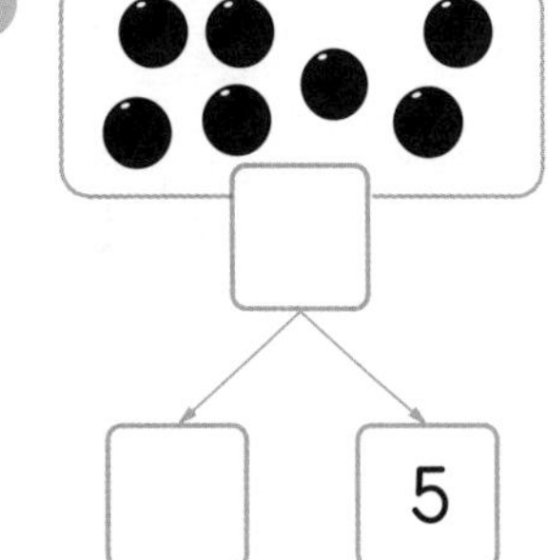

7

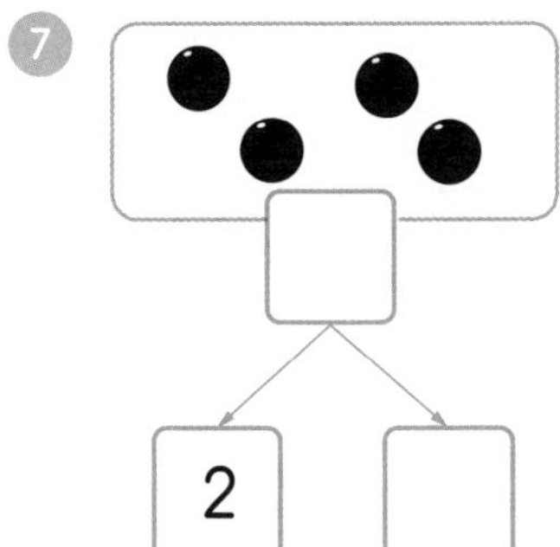

8

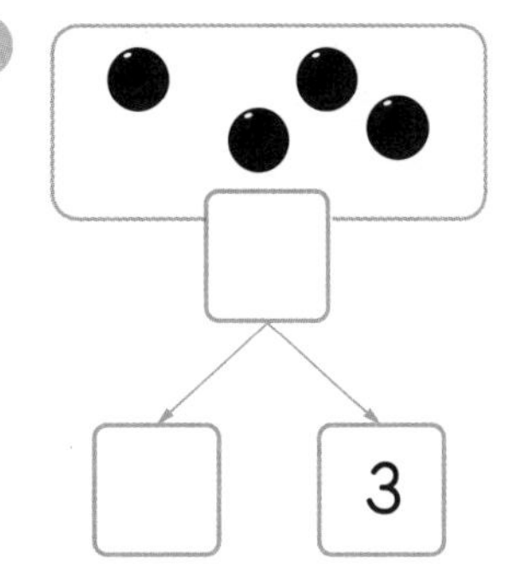

개념 다지기

빈 곳에 알맞은 수를 써넣으세요.

1
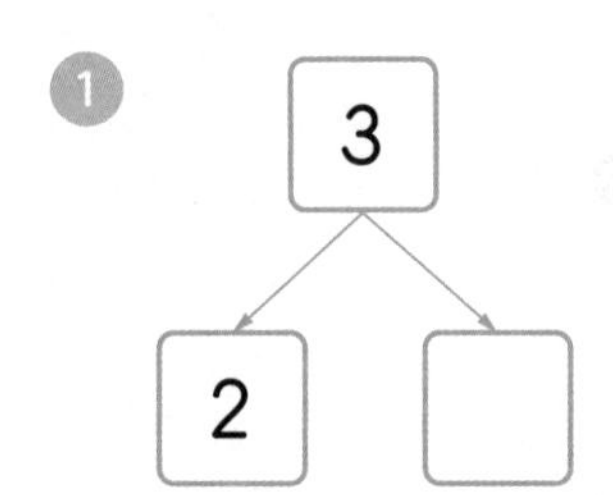

2
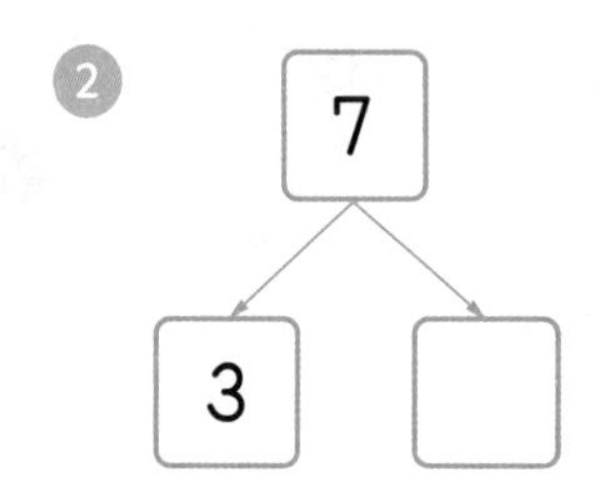

3
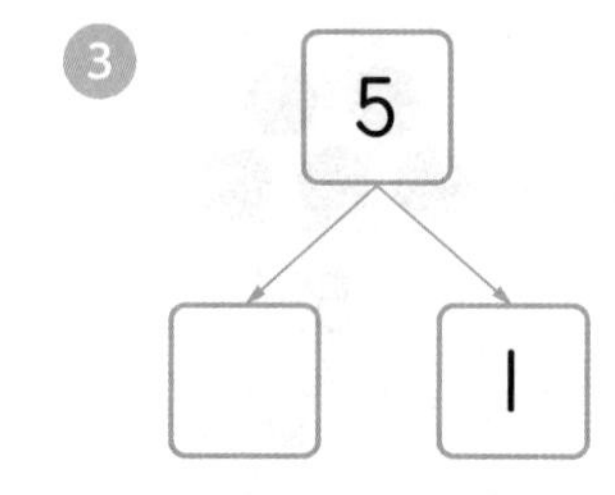

4
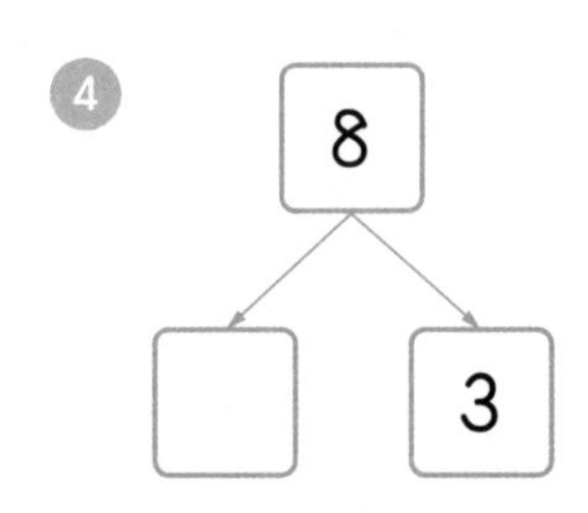

5
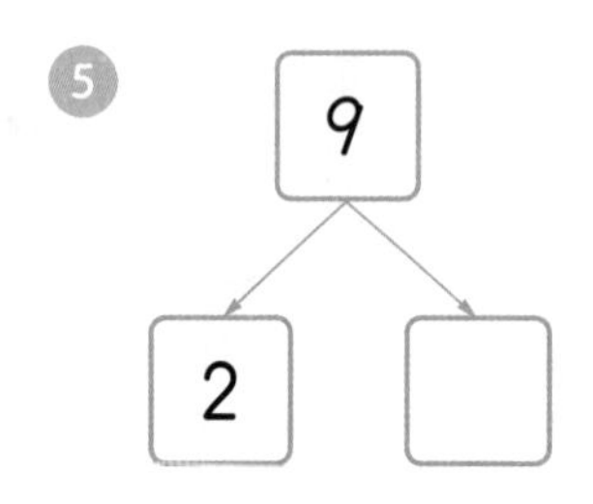

6
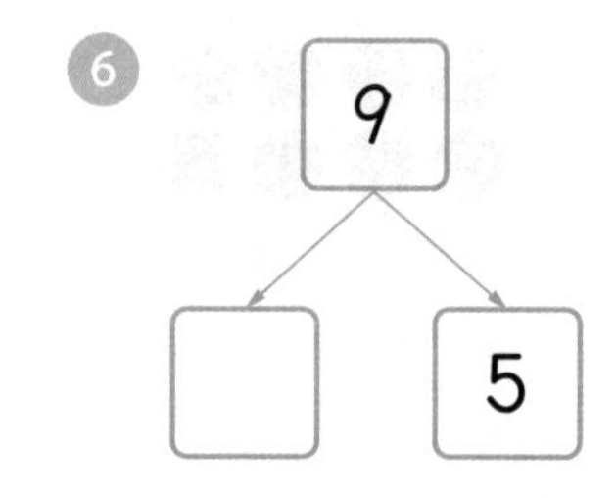

7
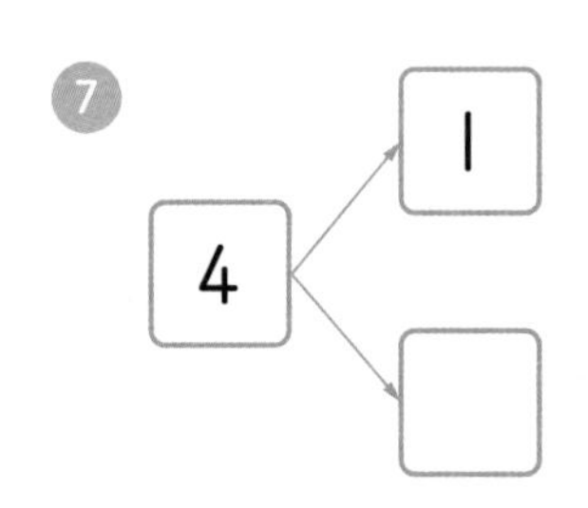

8
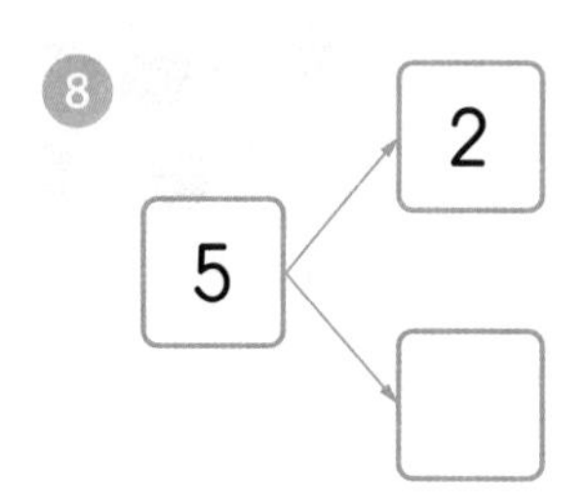

9
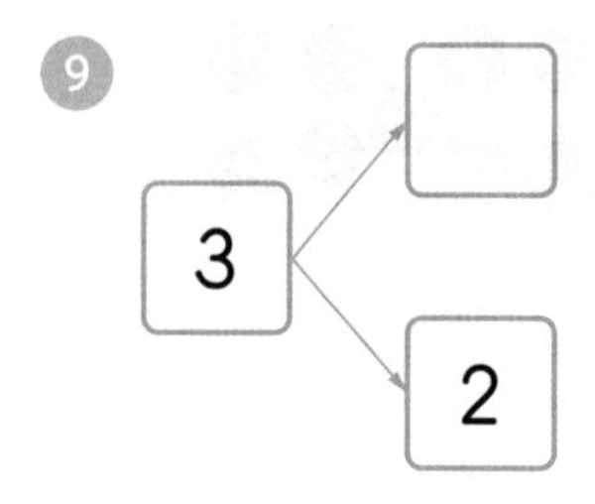

10
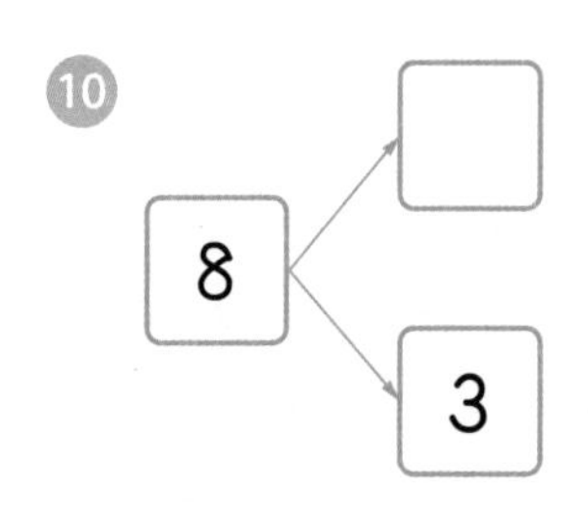

11
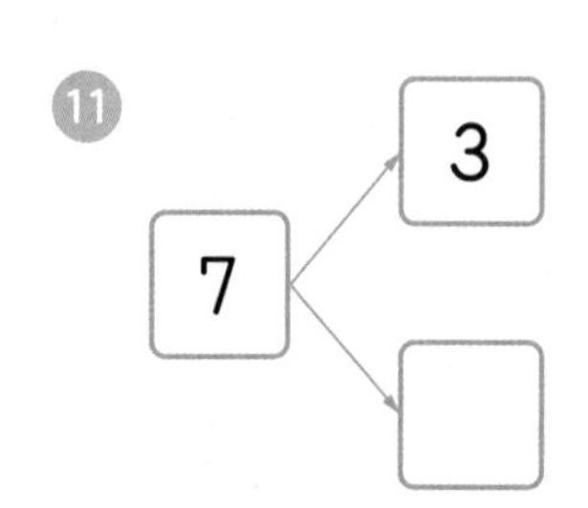

12
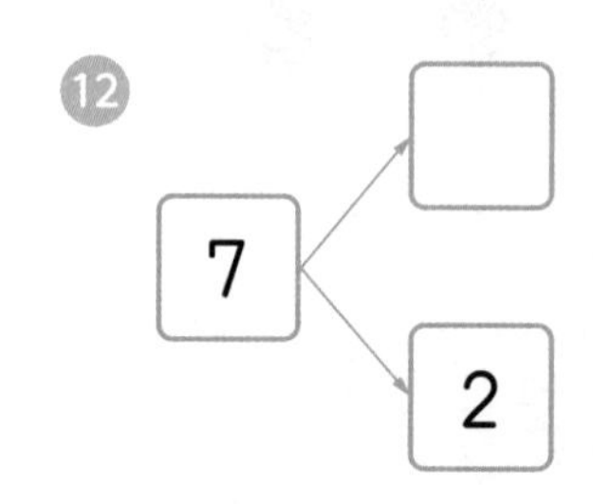

개념 키우기

빈 곳에 가르기 한 수를 모두 써넣으세요.

①

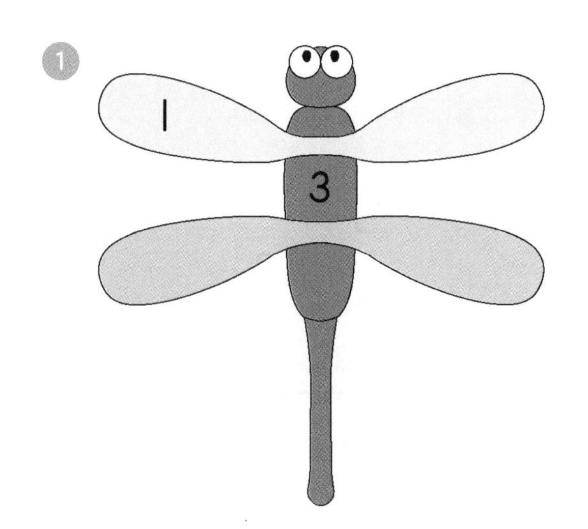

②

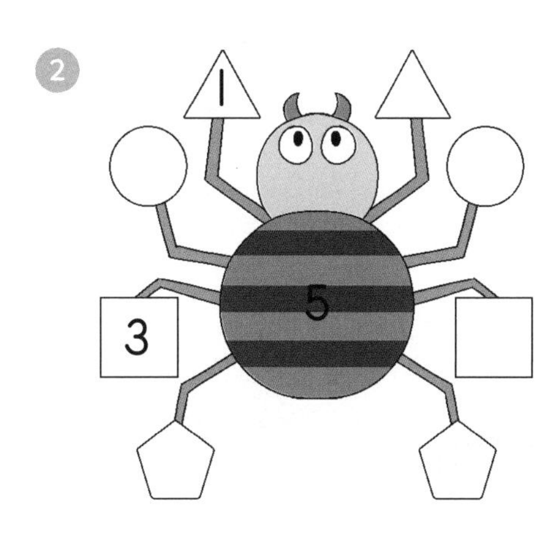

도전해 보세요

연필이 5자루 있습니다. 물음에 답하세요.

① 필통 2개에는 몇 자루씩 나누어 담을 수 있을까요?

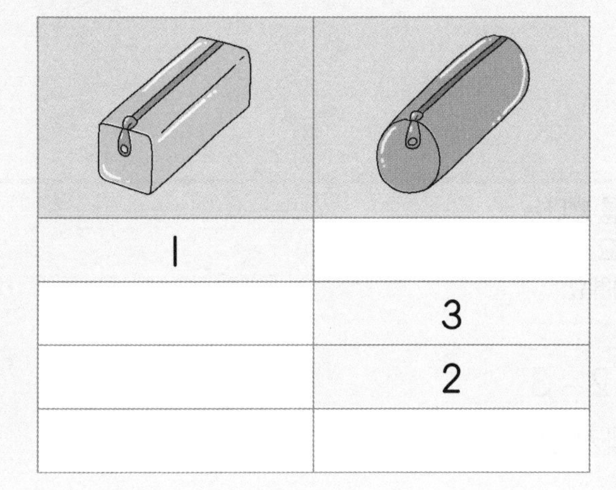

1	
	3
	2

② 필통 3개에는 몇 자루씩 나누어 담을 수 있을까요?

1	1	
1		1
3		
1	2	
2	1	
		1

06 뺄셈식으로 나타내기

?! 기억해 볼까요?

빈 곳에 알맞은 수를 써넣으세요.

❶ 6 → 2, □

❷ 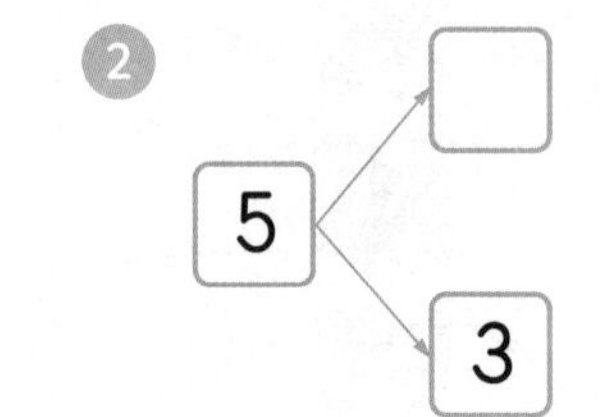

30초 개념

뺄셈식으로 나타낼 때는 '−'와 '='를 사용해요.

◎ 뺄셈식으로 나타내고 읽기

오리 5마리 중에서 2마리가 날아가면 3마리가 남아요.

$5-2=3$

쓰기 $5-2=3$

읽기 5 빼기 2는 3과 같습니다.

5와 2의 차는 3입니다.

'−'는 앞의 수에서 뒤의 수를 뺀다는
뜻으로 빼기라고 읽어요.
'='는 서로 같다는 뜻이에요.

쓰기 $5-2=3$

읽기 5 빼기 2는 3과 같습니다.

그림을 뺄셈식으로 나타내고 읽어 보세요.

1

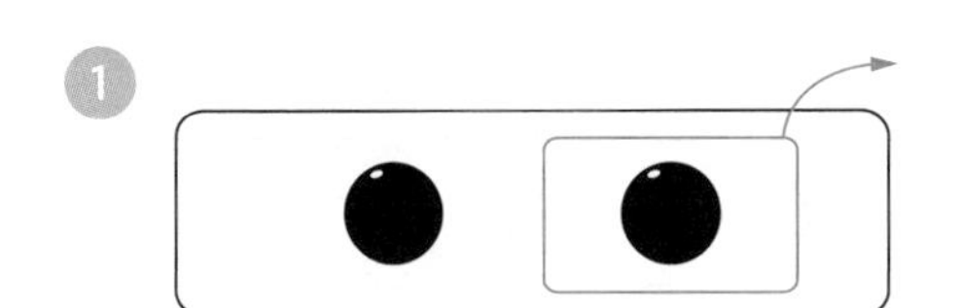

쓰기 

읽기 

2

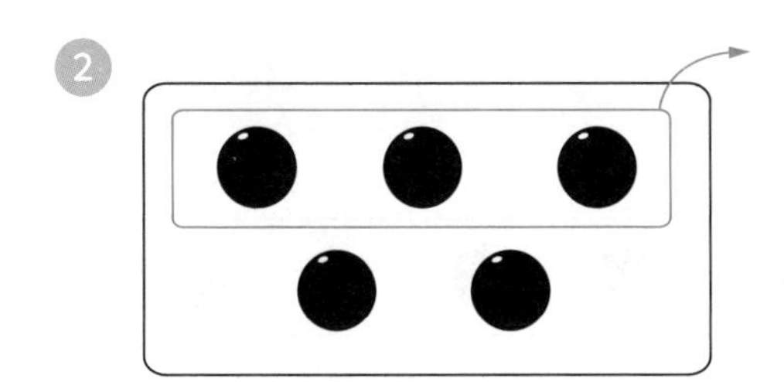

쓰기 □ − □ = □

읽기 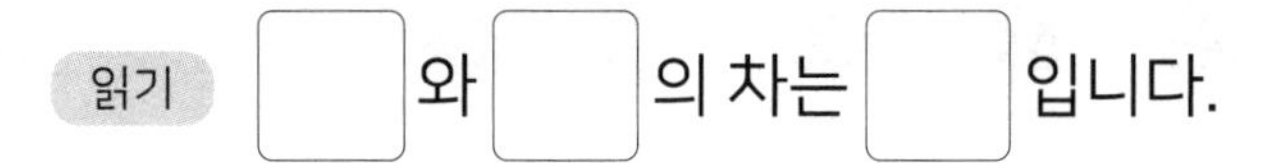

3

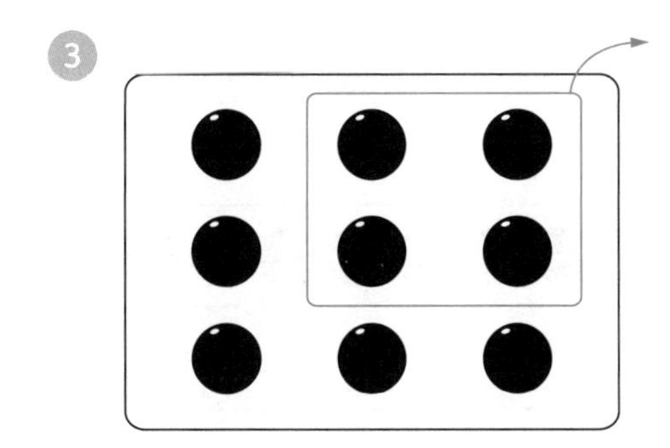

쓰기 □ − □ = □

읽기 □ 빼기 □ 는 □

4

쓰기 ____________________

읽기 ______________________________

5

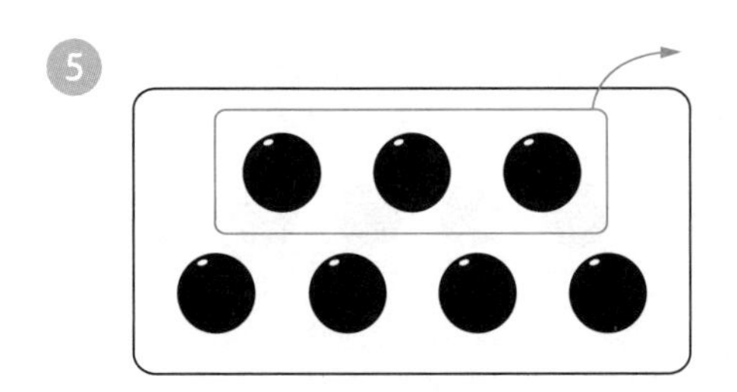

쓰기 ____________________

읽기 ______________________________

그림을 보고 알맞은 뺄셈식을 쓰세요.

1

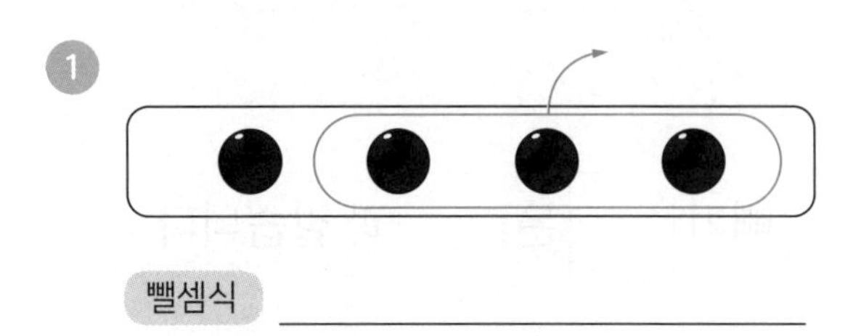

뺄셈식 ____________

2

뺄셈식 ____________

3

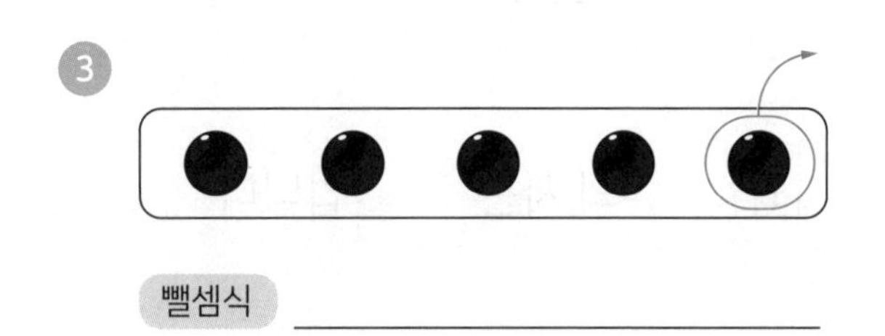

뺄셈식 ____________

4

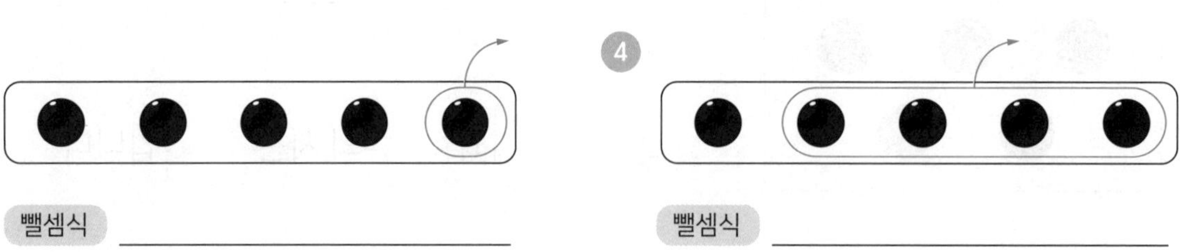

뺄셈식 ____________

5

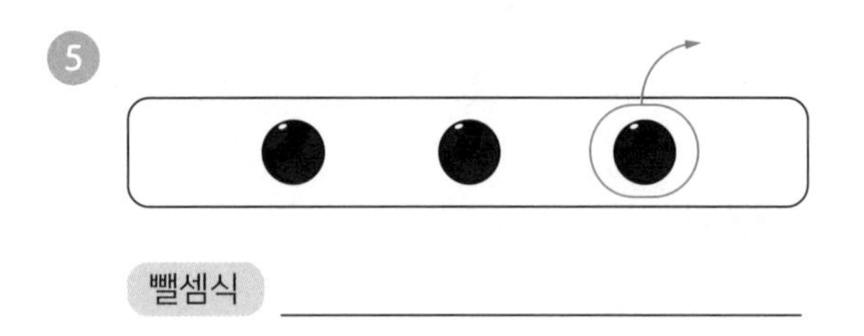

뺄셈식 ____________

6

뺄셈식 ____________

7

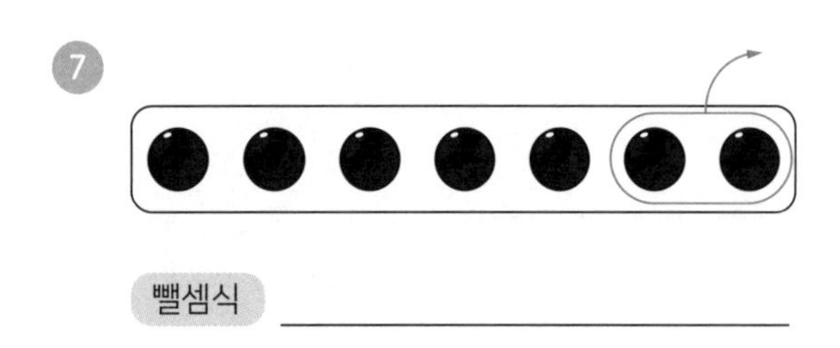

뺄셈식 ____________

8

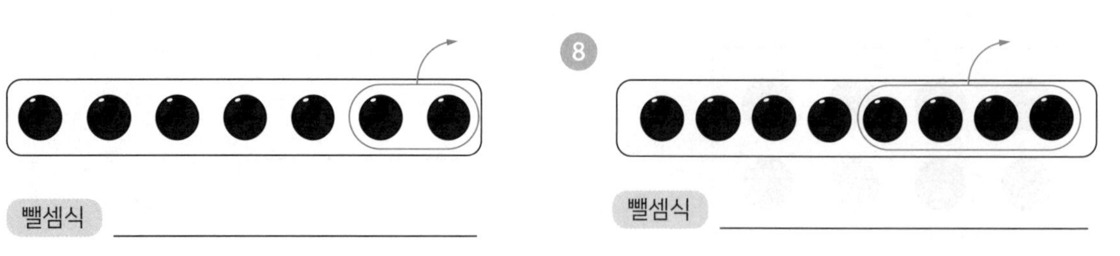

뺄셈식 ____________

9

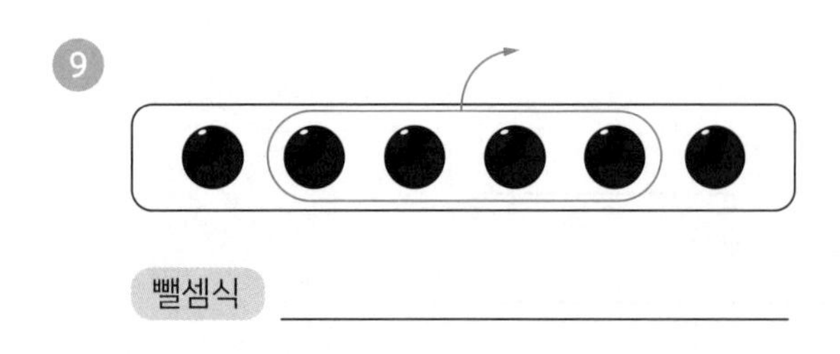

뺄셈식 ____________

10

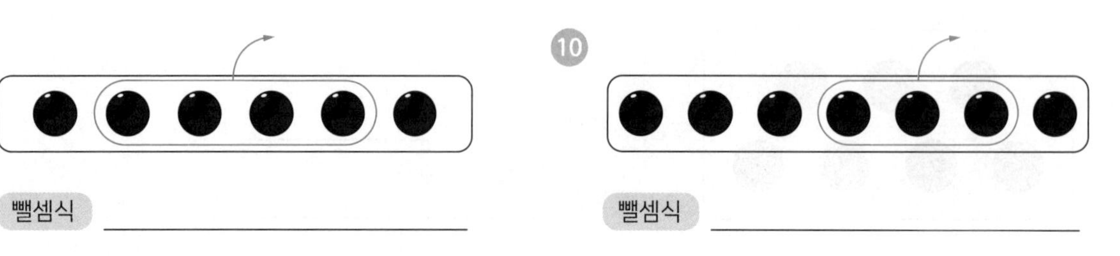

뺄셈식 ____________

개념 키우기

그림과 알맞은 뺄셈식을 선으로 이어 보세요.

 • • 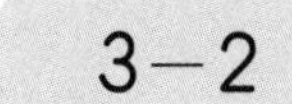

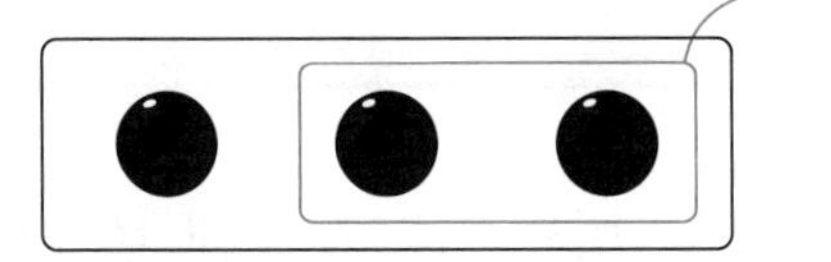 • • 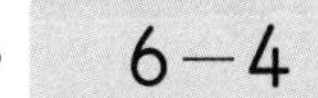

 • • 6−2

도전해 보세요

뺄셈식으로 나타내세요.

1. 피자 8조각 중 3조각을 먹었습니다. 몇 조각이 남았을까요?

   뺄셈식 ________________

2. 달걀 5개 중 2개가 깨졌습니다. 몇 개가 남았을까요?

   뺄셈식 ________________

3. 장난감 6개 중 2개를 동생에게 주었습니다. 몇 개가 남았을까요?

   뺄셈식 ________________

4. 장난감 6개 중 4개를 내가 갖고 나머지를 동생에게 주었습니다. 동생은 몇 개를 가졌을까요?

   뺄셈식 ________________

07 뺄셈하기 1

기억해 볼까요?

그림을 보고 알맞은 뺄셈식을 쓰세요.

1

뺄셈식 ______________

2

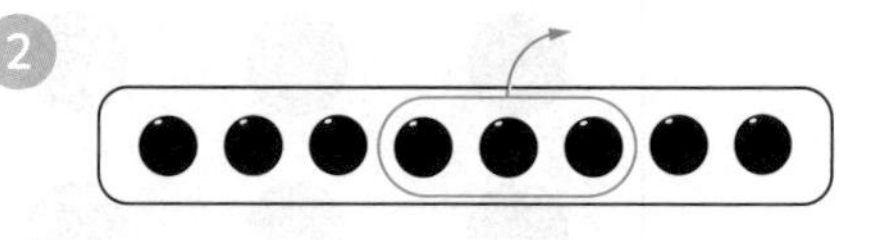

뺄셈식 ______________

30초 개념

뺄셈은 두 수의 차를 구하는 것과 같아요. 상황에 맞는 방법으로 계산해 보세요.

뺄셈하기

방법1 지워서 뺄셈해요.

풍선 5개 중에서 2개가 터지면 3개가 남아요.

전체에서 덜어 낸 만큼 빗금을 긋고 남은 수를 세어요.

뺄셈식 $5-2=3$

방법2 짝을 지어서 뺄셈해요.

티셔츠 5장과 바지 2벌을 하나씩 연결해 보면 티셔츠 3장이 남아요.

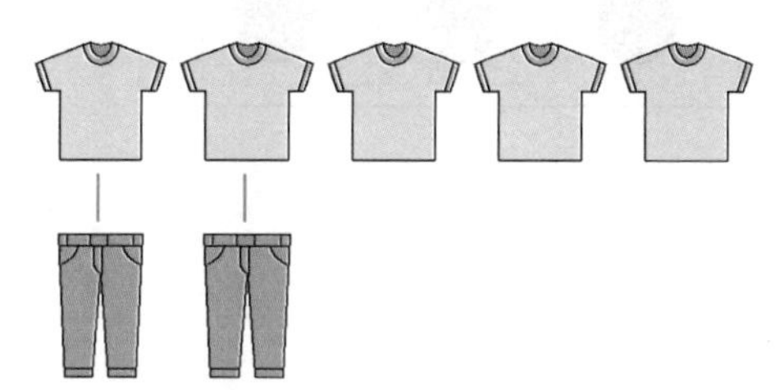

두 모둠의 동그라미를 하나씩 연결해 보고 남은 수를 세어요.

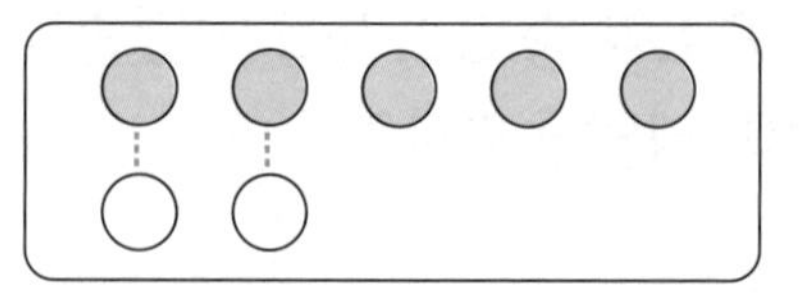

뺄셈식 $5-2=3$

월 일 ☆☆☆☆☆

그림을 이용하여 뺄셈을 하고 뺄셈식으로 나타내세요.

1

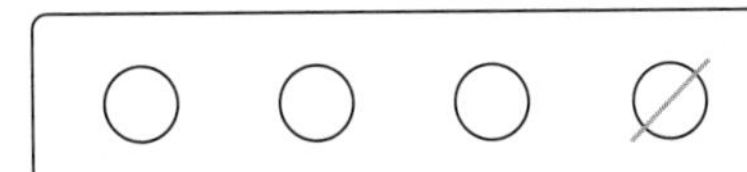

뺄셈식 ______________________

뺄셈식 ______________________

3

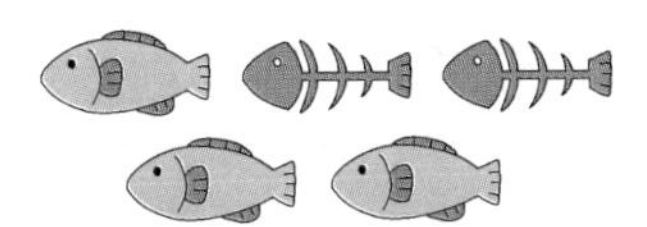

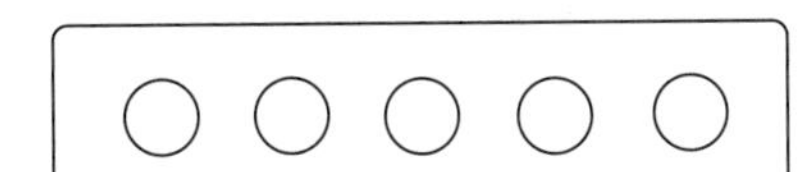

뺄셈식 ______________________

뺄셈식 ______________________

5

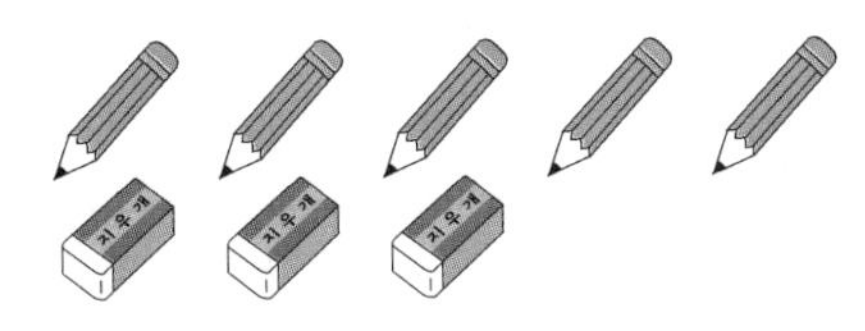

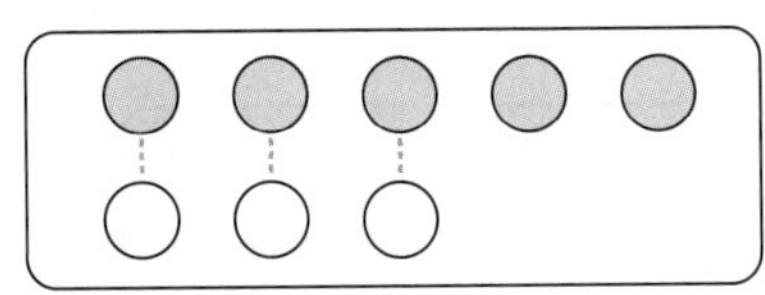

뺄셈식 ______________________

6

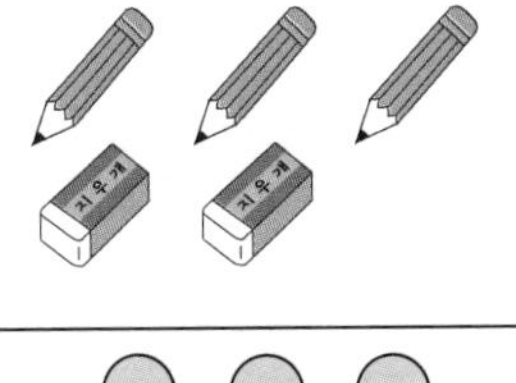

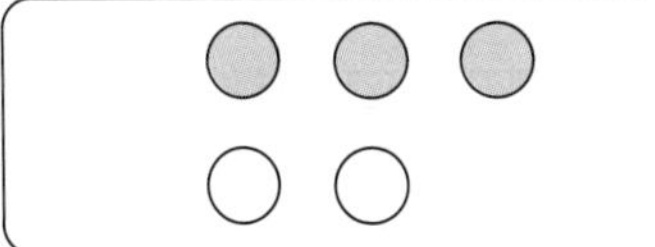

뺄셈식 ______________________

7

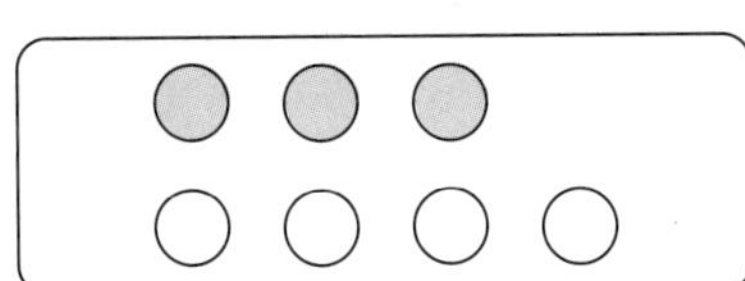

뺄셈식 ______________________

8

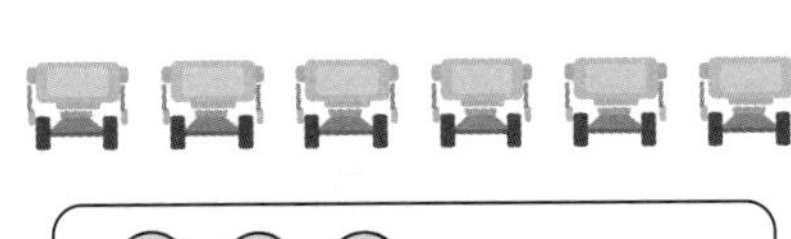

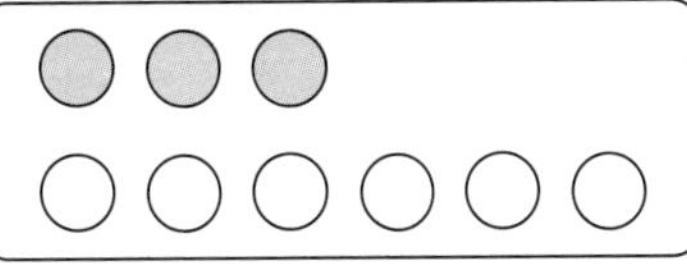

뺄셈식 ______________________

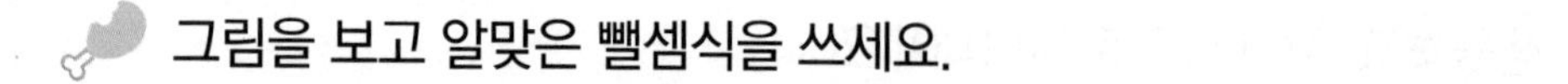

그림을 보고 알맞은 뺄셈식을 쓰세요.

1 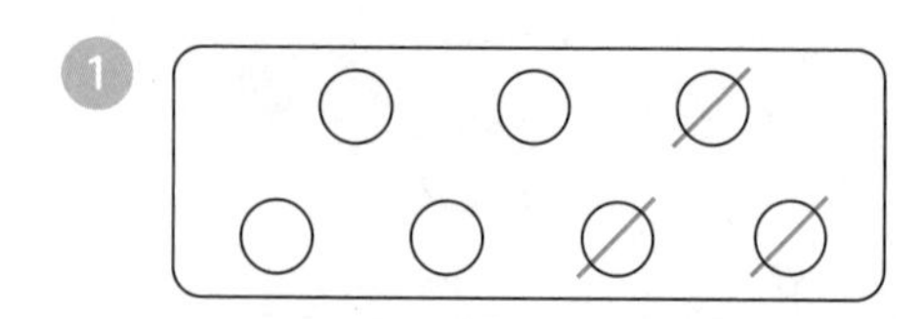

뺄셈식 ______________________

2 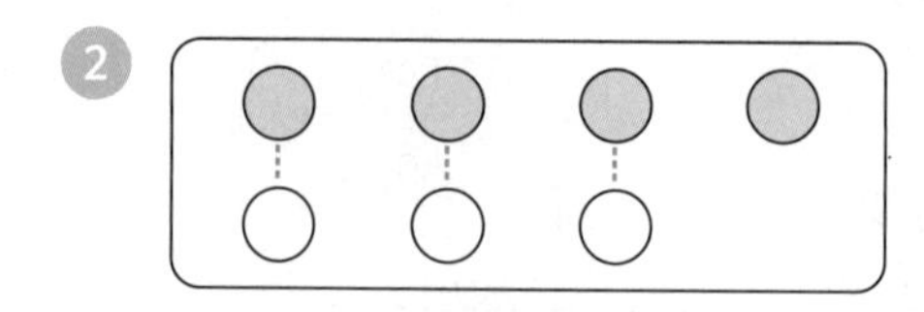

뺄셈식 ______________________

3 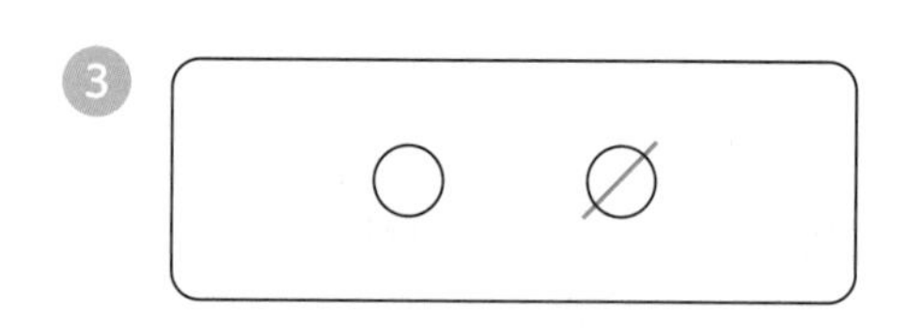

뺄셈식 ______________________

4 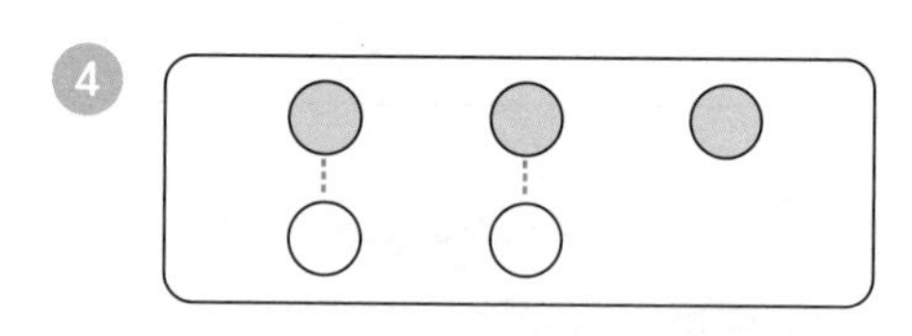

뺄셈식 ______________________

5 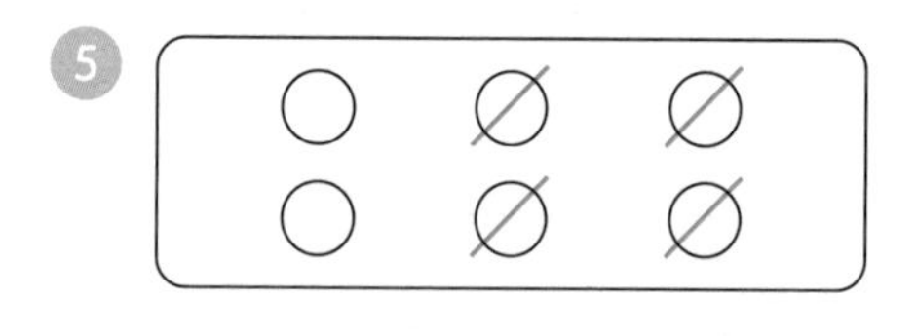

뺄셈식 ______________________

6 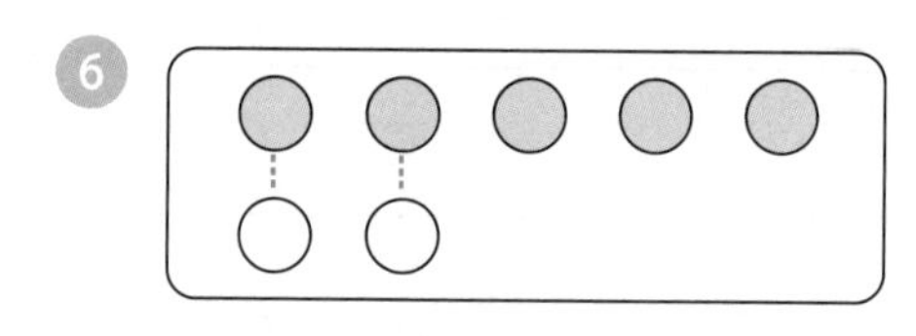

뺄셈식 ______________________

7 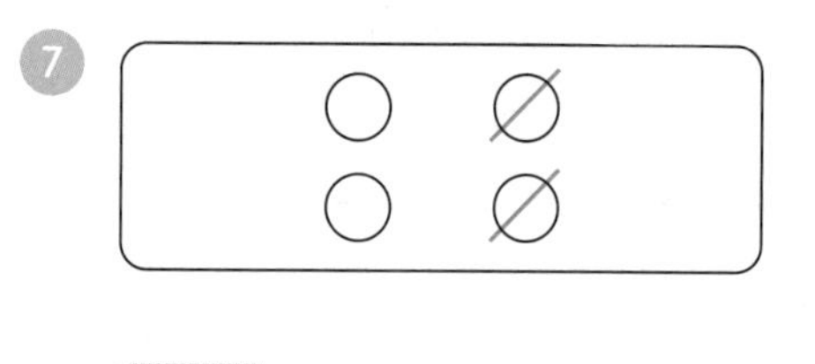

뺄셈식 ______________________

8 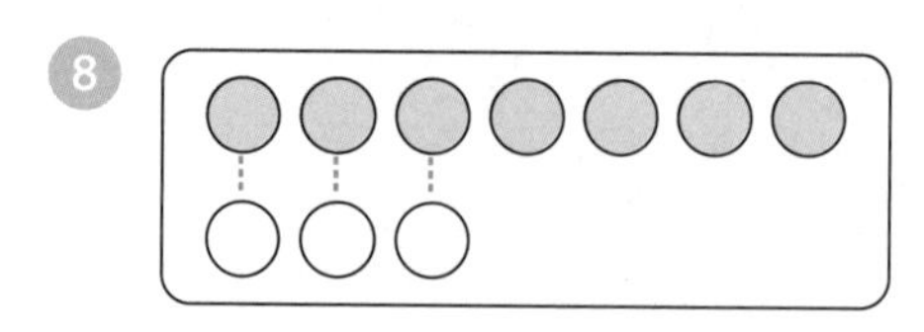

뺄셈식 ______________________

9 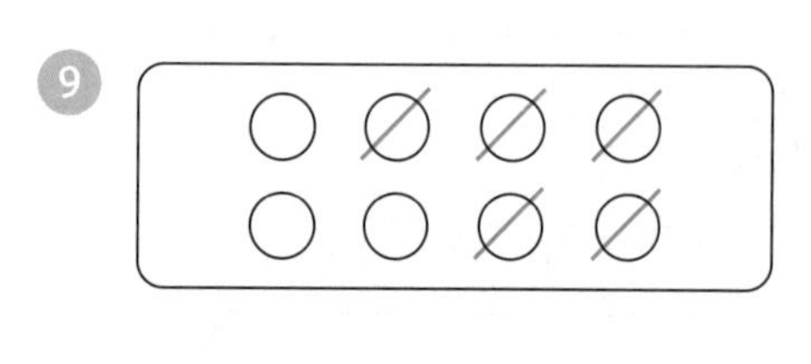

뺄셈식 ______________________

10 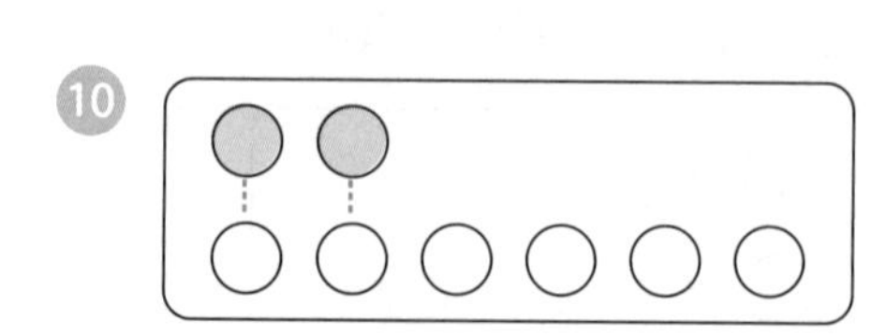

뺄셈식 ______________________

개념 키우기

차가 같은 것끼리 선으로 이어 보세요.

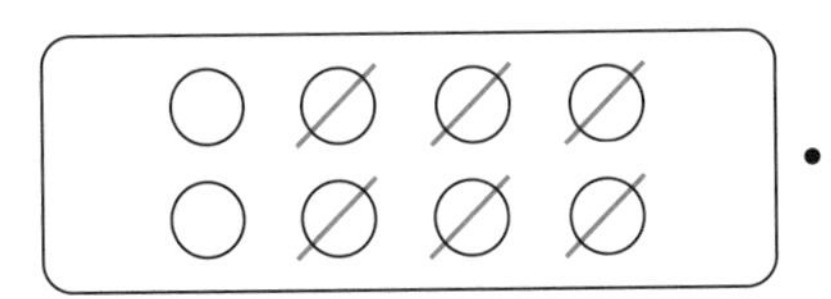

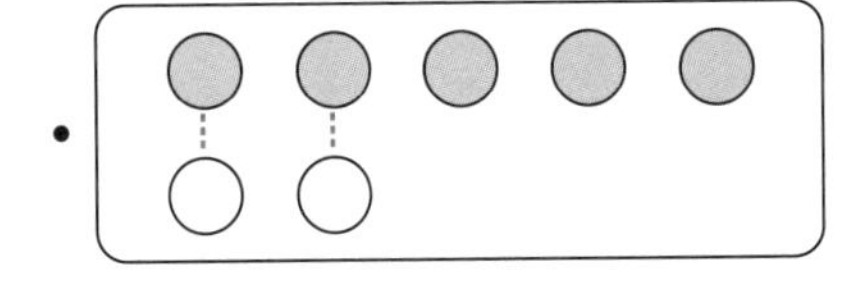

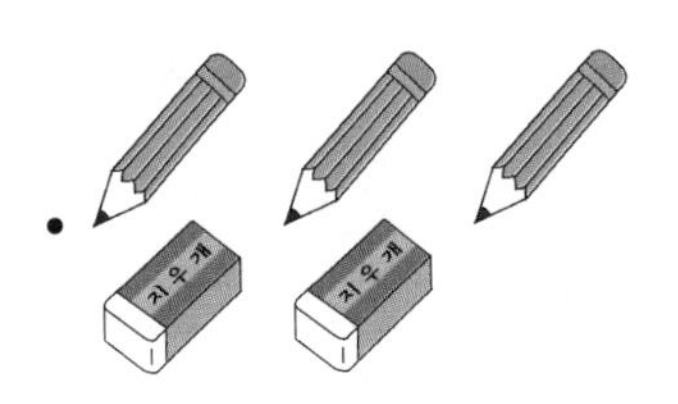

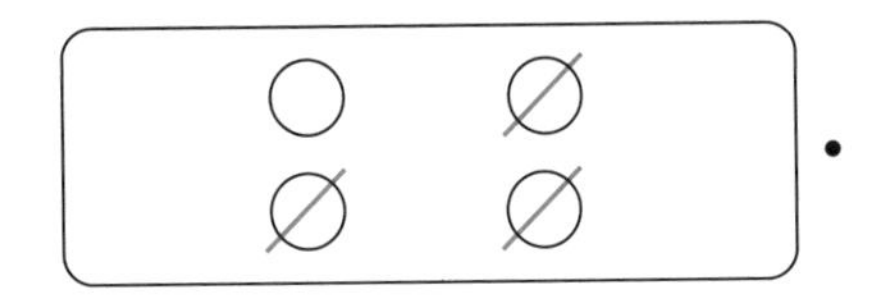

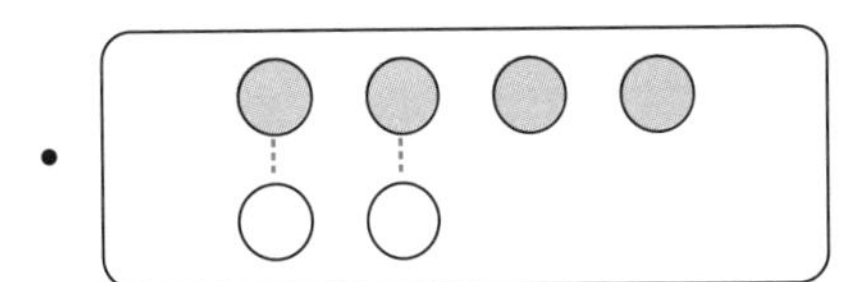

도전해 보세요

파란색 구슬이 4개, 검은색 구슬이 3개 있습니다. 물음에 답하세요.

① 파란색 구슬은 검은색 구슬보다 몇 개 더 많을까요?

식 ______________________

답 ______________ 개

② 검은색 구슬 중에서 2개를 동생에게 주었습니다. 남아 있는 검은색 구슬은 몇 개일까요?

식 ______________________

답 ______________ 개

08 뺄셈하기 2

1-1-3
덧셈과 뺄셈
(뺄셈하기 1)

1-1-3
덧셈과 뺄셈
(뺄셈하기 2)

1-1-3
덧셈과 뺄셈
(덧셈과 뺄셈)

?! 기억해 볼까요?

그림을 보고 알맞은 뺄셈식을 쓰세요.

1
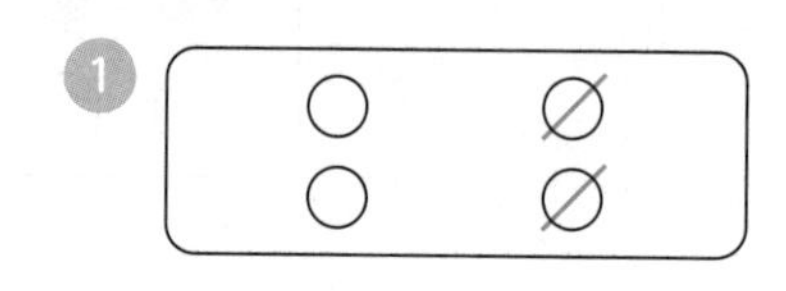

뺄셈식 ____________

2
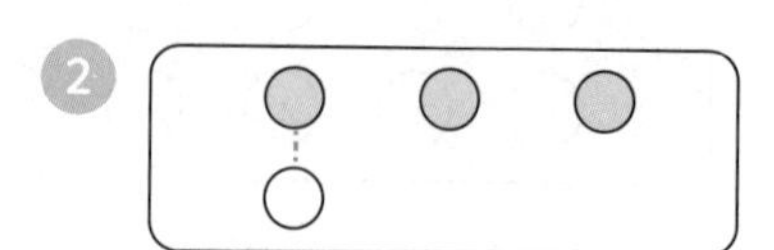

뺄셈식 ____________

30초 개념

뺄셈을 할 때는 큰 수에서 작은 수를 빼요. 이때 가르기를 이용하면 쉽게 계산할 수 있어요.

◎ 7－3의 계산

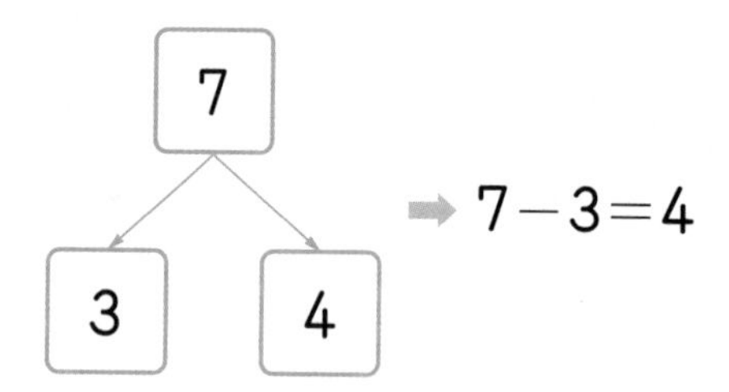

➡ 7－3＝4

지우기와 짝 짓기를 이용해도 돼요!

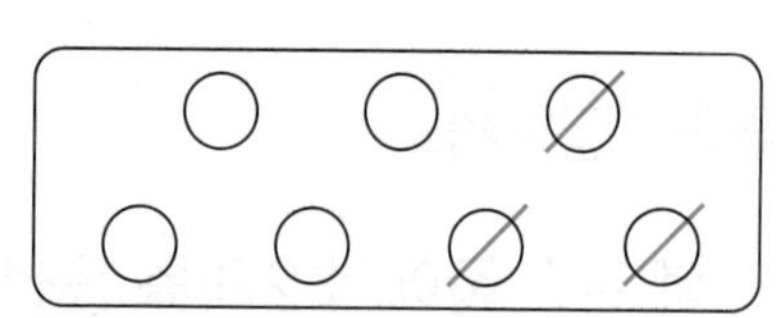

7개 중에서 3개를 지우면
4개가 남아요.
7－3＝4

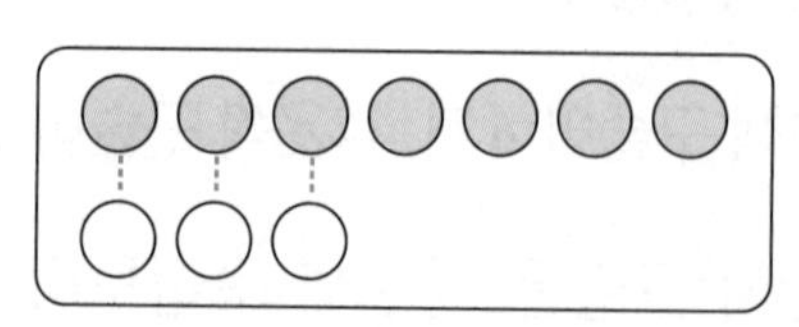

7개 중에서 3개를 짝 짓고
나면 4개가 남아요.
7－3＝4

빈 곳에 알맞은 수를 써넣으세요.

❶ 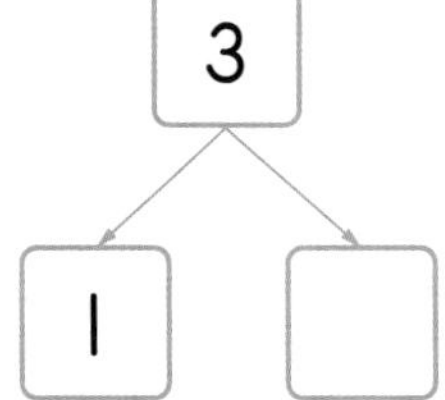

$3-1=\square$

❷ 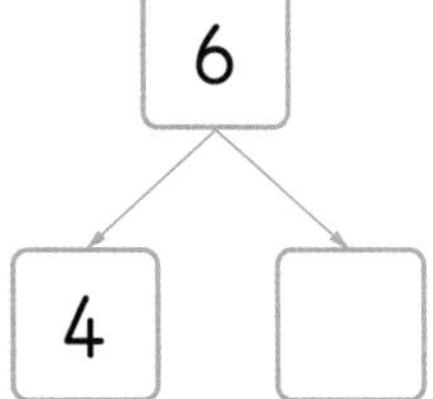

$6-4=\square$

❸ 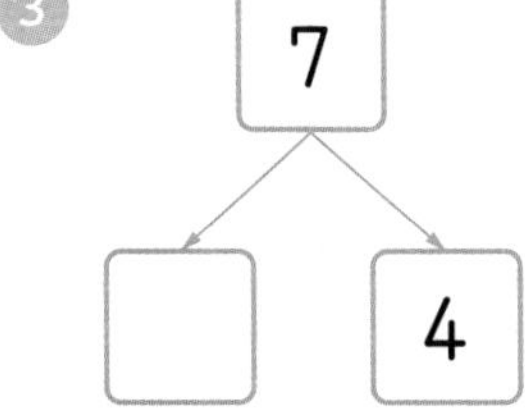

$7-\square=4$

❹ 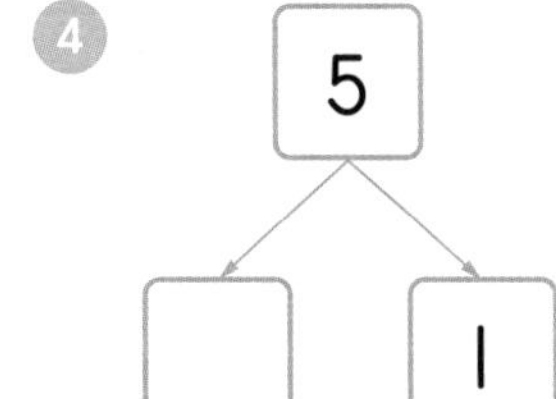

$5-\square=1$

❺ 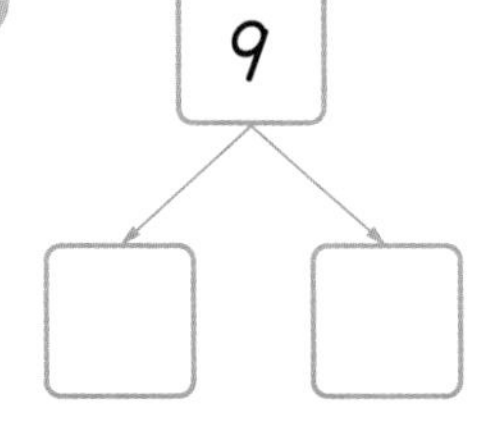

$9-5=\square$

❻ 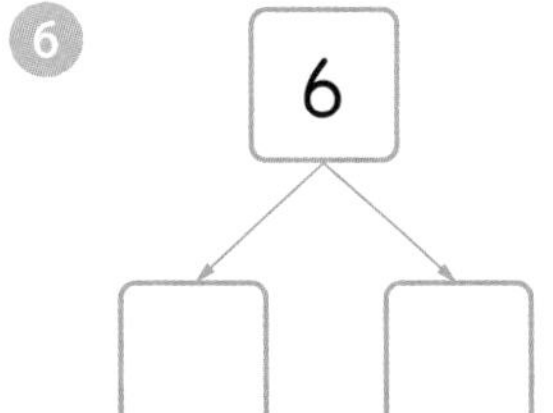

$6-2=\square$

❼ 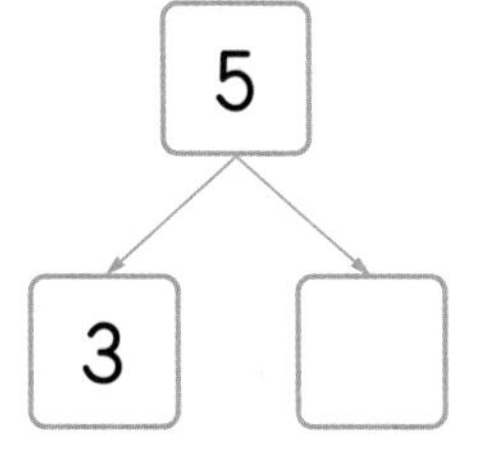

$5-\square=\square$

❽ 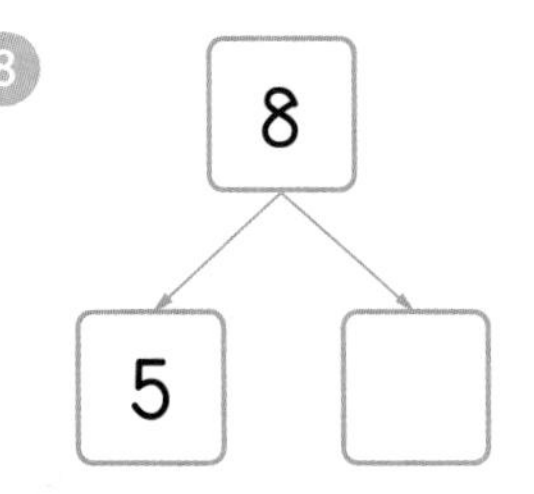

$8-\square=\square$

❾ 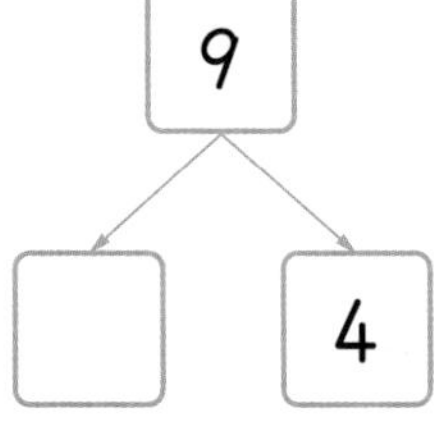

$9-4=\square$

❿ 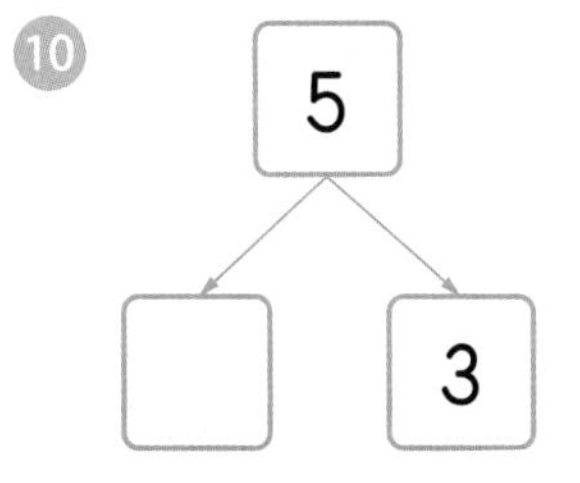

$5-3=\square$

개념 다지기

빨셈을 하세요.

① $3-1=$

② $9-4=$

③ $7-5=$

④ $6-4=$

⑤ $4-2=$

⑥ $8-5=$

⑦ $2-1=$

⑧ $5-3=$

⑨ $3-2=$

⑩ $9-6=$

⑪ $9-3=$

⑫ $6-3=$

⑬ $7-2=$

⑭ $7-5=$

⑮ $8-7=$

⑯ $6-1=$

⑰ $6-5=$

⑱ $5-2=$

개념 키우기

바르게 뺄셈한 것을 따라 선을 그어 보세요.

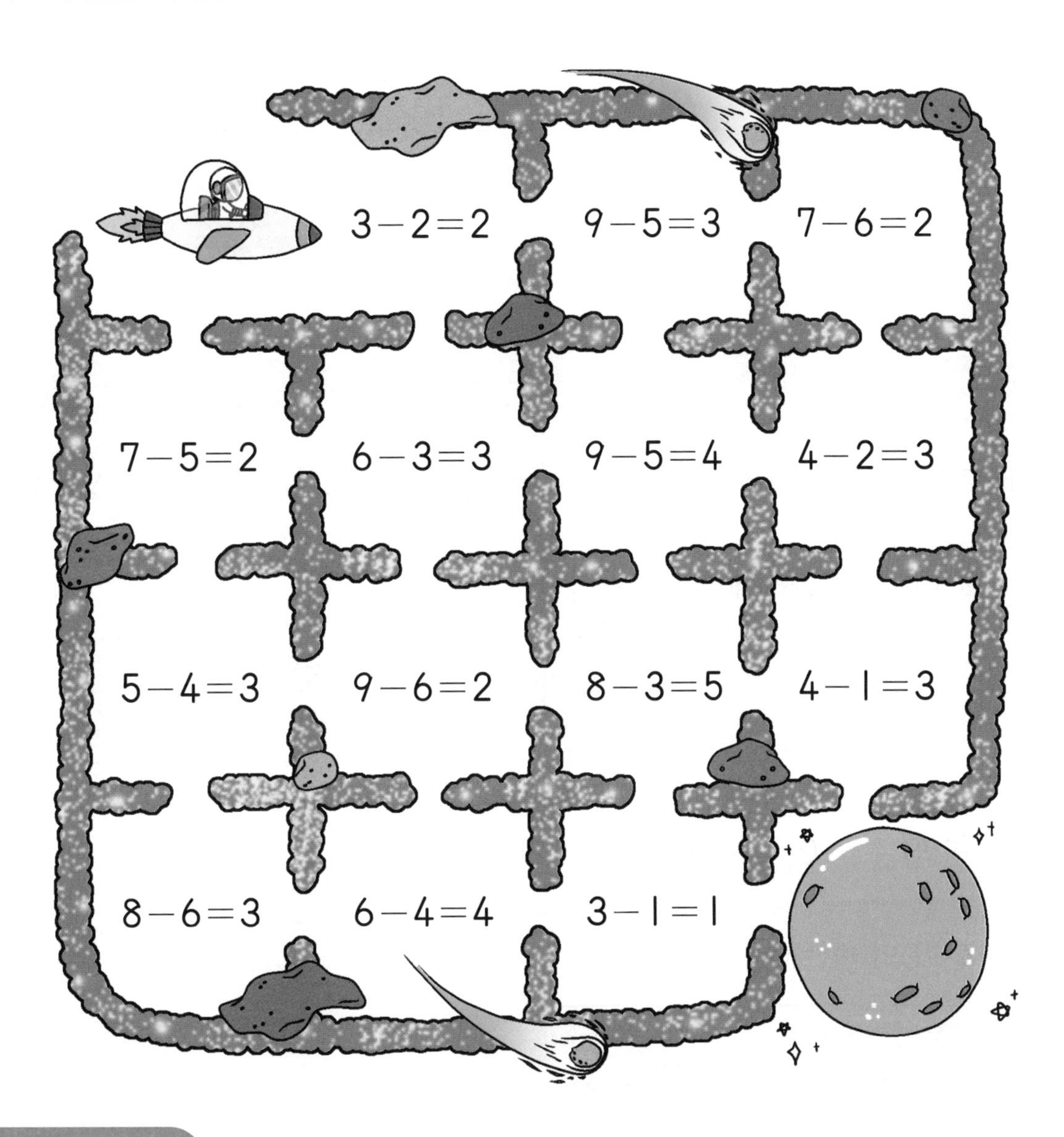

도전해 보세요

1 빈칸에 알맞은 수를 써넣으세요.

－	1	3	6
8			
7			

2 3장의 수 카드를 한 번씩 사용하여 만들 수 있는 뺄셈식을 모두 쓰세요.

4 5 9

뺄셈식 ______________________

____

09 0을 더하거나 빼기

?! 기억해 볼까요?

빈칸에 알맞은 수를 써넣으세요.

①

+	2	5
4		

②

−	3	6
8		

30초 개념

아무것도 없는 것을 0이라 쓰고 '영'이라고 읽어요. 0도 더하거나 뺄 수 있어요.

$4+0$, $0+4$의 계산(0을 더하기)

$4 + 0 = 4$　　$0 + 4 = 4$

(어떤 수)$+0$, $0+$(어떤 수)는 '어떤 수'입니다.

$4-0$의 계산(0을 빼기)

$4 - 0 = 4$

(어떤 수)-0은 '어떤 수'입니다.

어떤 수에서 어떤 수를 빼면 아무것도 없으므로 0이 돼요.

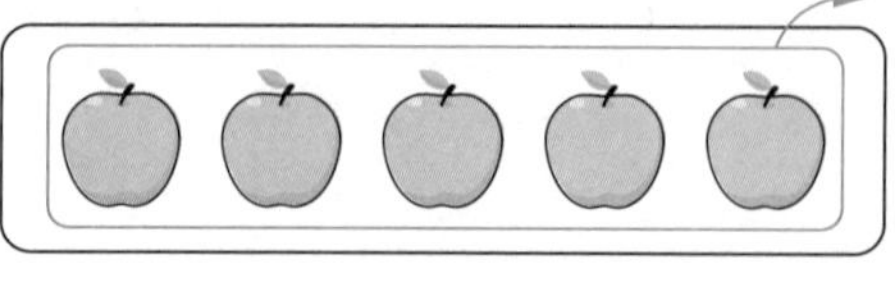

$5-5=0$

그림을 보고 알맞은 식을 쓰세요.

1
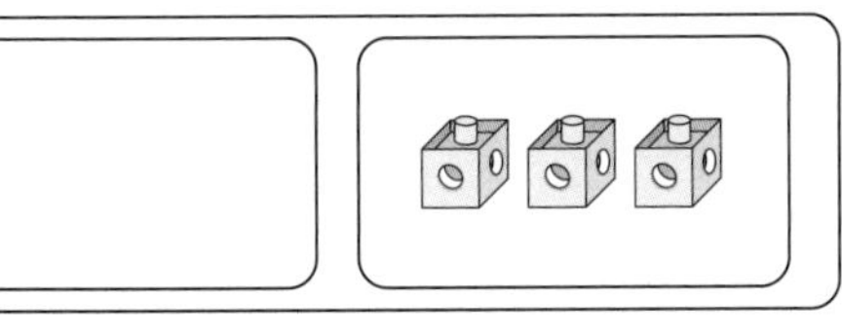

식 ____________________

2
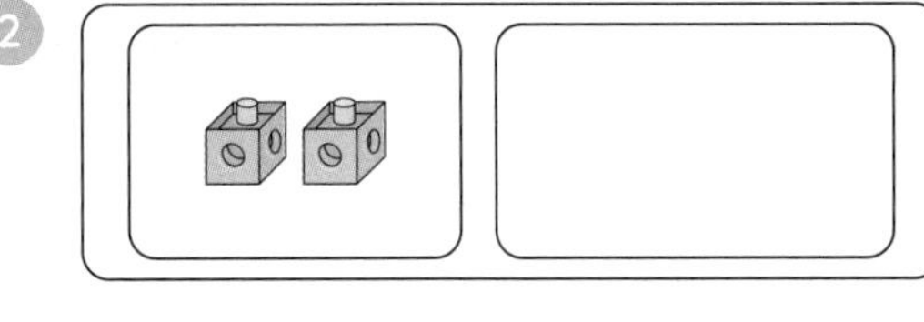

식 ____________________

3
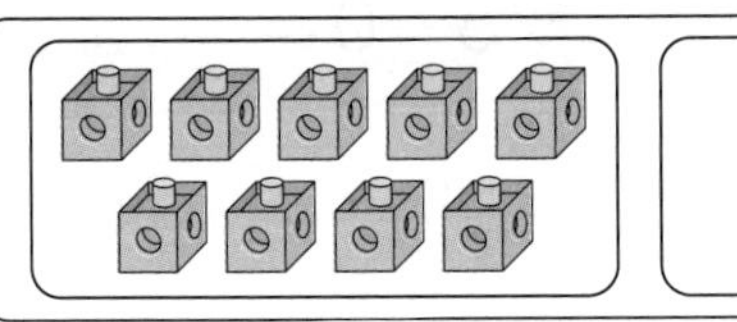

식 ____________________

4
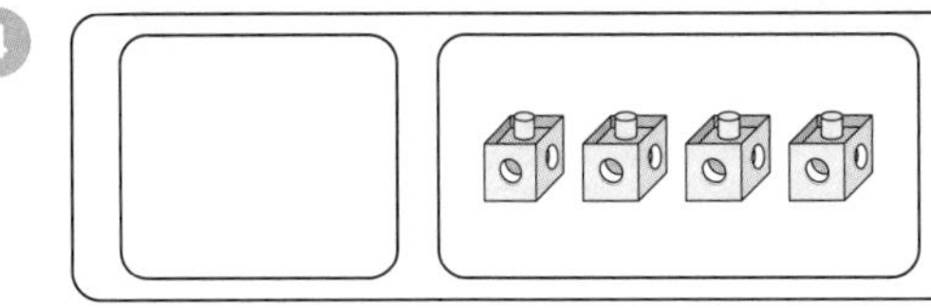

식 ____________________

5
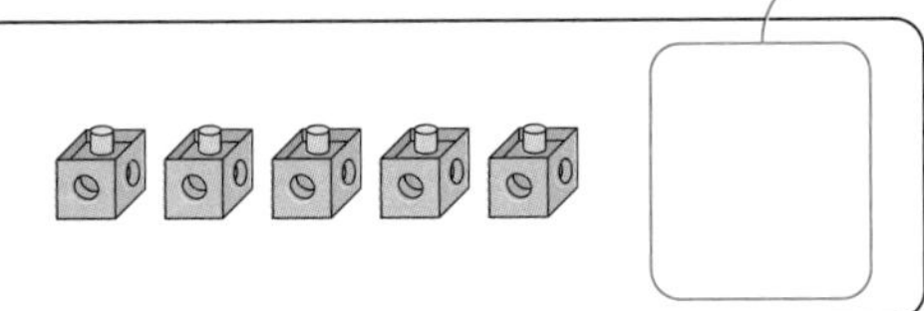

식 ____________________

6
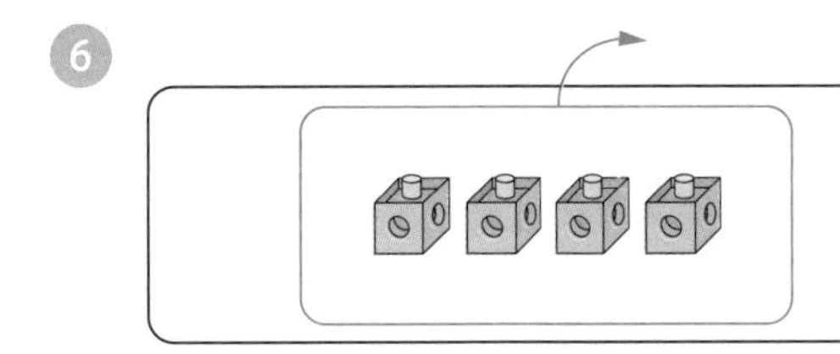

식 ____________________

7
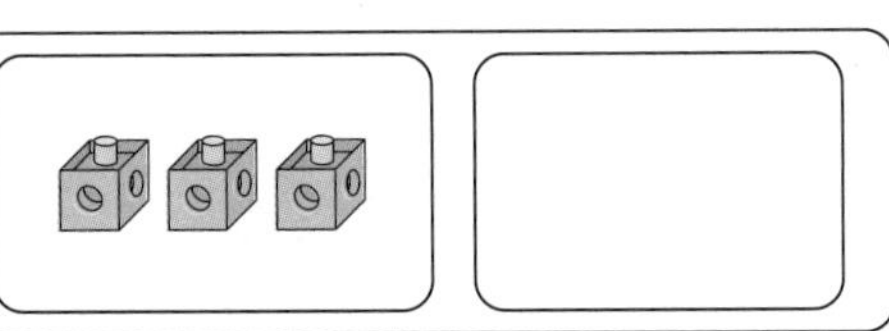

식 ____________________

8

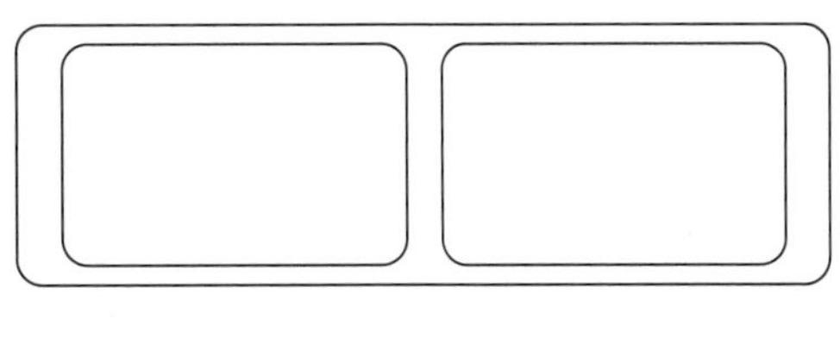

식 ____________________

9
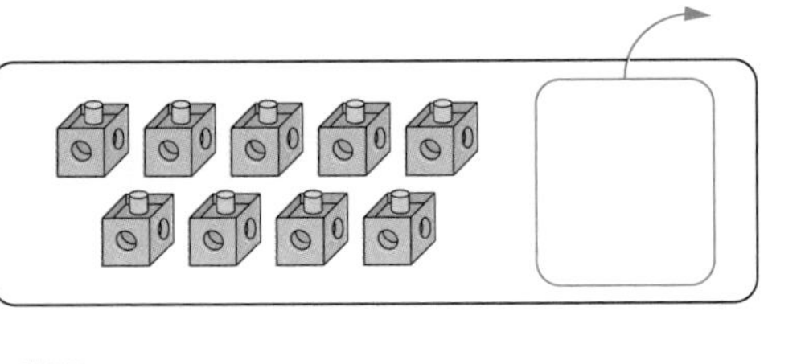

식 ____________________

10

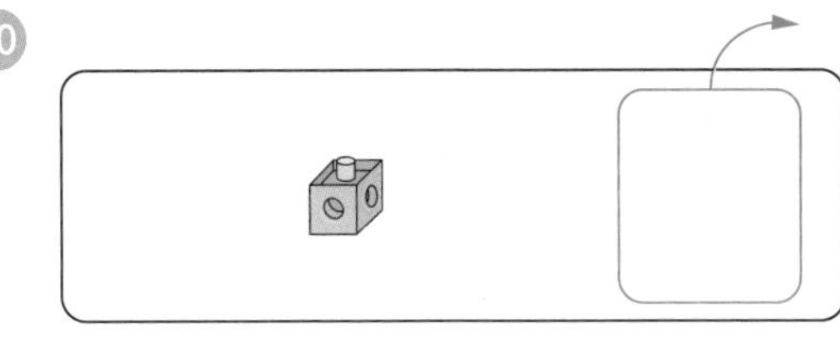

식 ____________________

계산하세요.

① $4+0=$

② $0+4=$

③ $6+0=$

④ $3-0=$

⑤ $2-2=$

⑥ $5-0=$

⑦ $0+7=$

⑧ $6-0=$

⑨ $0+2=$

⑩ $1-1=$

⑪ $1+0=$

⑫ $0+1=$

⑬ $1-0=$

⑭ $4-0=$

⑮ $8-0=$

⑯ $9-9=$

⑰ $0+6=$

⑱ $3+0=$

개념 키우기

빈 곳에 알맞은 수를 써넣으세요.

①
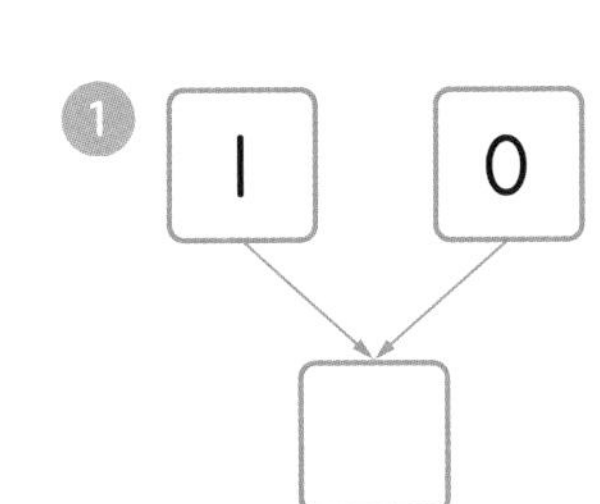

$1+0=\square$

$0+1=\square$

②
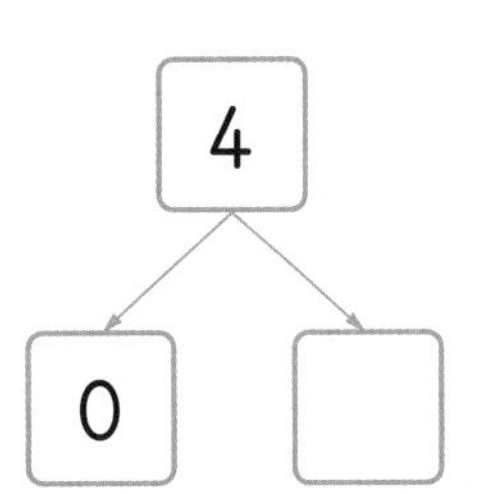

$4+0=\square$

$4-4=\square$

③
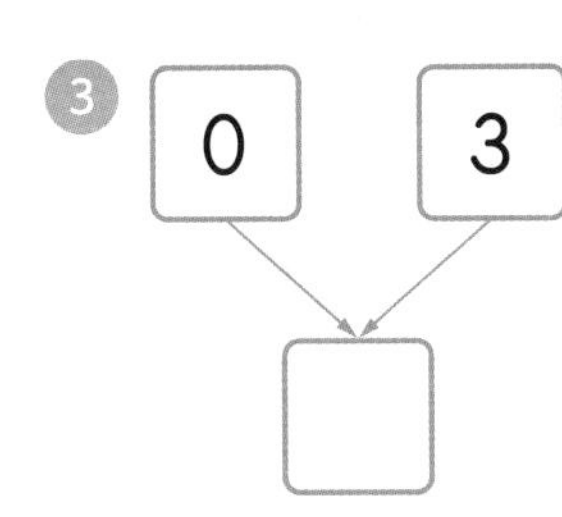

$0+3=\square$

$3+0=\square$

④
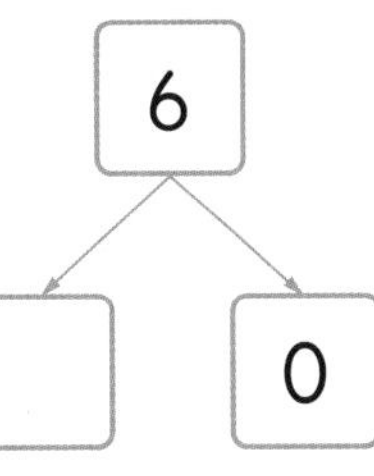

$6-0=\square$

$6-6=\square$

⑤
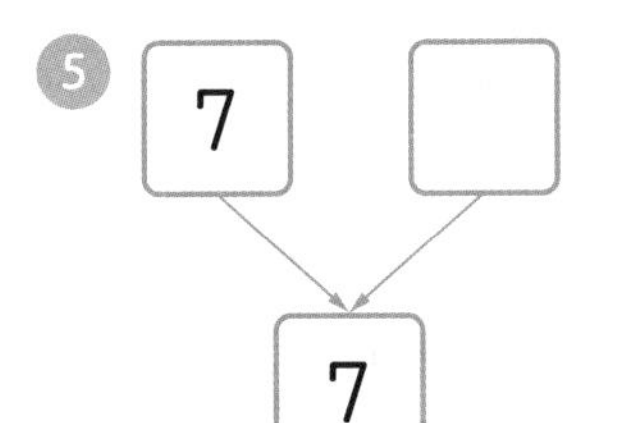

$7+0=\square$

$0+7=\square$

⑥

$9-9=\square$

$9-0=\square$

도전해 보세요

① 3장의 수 카드를 한 번씩 사용하여 만들 수 있는 덧셈식과 뺄셈식을 모두 쓰세요.

덧셈식 ____________________

뺄셈식 ____________________

② 7명이 빵을 하나씩 먹으면 남는 빵은 몇 개인지 뺄셈식을 쓰세요.

뺄셈식 ____________________

10 덧셈과 뺄셈

1-1-3
덧셈과 뺄셈
(덧셈하기 2, 뺄셈하기 2)

1-1-3
덧셈과 뺄셈
(덧셈과 뺄셈)

1-2-6
덧셈과 뺄셈(3)
((몇십몇)+(몇),
(몇십몇)-(몇))

기억해 볼까요?

계산하세요.

① $2+3=$

② $9-8=$

③ $3+5=$

④ $6-2=$

30초 개념

덧셈은 두 수의 합, 뺄셈은 두 수의 차를 구하는 계산이에요. 다양한 덧셈과 뺄셈을 알아보아요.

1씩 커지는 덧셈과 뺄셈

$3+1=4$
$3+2=5$
$3+3=6$
$3+4=7$
$3+5=8$

$1+3=4$
$2+3=5$
$3+3=6$
$4+3=7$
$5+3=8$

더하는 수나 더해지는 수가 1씩 커지면 결과도 1씩 커져요.

$6-1=5$
$6-2=4$
$6-3=3$
$6-4=2$
$6-5=1$

$2-1=1$
$3-1=2$
$4-1=3$
$5-1=4$
$6-1=5$

빼는 수가 1씩 커지면 결과는 1씩 줄어들고, 빼어지는 수가 1씩 커지면 결과도 1씩 커져요.

세 수를 이용해서 여러 가지 덧셈과 뺄셈을 만들 수 있어요!

4 5 9

덧셈식	뺄셈식
$4+5=9$	$9-4=5$
$5+4=9$	$9-5=4$

□ 안에 알맞은 수를 써넣으세요.

1
$4+1=\square$
$4+2=\square$
$4+3=\square$

2
$5+2=\square$
$5+3=\square$
$5+4=\square$

3
$1+5=\square$
$1+6=\square$
$1+7=\square$

4
$2+3=\square$
$3+3=\square$
$4+3=\square$

5
$5+2=\square$
$6+2=\square$
$7+2=\square$

6
$4+1=\square$
$5+1=\square$
$6+1=\square$

7
$9-2=\square$
$9-3=\square$
$9-4=\square$

8
$6-3=\square$
$6-4=\square$
$6-5=\square$

9
$7-2=\square$
$7-3=\square$
$7-4=\square$

10
$5-2=\square$
$6-2=\square$
$7-2=\square$

11
$6-3=\square$
$7-3=\square$
$8-3=\square$

12
$9-5=\square$
$8-5=\square$
$7-5=\square$

개념 다지기

계산하세요.

① $1+5=$　② $7-2=$　③ $5+3=$

④ $5-1=$　⑤ $6+0=$　⑥ $8-3=$

⑦ $0+7=$　⑧ $4-0=$　⑨ $4+3=$

□ 안에 $+$, $-$를 알맞게 써넣으세요.

⑩ $3 \square 5=8$　⑪ $6 \square 2=4$　⑫ $5 \square 2=7$

⑬ $9 \square 5=4$　⑭ $7 \square 0=7$　⑮ $8 \square 2=6$

⑯ $7 \square 2=9$　⑰ $0 \square 3=3$　⑱ $5 \square 2=7$

개념 키우기

세 수를 이용하여 알맞은 덧셈식과 뺄셈식을 만드세요.

① 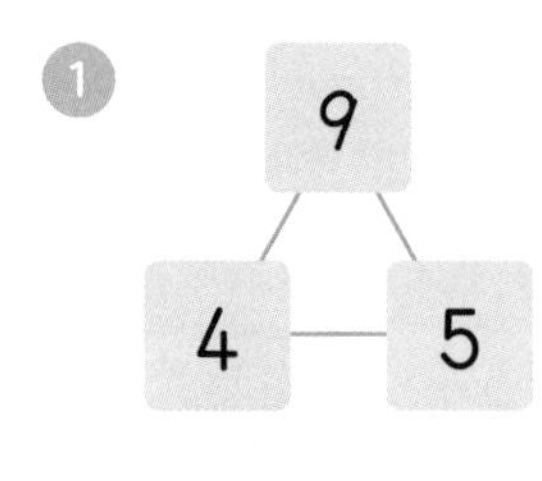 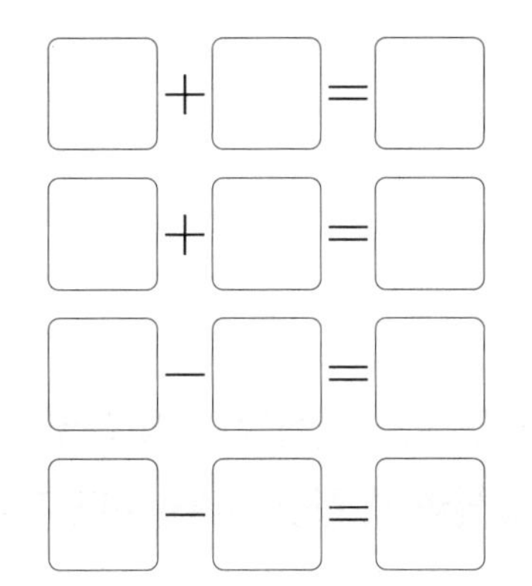

② 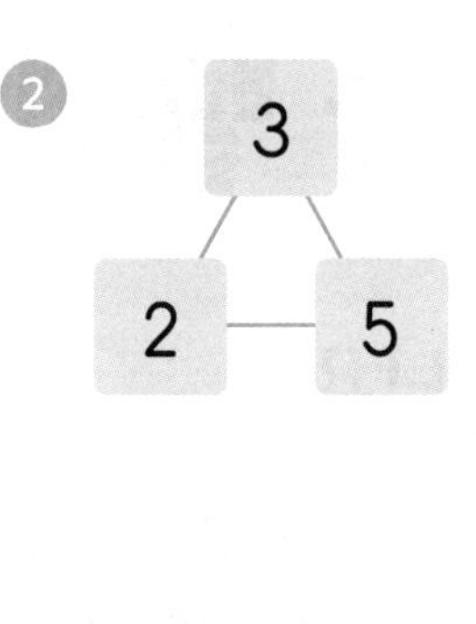 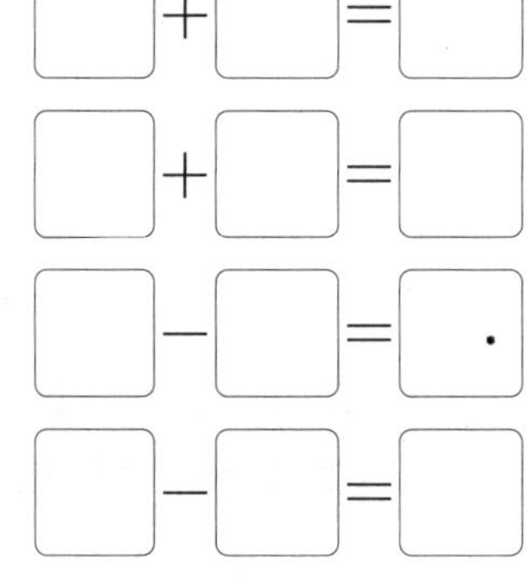

③ 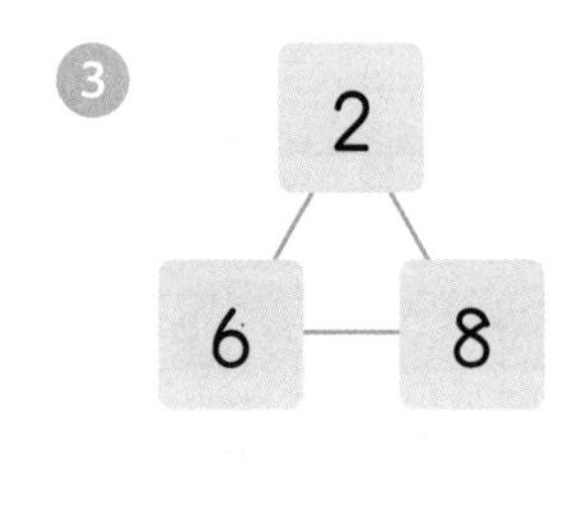 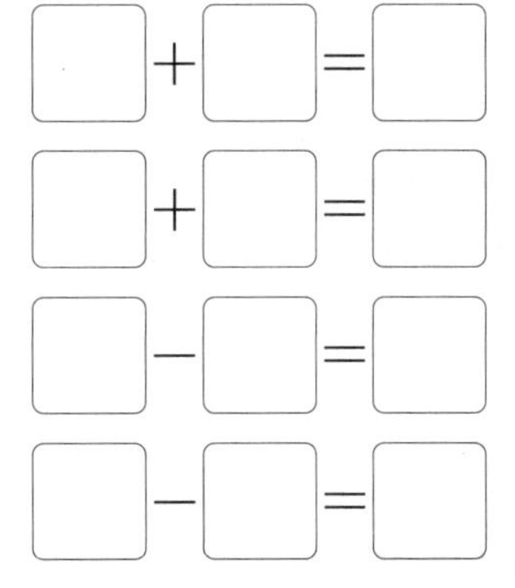

④ 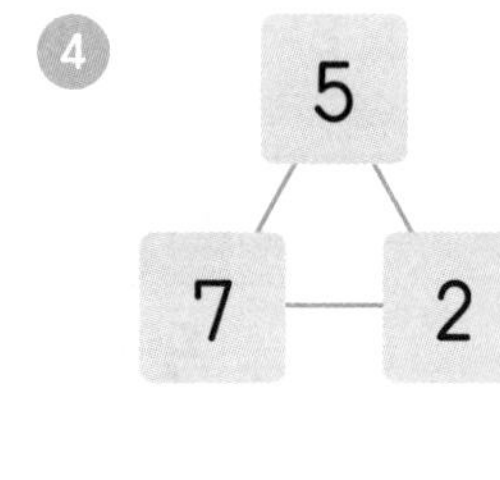 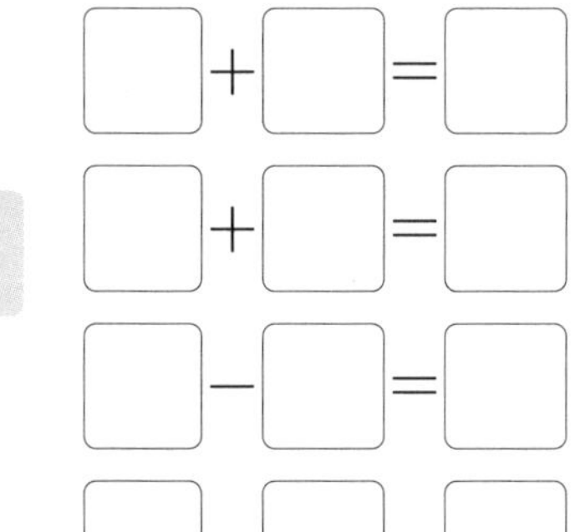

도전해 보세요

성냥개비로 식을 만들었습니다. 성냥개비를 하나씩 더해서 올바른 식을 만드세요.

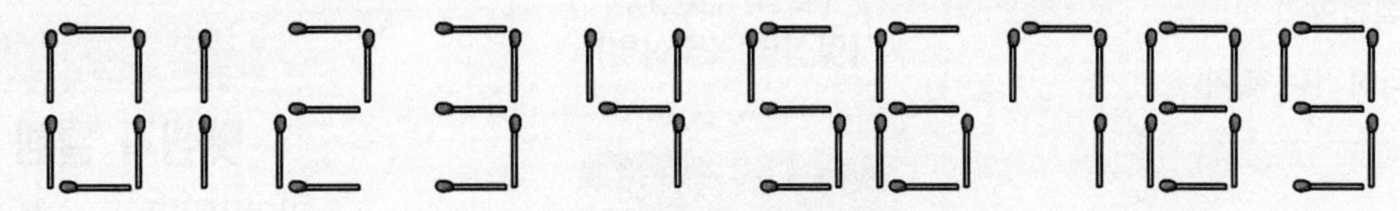

① 7+2=5 ② 3-2=7

2장 받아올림, 받아내림이 없는 덧셈과 뺄셈

무엇을 배우나요?

- 받아올림이 없는 (몇십몇)+(몇), (몇십)+(몇십), (몇십몇)+(몇십몇), 받아내림이 없는 (몇십몇)−(몇), (몇십)−(몇십), (몇십몇)−(몇십몇)의 계산 원리를 이해하고 계산할 수 있어요.
- 받아올림이 없는 (세 자리 수)+(세 자리 수), 받아내림이 없는 (세 자리 수)−(세 자리 수)의 계산 원리를 이해하고 계산할 수 있어요.
- 한 자리 수인 세 수의 덧셈과 뺄셈을 할 수 있어요.

1-1-3 덧셈과 뺄셈
모으기
덧셈식으로 나타내기
덧셈하기
가르기
뺄셈식으로 나타내기
뺄셈하기
0을 더하거나 빼기

1-2-2 덧셈과 뺄셈 1
세 수의 덧셈
세 수의 뺄셈

1-2-6 덧셈과 뺄셈 3
받아올림이 없는
(몇십몇)+(몇),
(몇십)+(몇십),
(몇십몇)+(몇십몇)
받아내림이 없는
(몇십몇)-(몇),
(몇십)-(몇십),
(몇십몇)-(몇십몇)

3-1-1 덧셈과 뺄셈
받아올림이 없는
(세 자리 수)+(세 자리 수)
받아올림이 없는
(세 자리 수)-(세 자리 수)

1-1-5 50까지의 수
10이 되는
모으기와 가르기
십몇 모으기와 가르기

1-2-2 덧셈과 뺄셈 1
10이 되는 더하기와
10에서 빼기
앞뒤의 두 수로
10을 만들어 더하기

1-2-4 덧셈과 뺄셈 2
이어 세기로 두 수를 더하기
앞뒤에 있는 수를
가르기 하여 덧셈하기
앞뒤에 있는 수를
가르기 하여 뺄셈하기

받아올림, 받아내림이 없는 덧셈과 뺄셈

초등 1학년 (30일 진도)	초등 2학년 (25일 진도)	초등 3학년 (15일 진도)
하루 두 단계씩 공부해요.	하루 세 단계씩 공부해요.	하루 네 단계씩 공부해요.

권장 진도표에 맞춰 공부하고, 공부한 단계에 해당하는 조각에 색칠하세요.

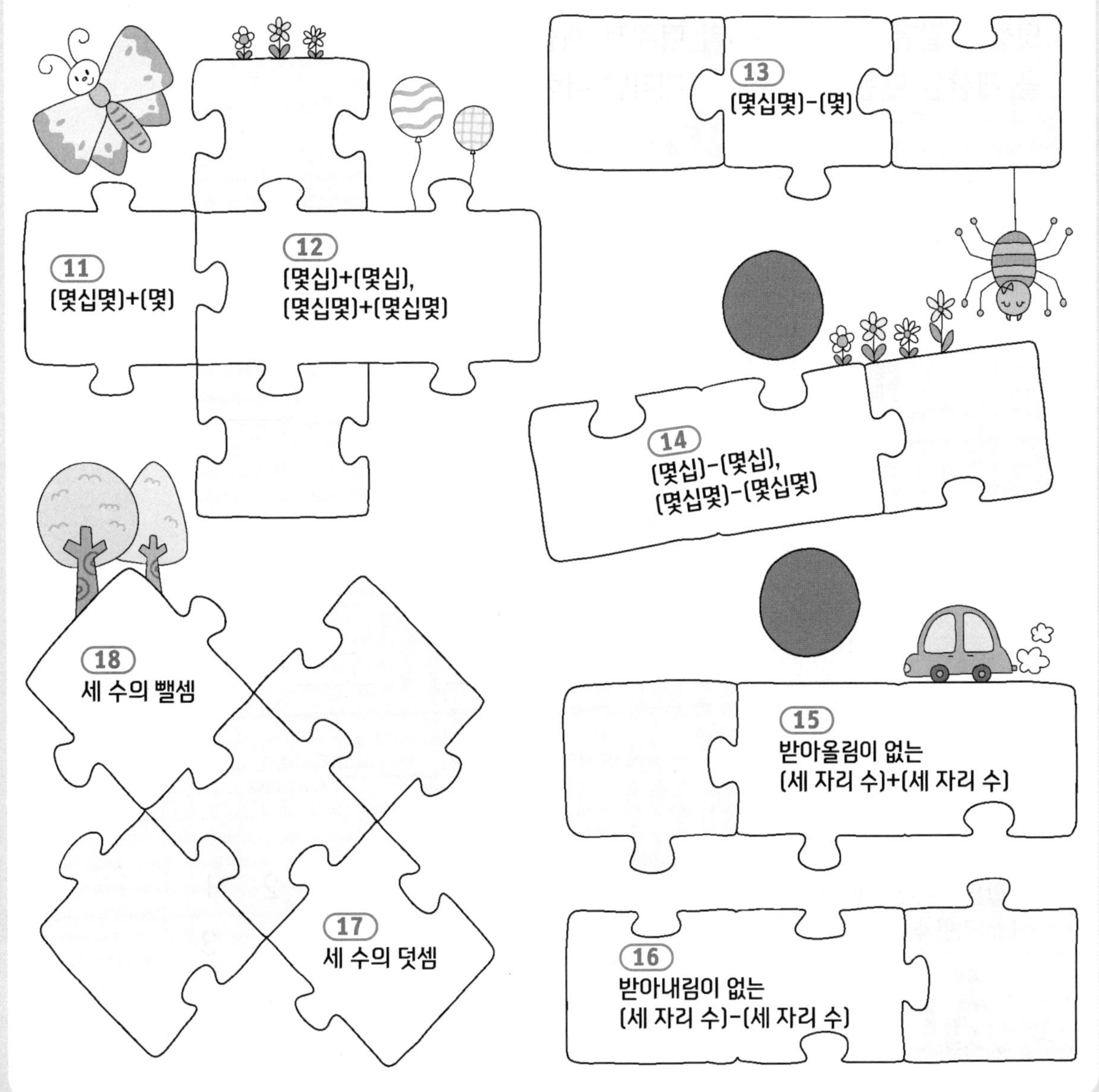

11 (몇십몇)+(몇)

1-1-3
덧셈과 뺄셈
(덧셈하기 2)

1-2-6
덧셈과 뺄셈 (3)
((몇십몇)+(몇))

1-2-6
덧셈과 뺄셈 (3)
((몇십)+(몇십),
(몇십몇)+(몇십몇))

기억해 볼까요?

빈 곳에 알맞은 수를 써넣으세요.

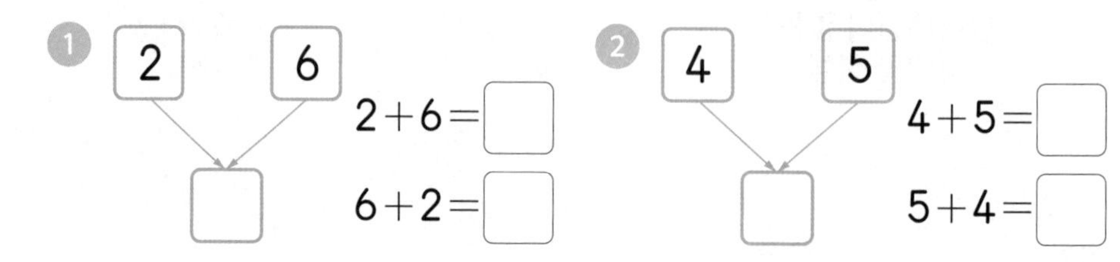

30초 개념

덧셈은 같은 자리의 수끼리 더해서 계산해요. (몇십몇)+(몇), (몇)+(몇십몇)을 계산할 때는 일의 자리 수끼리만 더하면 돼요.

21+3의 계산

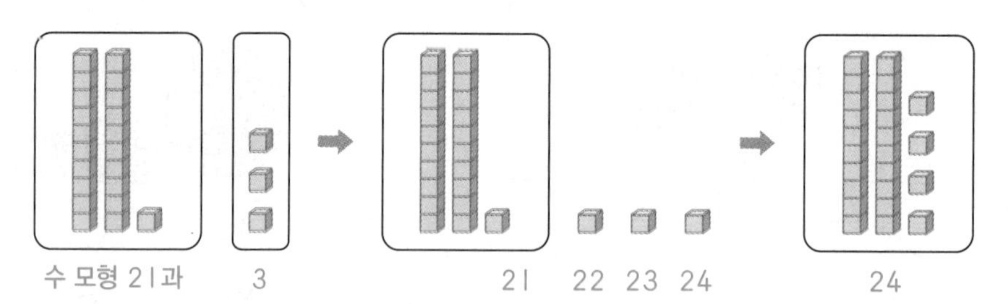

$$21+3=24$$

$\begin{array}{r} 2\ 1 \\ +\quad 3 \\ \hline \end{array}$	$\begin{array}{r} 2\ 1 \\ +\quad 3 \\ \hline 4 \end{array}$	$\begin{array}{r} 2\ 1 \\ +\ \downarrow\ 3 \\ \hline 2\ 4 \end{array}$
같은 자리끼리 맞추어 써요.	일의 자리 수끼리 더해요. 1+3=4	십의 자리 수는 그대로 내려 써요.

같은 자리의 수끼리 실수 없이 더하려면 수의 자리를 잘 맞추어 써야 해요.

$$\begin{array}{r} 2\ 1 \\ +\ 3\ \ \\ \hline 5\ 1 \end{array}$$
(×)

$$\begin{array}{r} 2\ 1 \\ +\quad 3 \\ \hline 2\ 4 \end{array}$$
(○)

덧셈을 하세요.

①

	1	0
+		2

②

	1	4
+		3

③

	2	0
+		5

④

	1	3
+		2

⑤

	3	4
+		5

⑥

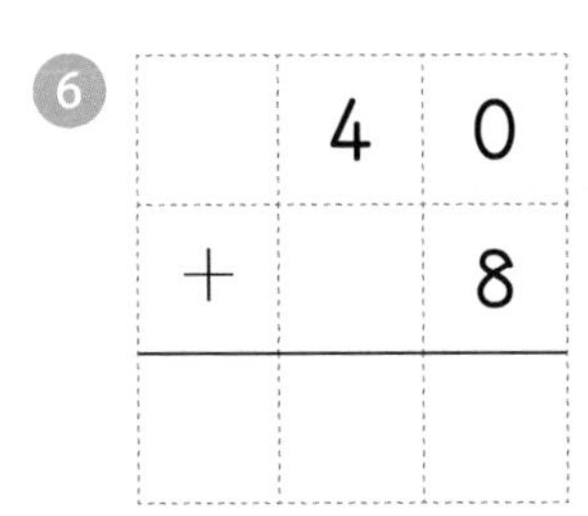

	4	0
+		8

⑦

	5	5
+		4

⑧

	6	2
+		6

⑨

	7	0
+		8

⑩

		1
+	3	2

⑪

		6
+	5	0

⑫

		2
+	5	5

⑬

		9
+	6	0

⑭

		7
+	8	2

⑮

		8
+	9	1

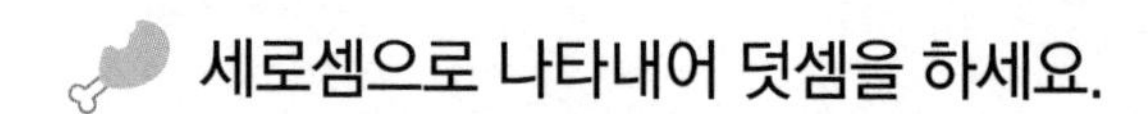

세로셈으로 나타내어 덧셈을 하세요.

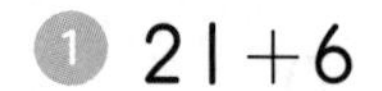

① 21+6

	2	1
+		6

② 13+4

③ 20+2

④ 33+5

⑤ 18+1

⑥ 44+5

⑦ 6+32

⑧ 3+42

⑨ 4+30

⑩ 5+52

⑪ 8+61

⑫ 7+72

⑬ 34+4=

⑭ 95+3=

⑮ 3+86=

개념 키우기

1 합이 같은 것끼리 선으로 이어 보세요.

24+3 •	• 21+2
15+2 •	• 33+4
5+32 •	• 5+12
1+22 •	• 5+22

덧셈을 하세요.

2 23+6=

3 52+4=

4 31+4=

5 5+70=

6 7+62=

7 1+38=

도전해 보세요

1 하늘이는 구슬을 63개 가지고 있고, 바다는 5개 가지고 있습니다. 하늘이와 바다가 가진 구슬은 모두 몇 개일까요?

( )개

2 세 수의 덧셈을 하세요.

40+6+2=

12 (몇십)+(몇십), (몇십몇)+(몇십몇)

1-2-6
덧셈과 뺄셈 (3)
((몇십몇)+(몇))

1-2-6
덧셈과 뺄셈 (3)
((몇십)+(몇십),
(몇십몇)+(몇십몇))

3-1-1
덧셈과 뺄셈
(받아올림이 없는
(세 자리 수)+(세 자리 수))

?! 기억해 볼까요?

덧셈을 하세요.

① 31+8=　　　② 63+5=

③ 8+50=　　　④ 3+84=

30초 개념

덧셈은 같은 자리의 수끼리 더해서 계산해요. 일의 자리 수는 일의 자리 수끼리, 십의 자리 수는 십의 자리 수끼리 더합니다.

23+12의 계산

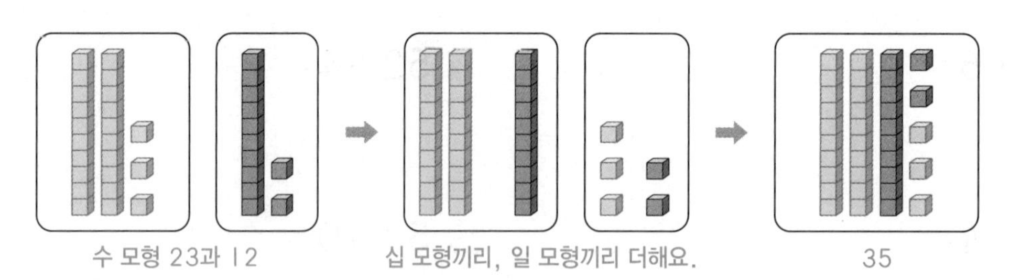

수 모형 23과 12　　십 모형끼리, 일 모형끼리 더해요.　　35

$$23+12=35$$

$$\begin{array}{r} 2\ 3 \\ +\ 1\ 2 \\ \hline \end{array} \Rightarrow \begin{array}{r} 2\ 3 \\ +\ 1\ 2 \\ \hline 5 \end{array} \Rightarrow \begin{array}{r} 2\ 3 \\ +\ 1\ 2 \\ \hline 3\ 5 \end{array}$$

같은 자리끼리 맞추어 써요.　　일의 자리 수끼리 더해요. 3+2=5　　십의 자리 수끼리 더해요. 2+1=3

십의 자리부터 계산해도 결과는 같아요.

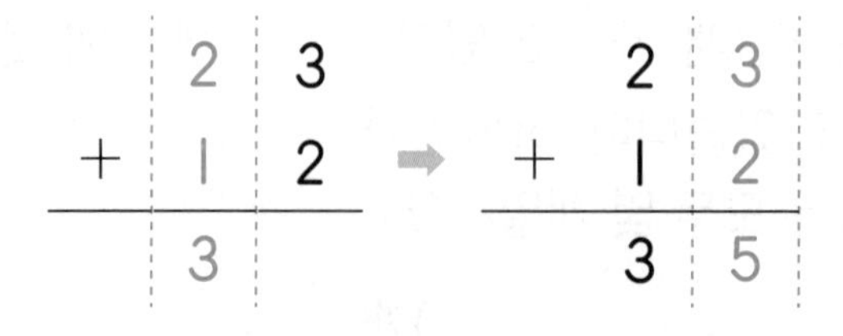

덧셈을 하세요.

①

	2	2
+	1	3

②

	1	5
+	2	4

③

	3	0
+	1	0

④

	2	7
+	4	0

⑤

	4	5
+	2	3

⑥

	5	2
+	1	6

⑦

	2	0
+	5	0

⑧

	3	0
+	6	5

⑨

	4	1
+	5	8

⑩

	1	4
+	8	4

⑪

	3	6
+	5	1

⑫

	1	0
+	8	0

⑬

	3	9
+	6	0

⑭

	4	2
+	4	5

⑮

	5	5
+	3	3

개념 다지기

세로셈으로 나타내어 덧셈을 하세요.

① 20+60

	2	0
+	6	0

② 24+15

	2	4
+	1	5

③ 26+22

④ 17+32

⑤ 34+25

⑥ 43+35

⑦ 60+30

⑧ 33+44

⑨ 46+43

⑩ 50+48

⑪ 81+17

⑫ 72+24

⑬ 40+50=

⑭ 82+16=

⑮ 63+14=

개념 키우기

빈칸에 알맞은 수를 써넣으세요.

①

+	10	20	30	40
20				
30				
40				
50				

②

+	51	52	53	54
30				
35				
40				
45				

③

+	50	60	70	80
16				
17				
18				
19				

④

+	12	24	31	33
65				
50				
45				
40				

도전해 보세요

① 가장 큰 수와 가장 작은 수의 합은 얼마일까요?

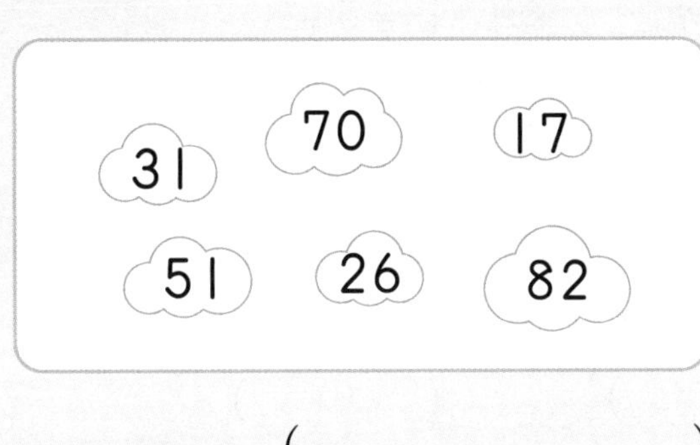

(　　　　　　)

② 하늘이네 반 남학생은 16명, 여학생은 13명입니다. 하늘이네 반 학생은 모두 몇 명일까요?

(　　　　　　)명

13 (몇십몇)-(몇)

기억해 볼까요?

뺄셈을 하세요.

① $7-2=$ ② $8-5=$

③ $4-1=$ ④ $9-4=$

30초 개념

뺄셈은 같은 자리의 수끼리 빼서 계산해요. (몇십몇)−(몇)을 계산할 때는 일의 자리 수끼리만 빼면 돼요.

24−3의 계산

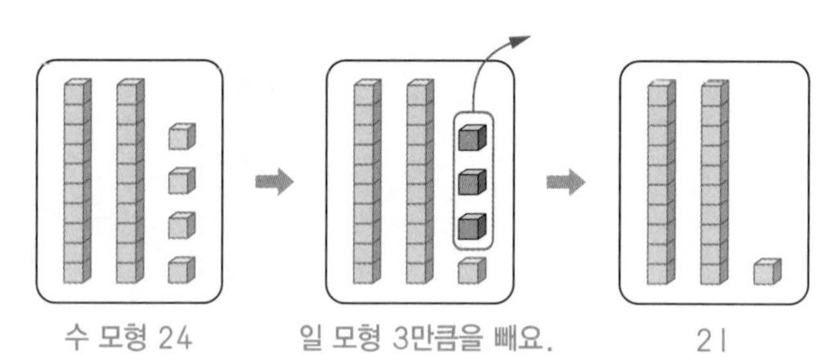

수 모형 24 → 일 모형 3만큼을 빼요. → 21

$$24-3=21$$

$$\begin{array}{r} 2\ 4 \\ -\ \ \ 3 \\ \hline \end{array} \rightarrow \begin{array}{r} 2\ 4 \\ -\ \ \ 3 \\ \hline 1 \end{array} \rightarrow \begin{array}{r} 2\ 4 \\ -\ \ \ 3 \\ \hline 2\ 1 \end{array}$$

같은 자리끼리 맞추어 써요. / 일의 자리 수끼리 빼요. $4-3=1$ / 십의 자리 수는 그대로 내려 써요.

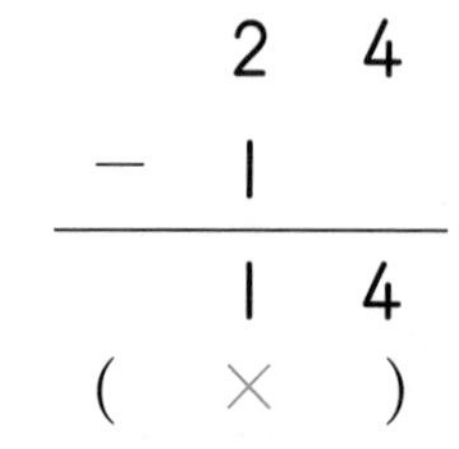

$$\begin{array}{r} 2\ 4 \\ -\ 1\ \ \\ \hline 1\ 4 \end{array}$$
(×)

$$\begin{array}{r} 2\ 4 \\ -\ \ \ 1 \\ \hline 2\ 3 \end{array}$$
(○)

월 일 ☆☆☆☆☆

빨셈을 하세요.

① $\begin{array}{r} 17 \\ -\ \ 2 \\ \hline \end{array}$

② $\begin{array}{r} 29 \\ -\ \ 4 \\ \hline \end{array}$

③ $\begin{array}{r} 52 \\ -\ \ 1 \\ \hline \end{array}$

④ $\begin{array}{r} 37 \\ -\ \ 4 \\ \hline \end{array}$

⑤ $\begin{array}{r} 75 \\ -\ \ 2 \\ \hline \end{array}$

⑥ $\begin{array}{r} 68 \\ -\ \ 3 \\ \hline \end{array}$

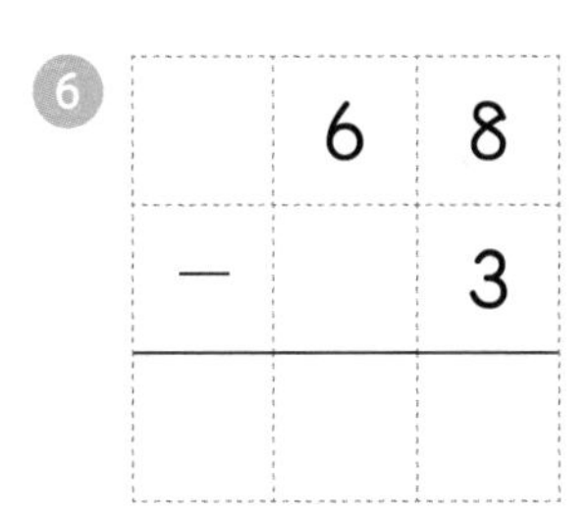

⑦ $\begin{array}{r} 46 \\ -\ \ 3 \\ \hline \end{array}$

⑧ $\begin{array}{r} 99 \\ -\ \ 7 \\ \hline \end{array}$

⑨ $\begin{array}{r} 83 \\ -\ \ 2 \\ \hline \end{array}$

⑩ $\begin{array}{r} 67 \\ -\ \ 1 \\ \hline \end{array}$

⑪ $\begin{array}{r} 76 \\ -\ \ 4 \\ \hline \end{array}$

⑫ $\begin{array}{r} 32 \\ -\ \ 2 \\ \hline \end{array}$

⑬ $\begin{array}{r} 59 \\ -\ \ 8 \\ \hline \end{array}$

⑭ $\begin{array}{r} 38 \\ -\ \ 2 \\ \hline \end{array}$

⑮ $\begin{array}{r} 95 \\ -\ \ 5 \\ \hline \end{array}$

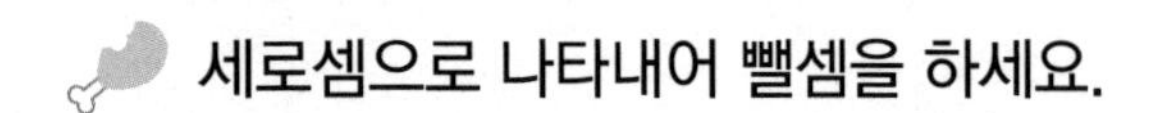

세로셈으로 나타내어 뺄셈을 하세요.

① 34−2

② 69−7

③ 76−5

④ 45−3

⑤ 57−2

⑥ 82−1

⑦ 97−3

⑧ 16−2

⑨ 27−6

⑩ 68−5

⑪ 73−3

⑫ 57−1

⑬ 47−5=

⑭ 25−4=

⑮ 19−4=

개념 키우기

1 계산 결과가 같은 것끼리 선으로 이어 보세요.

$38-7$ •	• $32+63$
$21+5$ •	• $45-5$
$98-3$ •	• $20+11$
$48-8$ •	• $29-3$

뺄셈을 하세요.

2 $36-5=$

3 $77-4=$

4 $59-2=$

5 $62-1=$

도전해 보세요

수현이는 쓰레기 줍기 봉사 활동에 참여하여 어제 쓰레기를 39개 주웠고, 오늘은 어제보다 5개 덜 주웠습니다. 물음에 답하세요.

1 수현이가 오늘 주운 쓰레기는 몇 개일까요?

( )개

2 수현이가 어제와 오늘 주운 쓰레기는 모두 몇 개일까요?

( )개

14 (몇십)-(몇십), (몇십몇)-(몇십몇)

1-2-6
덧셈과 뺄셈 (3)
((몇십몇)-(몇))

1-2-6
덧셈과 뺄셈 (3)
((몇십)-(몇십),
(몇십몇)-(몇십몇))

3-1-1
덧셈과 뺄셈
(받아내림이 없는
(세 자리 수)-(세 자리 수))

?! 기억해 볼까요?

뺄셈을 하세요.

① $46-3=$ ② $79-5=$

③ $32-2=$ ④ $56-4=$

30초 개념

뺄셈은 같은 자리의 수끼리 빼서 계산해요. 일의 자리 수는 일의 자리 수끼리 빼고 십의 자리 수는 십의 자리 수끼리 빼요.

24−13의 계산

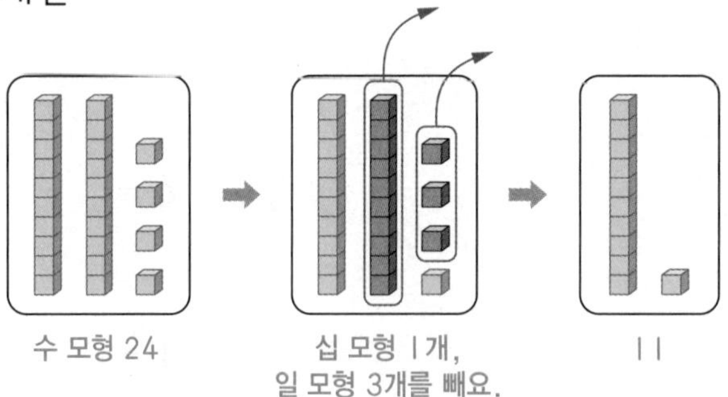

$$24-13=11$$

$$\begin{array}{r} 2\ 4 \\ -\ 1\ 3 \\ \hline \end{array} \Rightarrow \begin{array}{r} 2\ 4 \\ -\ 1\ 3 \\ \hline 1 \end{array} \Rightarrow \begin{array}{r} 2\ 4 \\ -\ 1\ 3 \\ \hline 1\ 1 \end{array}$$

같은 자리끼리 맞추어 써요.

일의 자리 수끼리 빼요. $4-3=1$

십의 자리 수끼리 빼요. $2-1=1$

십의 자리부터 계산해도 결과는 같아요.

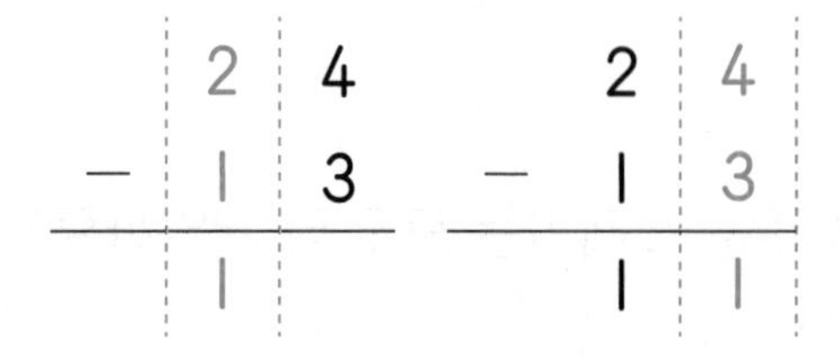

빨셈을 하세요.

❶

	3	6
−	2	1

❷

	6	5
−	1	3

❸

	7	9
−	5	4

❹

	4	7
−	3	2

❺

	8	3
−	2	3

❻

	5	0
−	3	0

❼

	2	5
−	1	1

❽

	9	8
−	5	2

❾

	5	6
−	2	3

❿

	7	0
−	2	0

⓫

	4	9
−	1	7

⓬

	3	6
−	3	1

⓭

	9	2
−	5	0

⓮

	6	4
−	3	4

⓯

	2	2
−	2	0

세로셈으로 나타내어 뺄셈을 하세요.

❶ 45－23

	4	5
－	2	3

❷ 27－15

❸ 66－44

❹ 38－24

❺ 59－31

❻ 85－21

❼ 73－23

❽ 19－12

❾ 48－28

❿ 90－70

⓫ 32－10

⓬ 74－61

⓭ 52－21＝

⓮ 64－13＝

⓯ 98－25＝

개념 키우기

두 수의 차를 빈 곳에 써넣으세요.

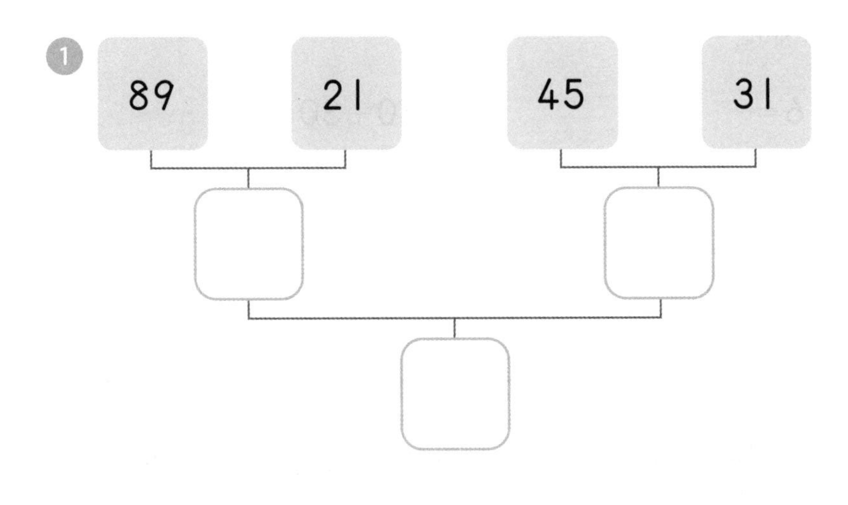

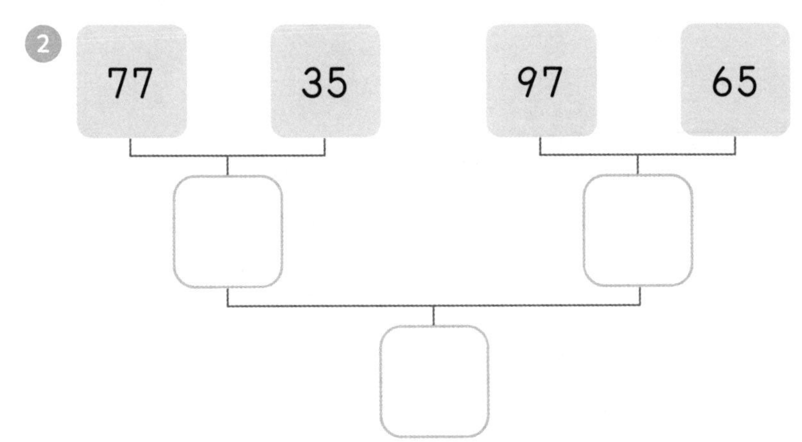

도전해 보세요

버스에 39명이 타고 있습니다. 물음에 답하세요.

1 첫 번째 정류장에서 12명이 내렸습니다. 버스에는 몇 명이 타고 있을까요?

( )명

2 계속해서 두 번째 정류장에서 사람들이 내리고 버스에 11명이 남았습니다. 두 번째 정류장에서 내린 사람은 몇 명일까요?

( )명

15 받아올림이 없는 (세 자리 수)+(세 자리 수)

1-2-6
덧셈과 뺄셈 (3)
((몇십몇)+(몇))

1-2-6
덧셈과 뺄셈 (3)
((몇십)+(몇십),
(몇십몇)+(몇십몇))

3-1-1
덧셈과 뺄셈
(받아올림이 없는
(세 자리 수)+(세 자리 수))

기억해 볼까요?

덧셈을 하세요.

① 42+6=　　② 60+30=

③ 28+51=　　④ 42+17=

30초 개념

덧셈은 같은 자리의 수끼리 더해서 계산해요. 일의 자리 수는 일의 자리 수끼리, 십의 자리 수는 십의 자리 수끼리, 백의 자리 수는 백의 자리 수끼리 더합니다.

243+325의 계산

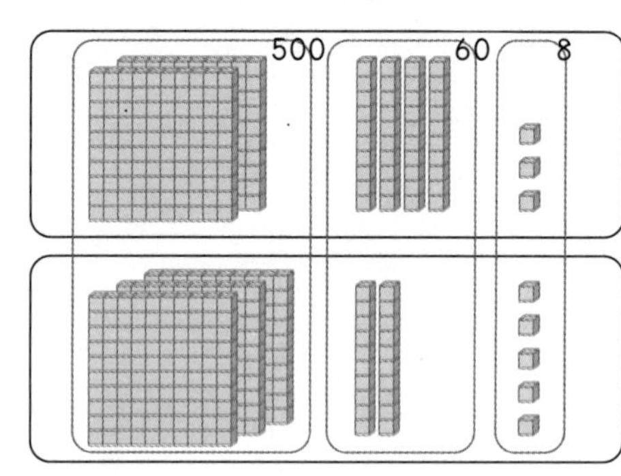

(세 자리 수)+(세 자리 수)의 계산은 일의 자리, 십의 자리, 백의 자리 순서로 더하면 돼요.

$$\begin{array}{r} 2\;4\;3 \\ +\;3\;2\;5 \\ \hline \end{array} \Rightarrow \begin{array}{r} 2\;4\;3 \\ +\;3\;2\;5 \\ \hline 8 \end{array} \Rightarrow \begin{array}{r} 2\;4\;3 \\ +\;3\;2\;5 \\ \hline 6\;8 \end{array} \Rightarrow \begin{array}{r} 2\;4\;3 \\ +\;3\;2\;5 \\ \hline 5\;6\;8 \end{array}$$

같은 자리끼리 맞추어 써요.　일의 자리 수끼리 더해요. 3+5=8　십의 자리 수끼리 더해요. 4+2=6　백의 자리 수끼리 더해요. 2+3=5

$$\begin{array}{r} 2\;4\;3 \\ +\;3\;2\;5 \\ \hline 5\;0\;0 \\ 6\;0 \\ 8 \\ \hline 5\;6\;8 \end{array}$$

← 200+300
← 40+20
← 3+5

덧셈을 하세요.

①

	1	4	0
+	2	1	3
			3

②

	3	2	4
+	1	6	4

③

	5	1	2
+	3	0	6

④

	2	4	7
+	2	5	1

⑤

	3	4	8
+	4	2	1

⑥

	4	1	2
+	1	2	5

⑦

	3	0	1
+		9	4

⑧

	5	1	8
+	2	7	1

⑨

	1	9	9
+	6	0	0

⑩

	6	0	0
+	3	0	0

⑪

	1	0	6
+	8	6	2

⑫

	7	6	2
+	2	3	5

⑬

	8	2	0
+	1	7	9

⑭

	7	5	4
+	1	4	2

⑮

	1	6	8
+	8	0	1

개념 다지기

세로셈으로 나타내어 덧셈을 하세요.

❶ 216+231

	2	1	6
+	2	3	1

❷ 400+200

❸ 251+307

❹ 283+512

❺ 327+461

❻ 428+350

❼ 631+355

❽ 503+106

❾ 319+500

❿ 810+176

⓫ 723+153

⓬ 639+250

⓭ 154+144=

⓮ 802+166=

⓯ 630+224=

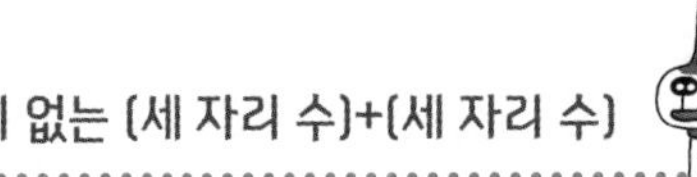

개념 키우기

□ 안에 알맞은 수를 써넣으세요.

① $\begin{array}{r} 2\ 4\ 5 \\ +\ 2\ \square\ \square \\ \hline 4\ 9\ 6 \end{array}$

② $\begin{array}{r} 5\ 6\ 9 \\ +\ 3\ \square\ \square \\ \hline 8\ 7\ 9 \end{array}$

③ $\begin{array}{r} 2\ 5\ 2 \\ +\ \square\ \square\ 6 \\ \hline 6\ 5\ 8 \end{array}$

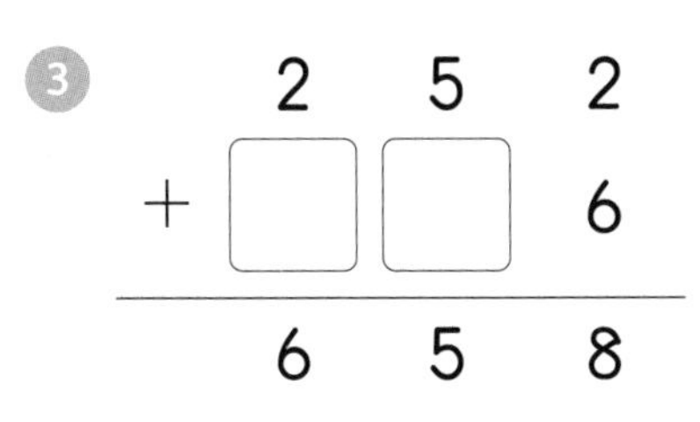

④ $\begin{array}{r} \square\ 7\ 2 \\ +\ 2\ \square\ \square \\ \hline 5\ 8\ 6 \end{array}$

⑤ $\begin{array}{r} 7\ \square\ 1 \\ +\ \square\ 3\ 6 \\ \hline 8\ 8\ \square \end{array}$

⑥ $\begin{array}{r} 3\ \square\ \square \\ +\ \square\ 6\ 7 \\ \hline 5\ 7\ 8 \end{array}$

⑦ $\begin{array}{r} 4\ 0\ 7 \\ +\ \square\ \square\ \square \\ \hline 8\ 9\ 8 \end{array}$

⑧ $\begin{array}{r} \square\ \square\ \square \\ +\ 2\ 5\ 3 \\ \hline 7\ 8\ 9 \end{array}$

⑨ $\begin{array}{r} 4\ 1\ \square \\ +\ \square\ \square\ 2 \\ \hline 7\ 7\ 9 \end{array}$

도전해 보세요

① 같은 모양은 같은 숫자를 나타냅니다. ●와 ▲에 알맞은 숫자를 구하세요.

$\begin{array}{r} ●\ ●\ ● \\ +\ ▲\ ▲\ ▲ \\ \hline 3\ 3\ 3 \end{array}$

● (　　　　), ▲ (　　　　)

② 바다의 키는 117 cm, 강이의 키는 122 cm입니다. 바다와 강이의 키의 합은 몇 cm일까요?

(　　　　　　　) cm

16 받아내림이 없는 (세 자리 수)-(세 자리 수)

1-2-6
덧셈과 뺄셈 (3)
((몇십몇)-(몇))

1-2-6
덧셈과 뺄셈 (3)
((몇십)-(몇십),
(몇십몇)-(몇십몇))

3-1-1
덧셈과 뺄셈
(받아내림이 없는
(세 자리 수)-(세 자리 수))

기억해 볼까요?

뺄셈을 하세요.

① $90-60=$

② $78-52=$

③ $45-13=$

④ $63-11=$

30초 개념

뺄셈은 같은 자리의 수끼리 빼서 계산해요. 일의 자리 수는 일의 자리 수끼리 빼고 십의 자리 수는 십의 자리 수끼리, 백의 자리 수는 백의 자리 수끼리 빼요.

345-122의 계산

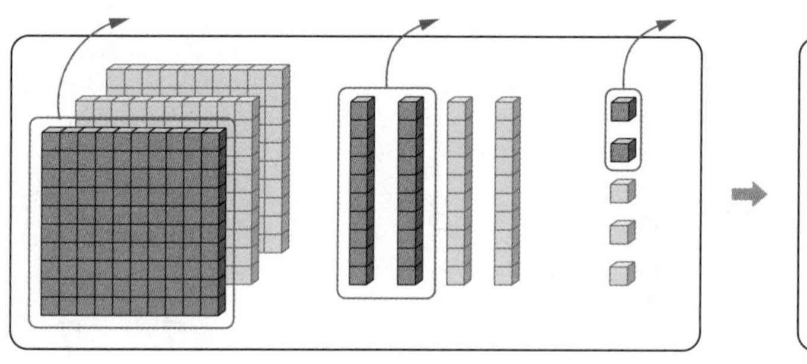

수 모형 345에서 백 모형 1개, 십 모형 2개, 일 모형 2개를 빼요.

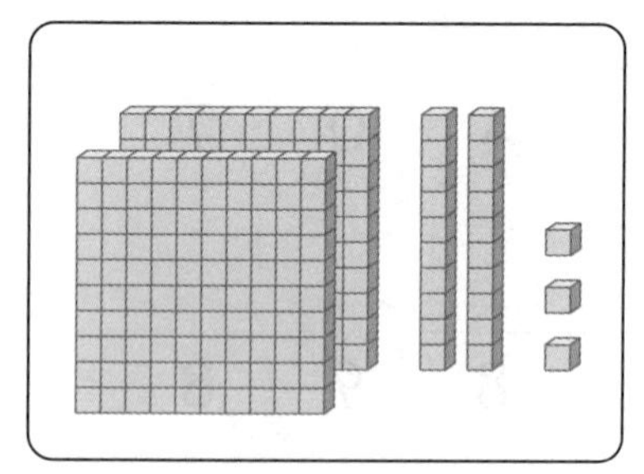

223

$$345-122=223$$

$$\begin{array}{r} 3\ 4\ 5 \\ -\ 1\ 2\ 2 \\ \hline 3 \end{array} \Rightarrow \begin{array}{r} 3\ 4\ 5 \\ -\ 1\ 2\ 2 \\ \hline 2\ 3 \end{array} \Rightarrow \begin{array}{r} 3\ 4\ 5 \\ -\ 1\ 2\ 2 \\ \hline 2\ 2\ 3 \end{array}$$

일의 자리 수끼리 빼요.
$5-2=3$

십의 자리 수끼리 빼요.
$4-2=2$

백의 자리 수끼리 빼요.
$3-1=2$

백의 자리부터 계산해도
결과는 같아요.

뺄셈을 하세요.

①

	4	7	8
−	2	1	3

②

	3	6	4
−	1	1	3

③

	7	5	2
−	5	2	1

④

	5	5	3
−	3	1	2

⑤

	6	2	7
−	4	1	6

⑥

	2	9	5
−	1	5	3

⑦

	8	2	8
−	3	0	4

⑧

	9	3	2
−	5	1	0

⑨

	4	3	7
−		2	5

⑩

	5	6	3
−	2	0	0

⑪

	3	3	7
−	2	2	7

⑫

	7	6	2
−	3	6	1

⑬

	6	1	3
−	2	1	3

⑭

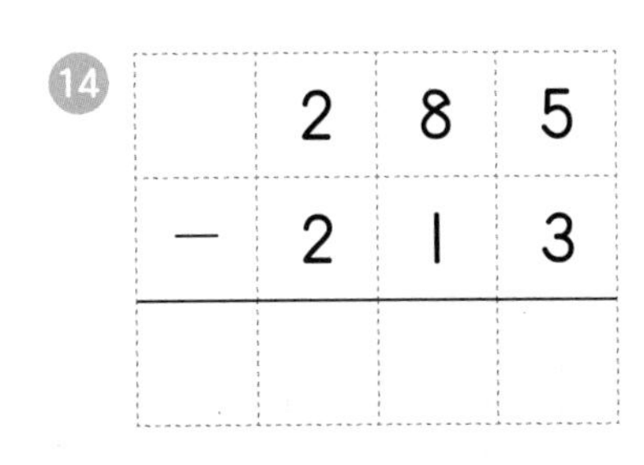

	2	8	5
−	2	1	3

⑮

	3	6	5
−	3	6	2

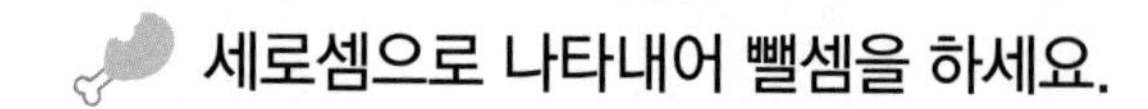

세로셈으로 나타내어 뺄셈을 하세요.

① 357－142

	3	5	7
－	1	4	2

② 639－517

③ 758－333

④ 524－113

⑤ 428－17

⑥ 972－51

⑦ 251－120

⑧ 862－402

⑨ 518－418

⑩ 136－124

⑪ 357－2

⑫ 618－4

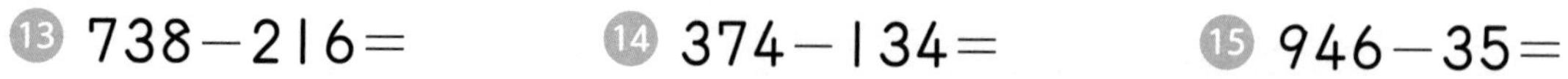

⑬ 738－216＝

⑭ 374－134＝

⑮ 946－35＝

개념 키우기

1 계산 결과가 같은 것끼리 선으로 이어 보세요.

$764-203$ •	• $673-31$
$945-345$ •	• $251+310$
$589-24$ •	• $333+232$
$987-345$ •	• $808-208$

빨셈을 하세요.

2 $743-131=$

3 $594-321=$

4 $932-512=$

5 $854-32=$

도전해 보세요

1년은 365일입니다. 물음에 답하세요.

1 1년 중 휴일이 122일이라면 휴일이 아닌 날은 모두 며칠일까요?

( )일

2 1년 중 방학이 62일이라면 방학이 아닌 날은 모두 며칠일까요?

( )일

17 세 수의 덧셈

1-2-2
덧셈과 뺄셈 (1)
(세 수의 덧셈)

1-2-2
덧셈과 뺄셈 (1)
(앞의 두 수로 10을 만들어 더하기)

1-2-6
덧셈과 뺄셈 (3)
(덧셈하기 2)

기억해 볼까요?

덧셈을 하세요.

① $40+20=$

② $50+30=$

③ $20+62=$

④ $53+26=$

30초 개념

세 수의 덧셈은 두 수를 먼저 더한 다음, 더한 결과에 다른 한 수를 더해서 계산해요.

4+2+1의 계산

$4+2+1=7$

① 6

② 7

①
$$\begin{array}{r} 4 \\ +\ 2 \\ \hline 6 \end{array}$$

②
$$\begin{array}{r} 6 \\ +\ 1 \\ \hline 7 \end{array}$$

① 앞의 두 수를 더해요.

② 두 수를 더한 값에 남은 수를 더해요.

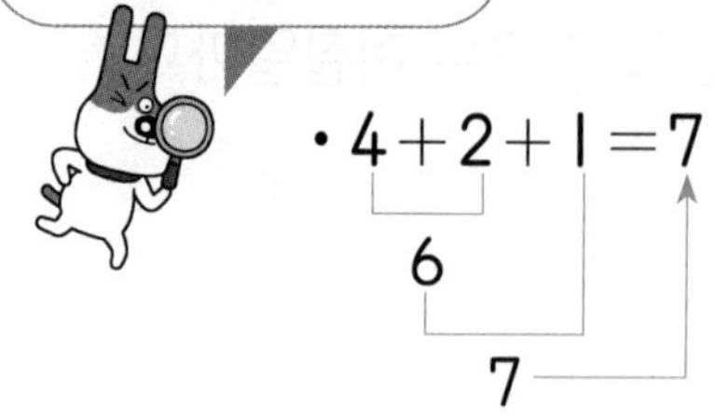

• $4+2+1=7$ (4+2 → 6, 6+1 → 7)

• $4+2+1=7$ (2+1 → 3, 4+3 → 7)

세 수의 덧셈을 하세요.

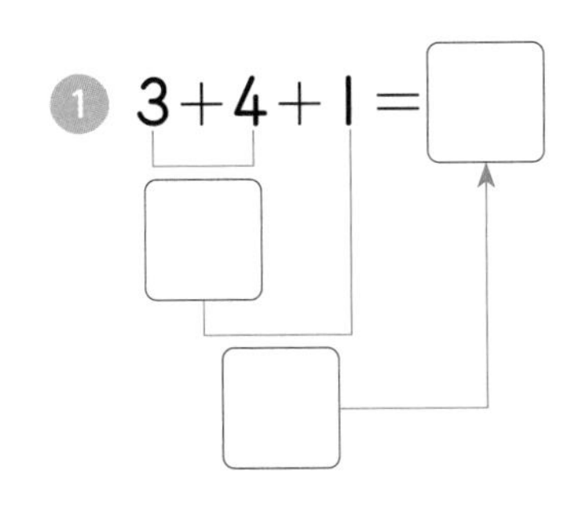

① $3+4+1=\square$

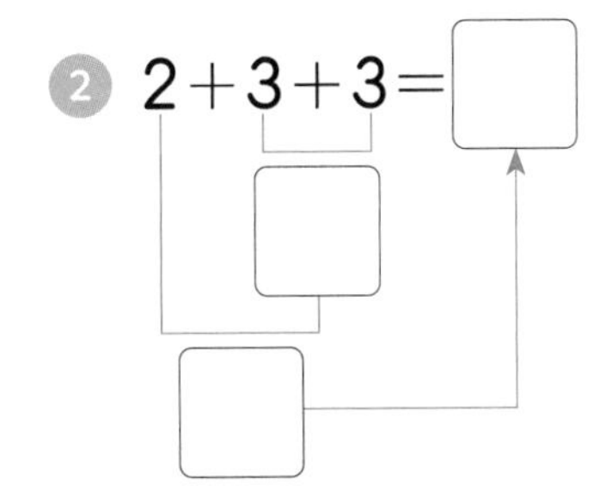

② $2+3+3=\square$

③ $3+2+1=\square$

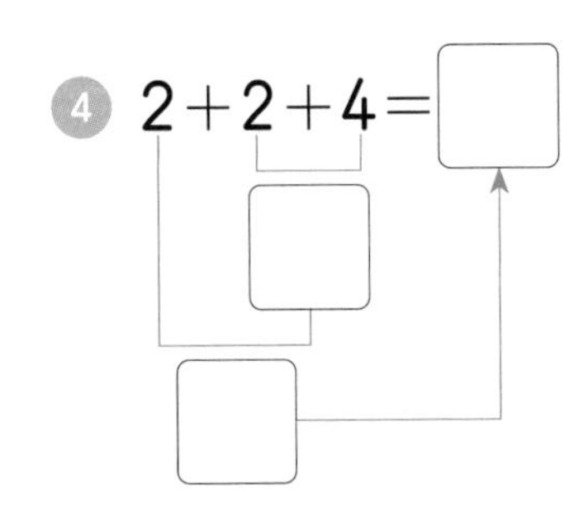

④ $2+2+4=\square$

⑤ $3+4=\square$, $\square+2=\square$

$3+4+2=\square$

⑥ $3+2=\square$, $\square+3=\square$

$3+2+3=\square$

⑦ $2+1=\square$, $\square+2=\square$

$2+1+2=\square$

⑧ $6+2=\square$, $\square+1=\square$

$6+2+1=\square$

세 수의 덧셈을 하세요.

① $3+1+2=$

② $1+6+1=$

③ $4+2+2=$

④ $3+1+5=$

⑤ $1+1+6=$

⑥ $1+5+2=$

⑦ $1+2+3=$

⑧ $5+2+1=$

⑨ $4+4+1=$

⑩ $3+6+0=$

⑪ $1+7+1=$

⑫ $2+4+1=$

개념 키우기

□ 안에 알맞은 수를 써넣으세요.

① $2+5+1=\square$

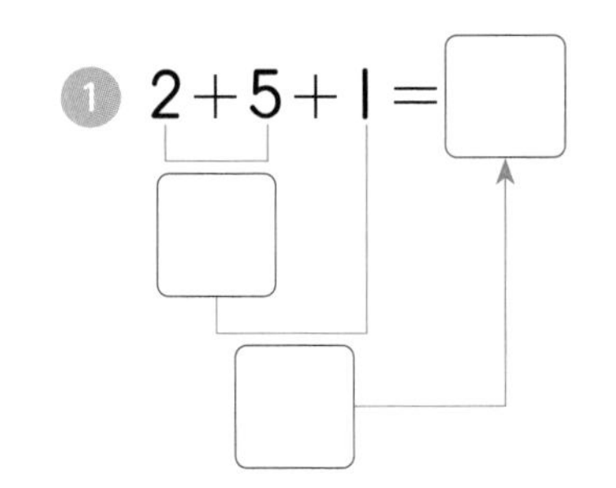

② $2+5+1=\square$

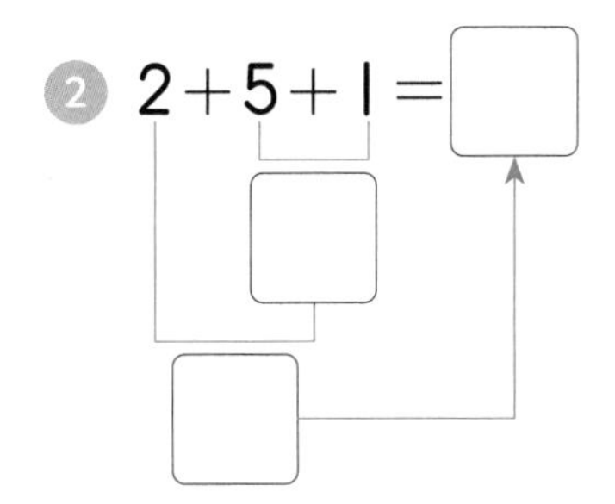

③ $2+5+1=\square$

④ $4+2+3=\square$

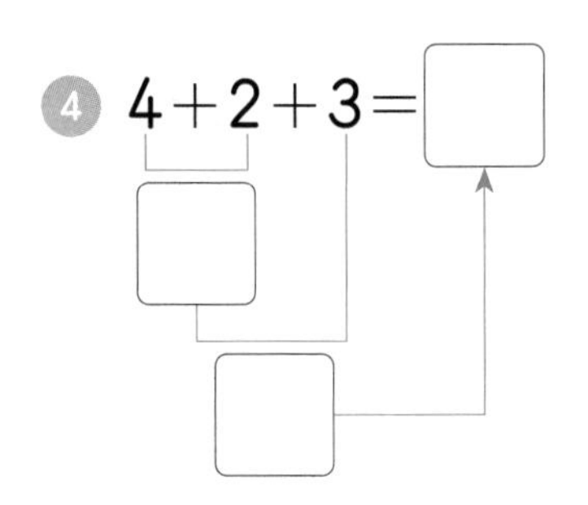

⑤ $4+2+3=\square$

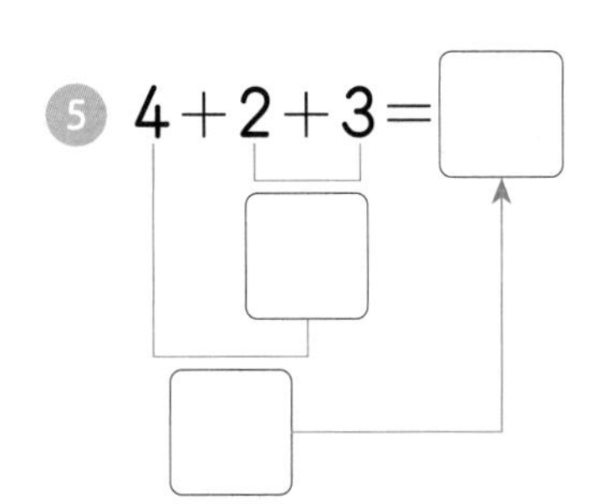

⑥ $4+2+3=\square$

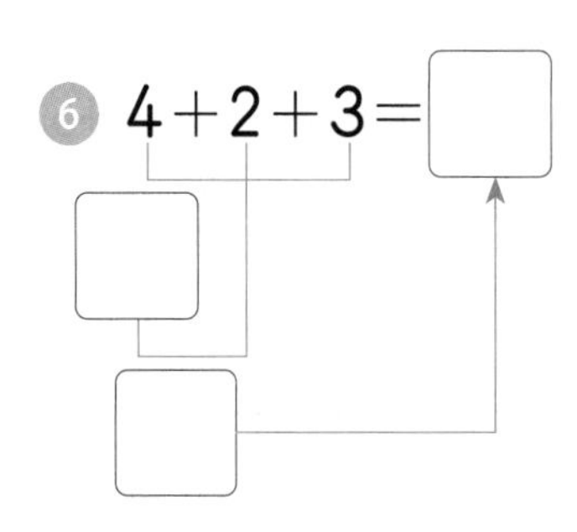

⑦ $5+1+3=\square$

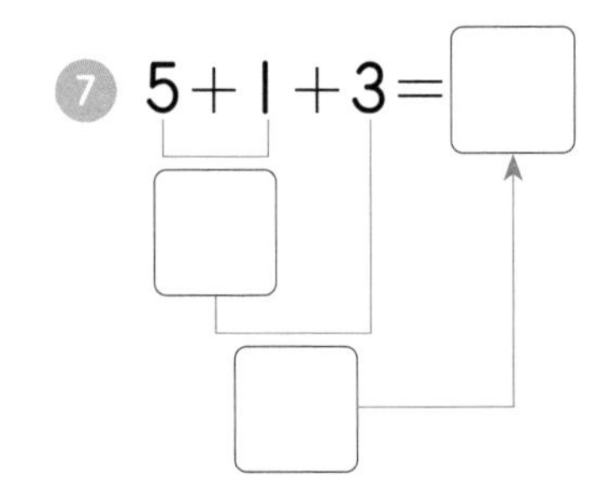

⑧ $5+1+3=\square$

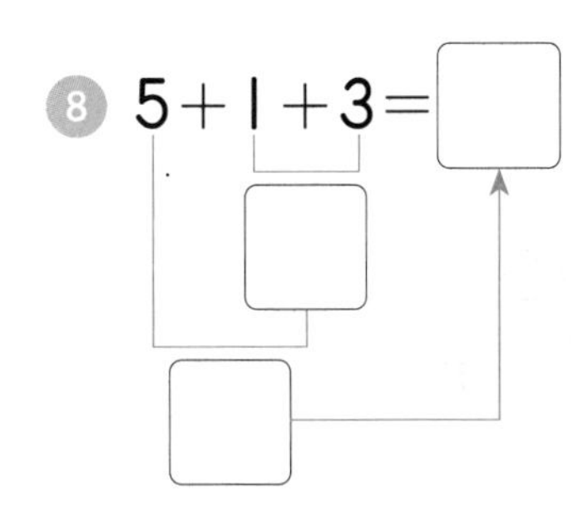

⑨ $5+1+3=\square$

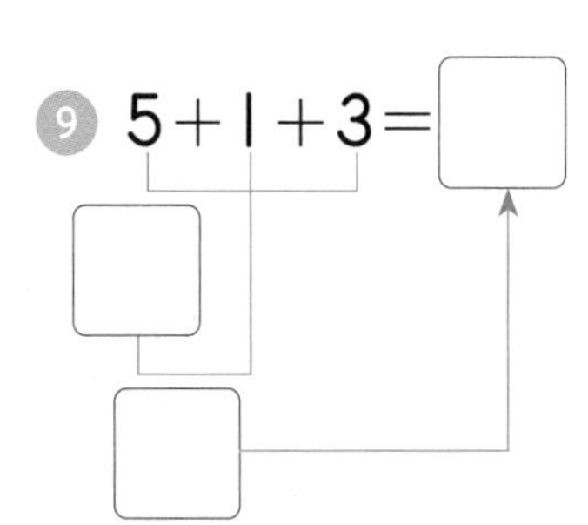

도전해 보세요

① 장바구니에 매운라면 2개, 짜장라면 3개, 짬뽕라면 1개가 들어 있습니다. 장바구니에 들어 있는 라면은 모두 몇 개일까요?

( )개

② □ 안에 알맞은 수를 구하세요.

$1+\square+3=8$

( )

18 세 수의 뺄셈

- 1-1-3 덧셈과 뺄셈 (뺄셈하기 2)
- 1-2-2 덧셈과 뺄셈 (1) (세 수의 뺄셈)
- 1-2-4 덧셈과 뺄셈 (2) (뒤에 있는 수를 가르기 하여 뺄셈하기)

기억해 볼까요?

뺄셈을 하세요.

❶ $7-5=$ ❷ $6-3=$

❸ $9-3=$ ❹ $5-1=$

30초 개념

세 수의 뺄셈은 꼭 앞에서부터 두 수씩 차례로 수를 빼서 계산해요. 순서가 달라지면 결과가 달라질 수 있으니 반드시 앞에서부터 차례로 계산해요.

9−3−2의 계산

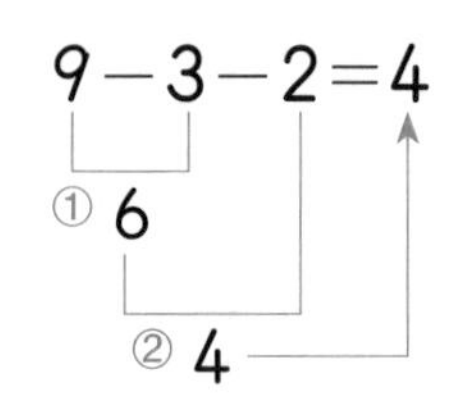

①

$$\begin{array}{r} 9 \\ -\ 3 \\ \hline 6 \end{array}$$

②

$$\begin{array}{r} 6 \\ -\ 2 \\ \hline 4 \end{array}$$

① 앞의 수에서 두 번째 수를 빼요.
② 두 수를 뺀 값에서 남은 수를 빼요.

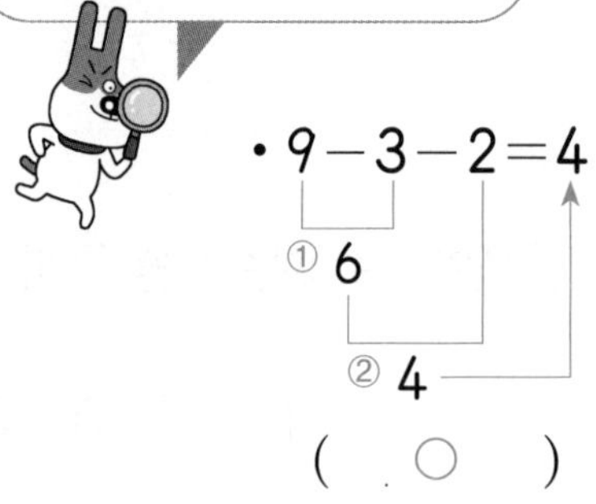

• $9-3-2=4$ (① 6, ② 4)

(○)

• $9-3-2=8$ (① 1, ② 8)

(×)

세 수의 뺄셈을 하세요.

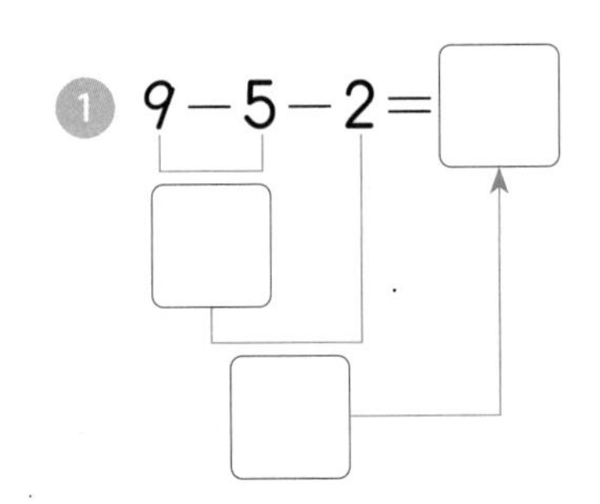

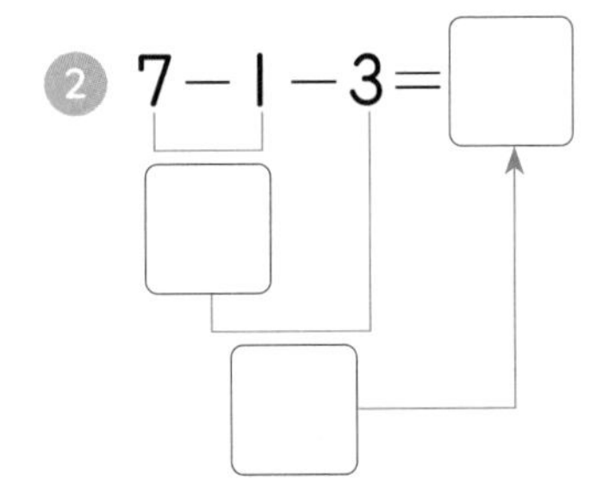

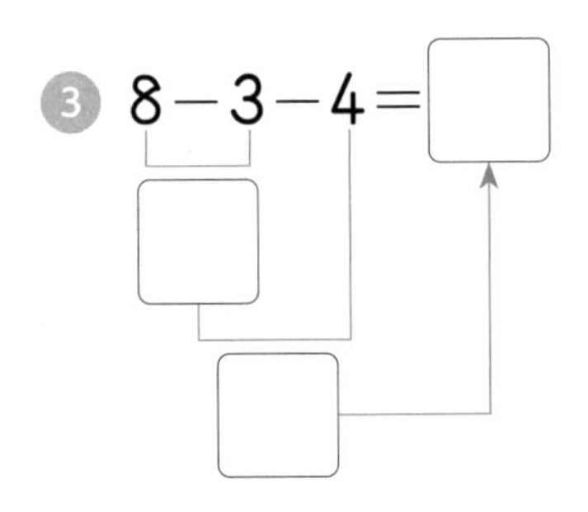

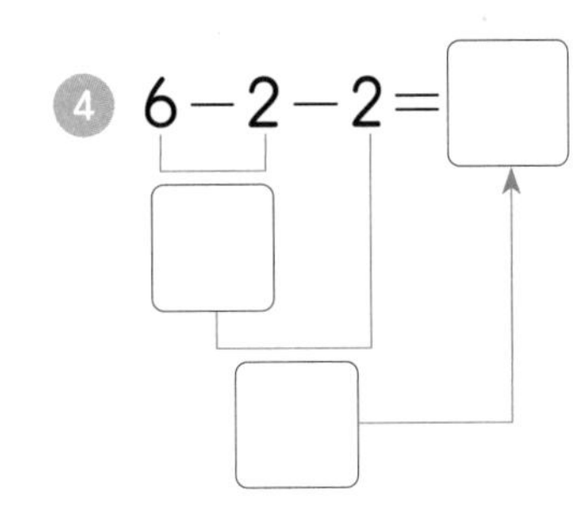

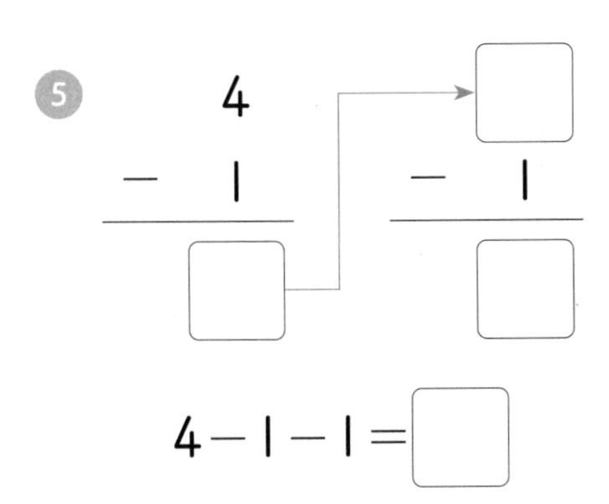

$4-1-1=$ □

⑥ 5 − 2, − 1

$5-2-1=$ □

⑦ 8 − 6, − 1

$8-6-1=$ □

⑧ 7 − 2, − 3

$7-2-3=$ □

개념 다지기

세 수의 뺄셈을 하세요.

① $9-2-5=$

② $6-3-2=$

③ $7-5-1=$

④ $8-2-6=$

⑤ $3-2-0=$

⑥ $5-0-4=$

⑦ $4-2-1=$

⑧ $2-1-1=$

⑨ $9-4-2=$

⑩ $7-5-2=$

⑪ $3-0-1=$

⑫ $8-5-2=$

개념 키우기

빈 곳에 알맞은 수를 써넣으세요.

1

2

3

4

5
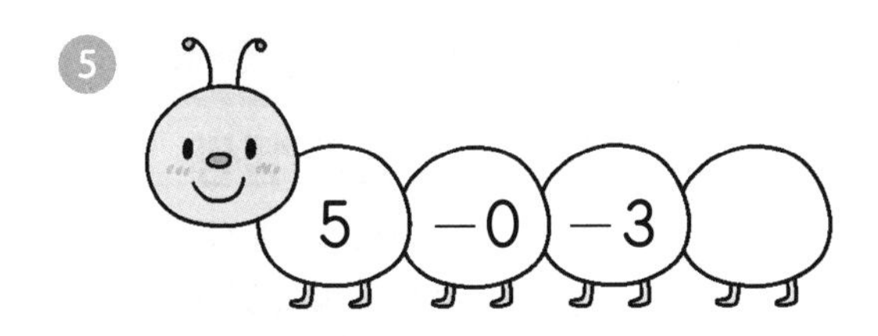

6

도전해 보세요

9명이 탄 엘리베이터가 1층에서 올라가고 있습니다. 물음에 답하세요.

1 2층에서 3명, 3층에서 4명이 내렸습니다. 엘리베이터에는 몇 명이 타고 있을까요?

( )명

2 계속해서 4층에서 5명이 타고 1명이 내렸습니다. 엘리베이터에는 몇 명이 타고 있을까요?

( )명

3장 받아올림, 받아내림의 기초

무엇을 배우나요?

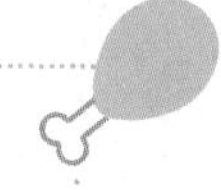

- 10의 의미를 알고, 10부터 19까지의 수를 모으기와 가르기 할 수 있어요.
- 이어 세기를 통해 두 수를 바꾸어 더할 수 있어요.
- 10이 되는 더하기와 10에서 빼기를 할 수 있어요.
- 합이 10이 되는 두 수를 이용하여 세 수의 덧셈을 할 수 있어요.
- 여러 가지 방법으로 (몇)+(몇)=(십몇)을 계산할 수 있어요.
- 여러 가지 방법으로 (십몇)−(몇)=(몇)을 계산할 수 있어요.

1-2-2 덧셈과 뺄셈 1
세 수의 덧셈
세 수의 뺄셈

1-2-6 덧셈과 뺄셈 3
받아올림이 없는 (몇십몇)+(몇), (몇십)+(몇십), (몇십몇)+(몇십몇)
받아내림이 없는 (몇십몇)-(몇), (몇십)-(몇십), (몇십몇)-(몇십몇)

3-1-1 덧셈과 뺄셈
받아올림이 없는 (세 자리 수)+(세 자리 수)
받아올림이 없는 (세 자리 수)-(세 자리 수)

→

1-1-5 50까지의 수
10이 되는 모으기와 가르기
십몇 모으기와 가르기

1-2-2 덧셈과 뺄셈 1
10이 되는 더하기와 10에서 빼기
앞뒤의 두 수로 10을 만들어 더하기

1-2-4 덧셈과 뺄셈 2
이어 세기로 두 수를 더하기
앞뒤에 있는 수를 가르기 하여 덧셈하기
앞뒤에 있는 수를 가르기 하여 뺄셈하기

→

2-1-3 덧셈과 뺄셈
일의 자리에서 받아올림이 있는 (두 자리 수)+(한 자리 수)
받아올림이 있는 (두 자리 수)+(두 자리 수)
십의 자리에서 받아내림이 있는 (두 자리 수)-(한 자리 수)
받아내림이 있는 (두 자리 수)-(두 자리 수)

3-1-1 덧셈과 뺄셈
받아올림이 있는 (세 자리 수)+(세 자리 수)
받아내림이 있는 (세 자리 수)-(세 자리 수)

3장 받아올림, 받아내림의 기초	초등 1학년 (30일 진도)	초등 2학년 (25일 진도)	초등 3학년 (15일 진도)
	하루 두 단계씩 공부해요.	하루 세 단계씩 공부해요.	하루 세 단계씩 공부해요.

권장 진도표에 맞춰 공부하고, 공부한 단계에 해당하는 조각에 색칠하세요.

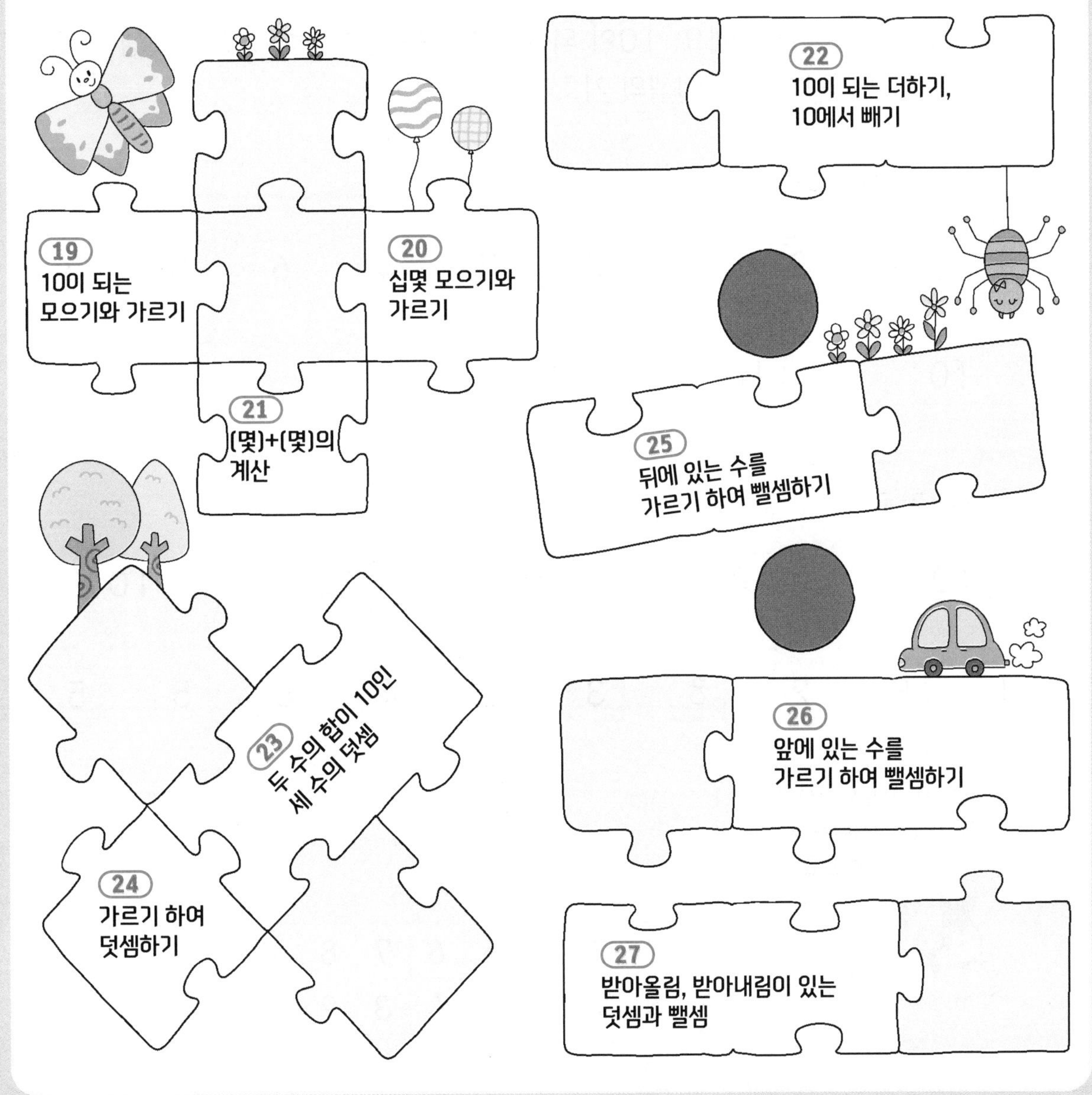

19 10이 되는 모으기와 가르기

?! 기억해 볼까요?

빈 곳에 알맞은 수를 써넣으세요.

1 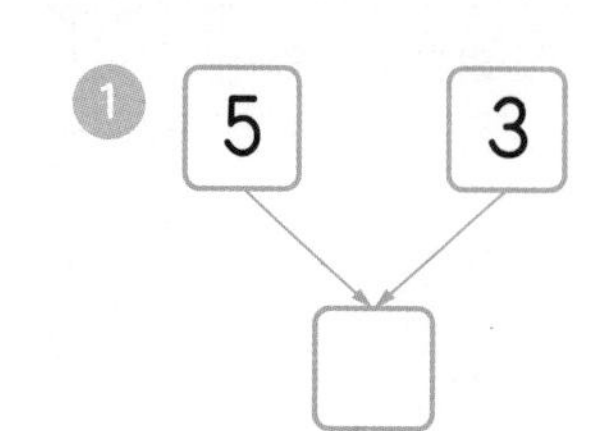

2 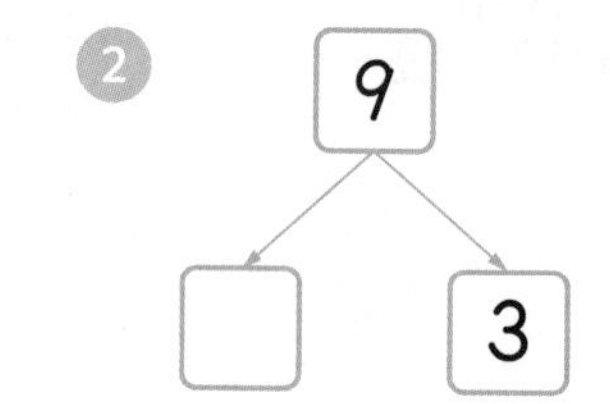

30초 개념

9보다 1 큰 수는 10이에요. 10이 되는 모으기는 받아올림이 있는 덧셈, 10 가르기는 받아내림이 있는 뺄셈의 기초가 돼요.

10이 되는 모으기

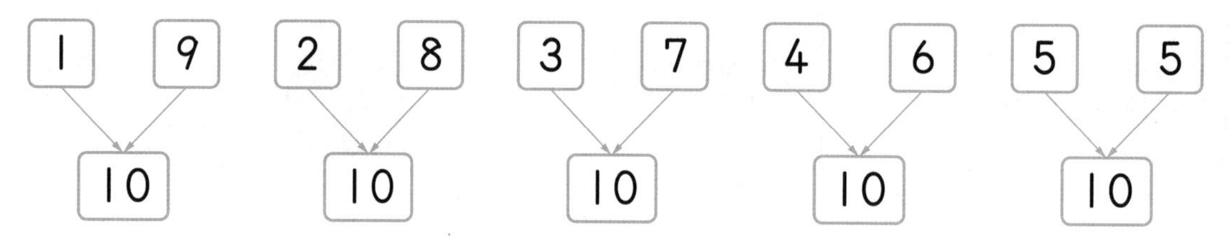

10 가르기

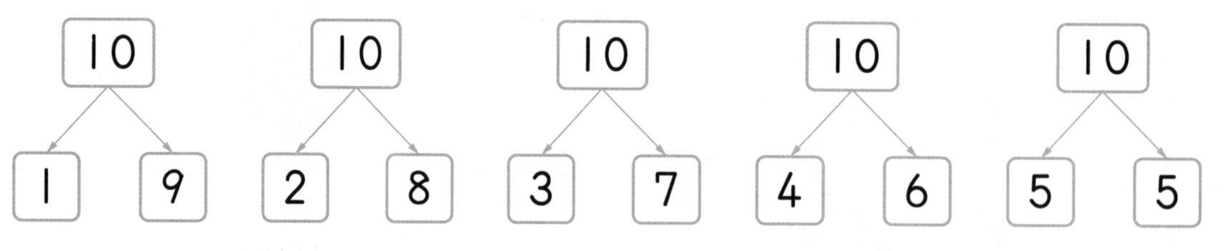

10 가르기 또는 10이 되는 모으기에 사용되는 두 수를 꼭 기억하세요.

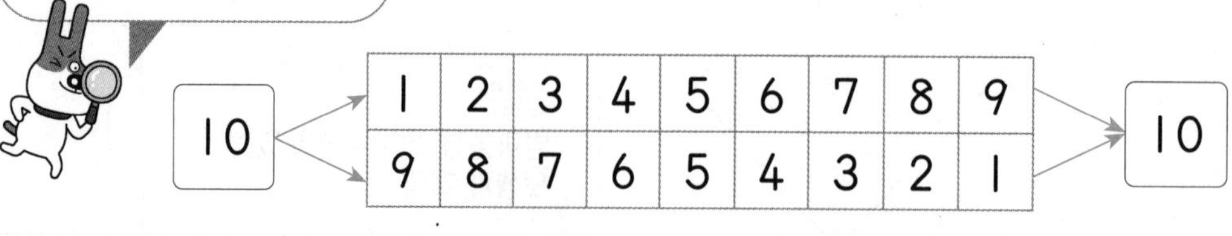

그림을 보고 빈 곳에 알맞은 수를 써넣으세요.

1
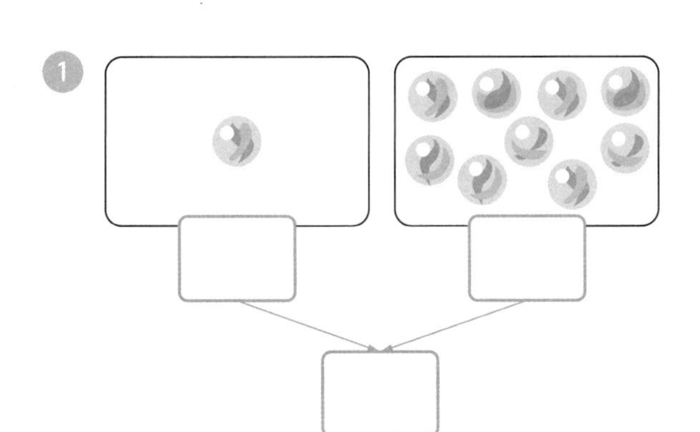

2
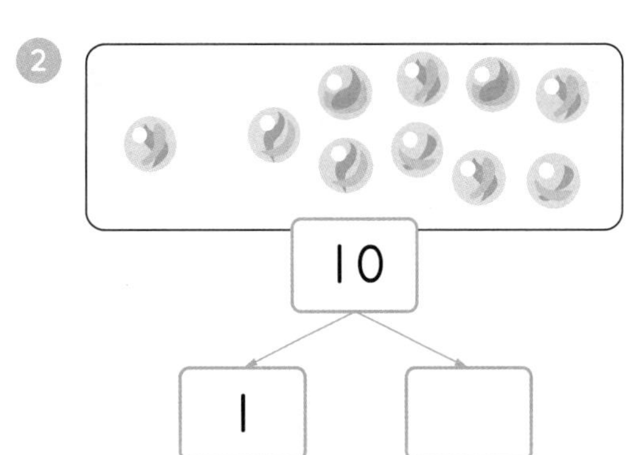

3
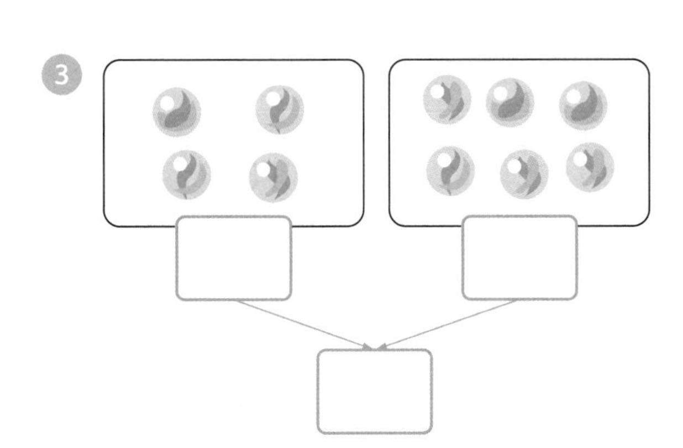

4
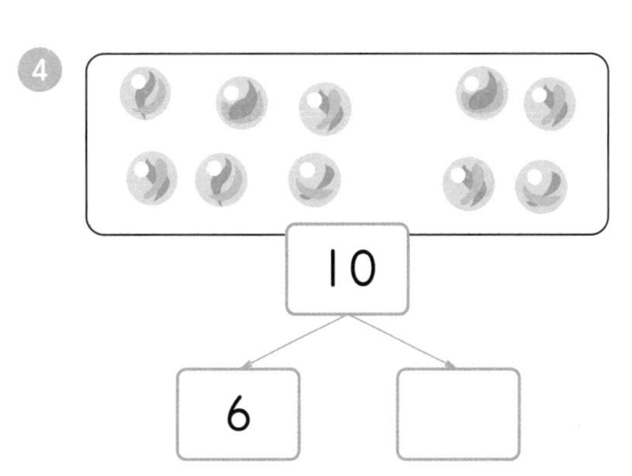

5
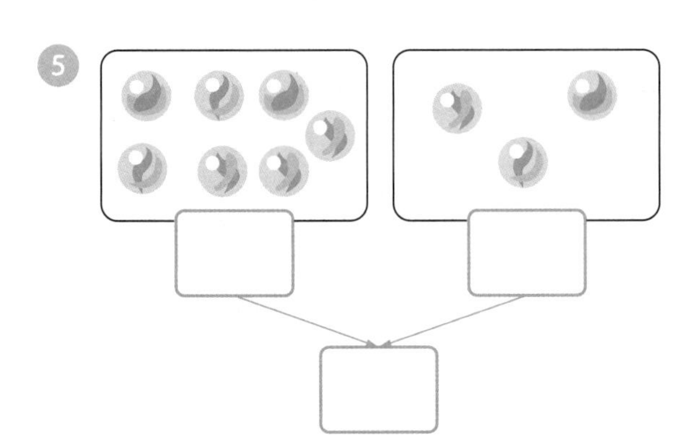

6
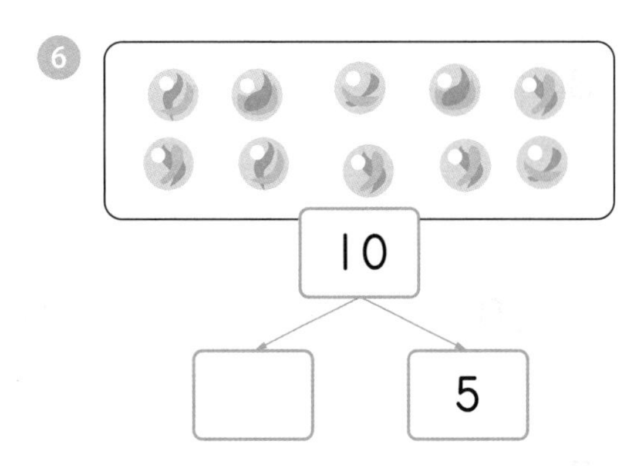

7
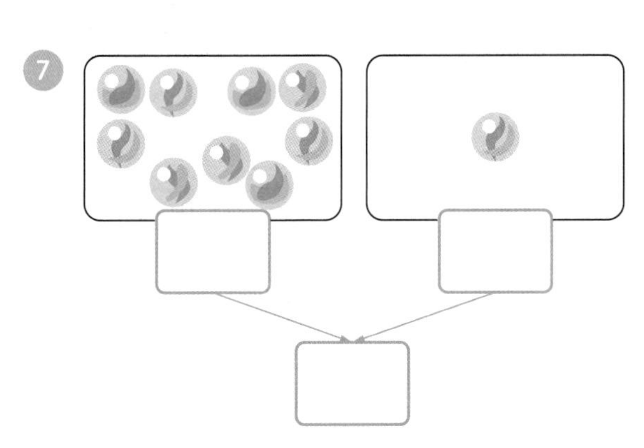

8
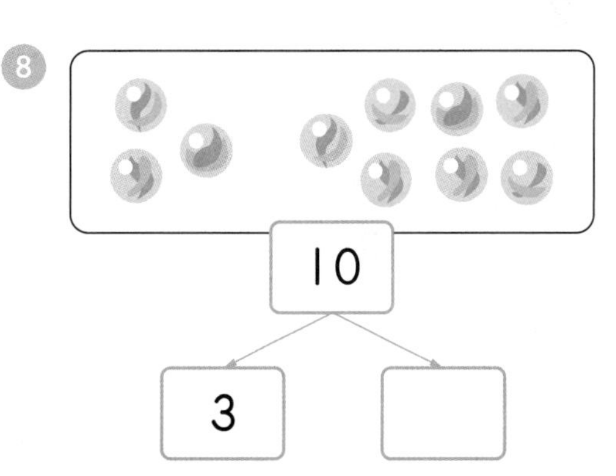

개념 다지기

빈 곳에 알맞은 수를 써넣으세요.

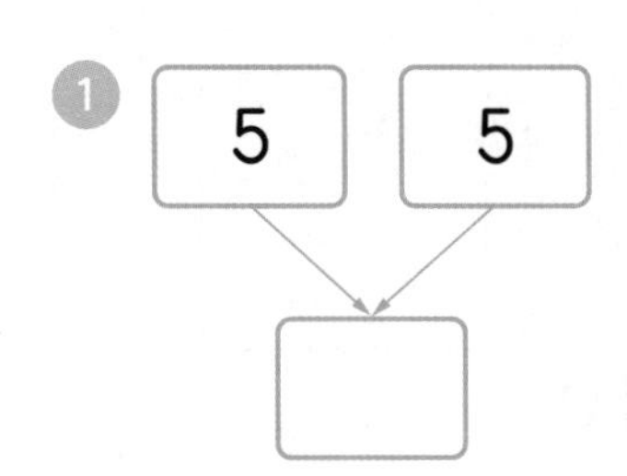

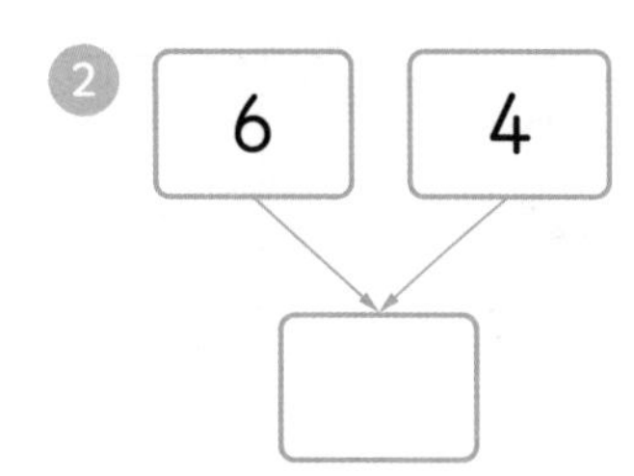

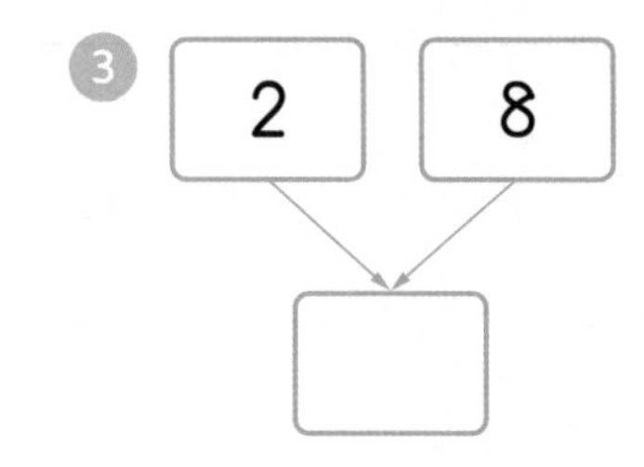

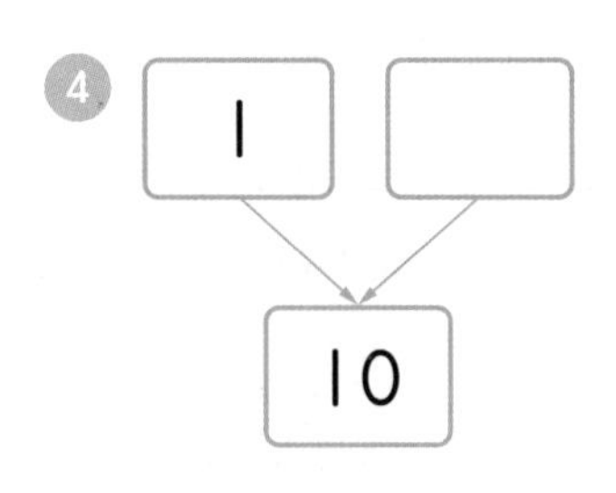

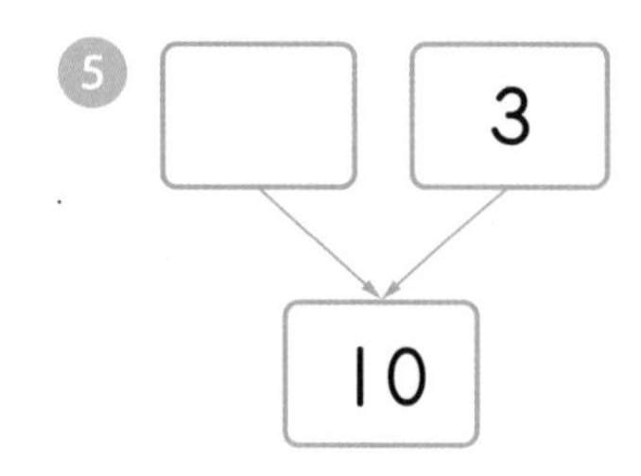

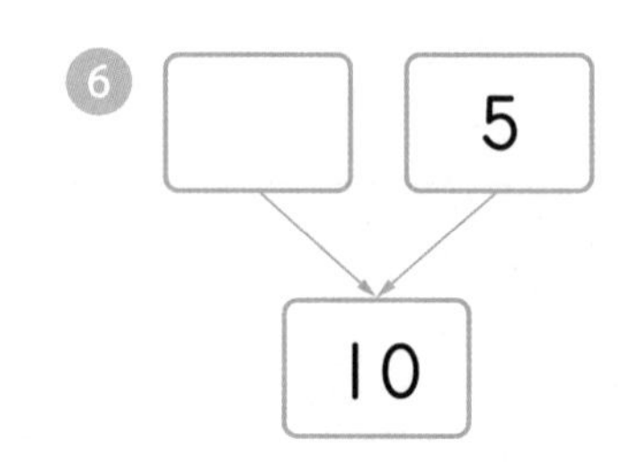

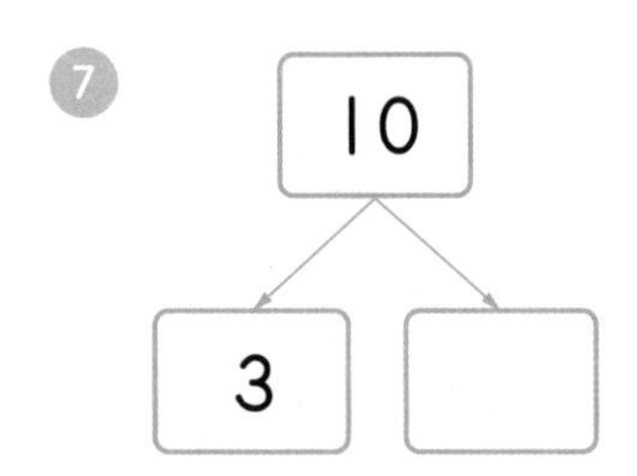

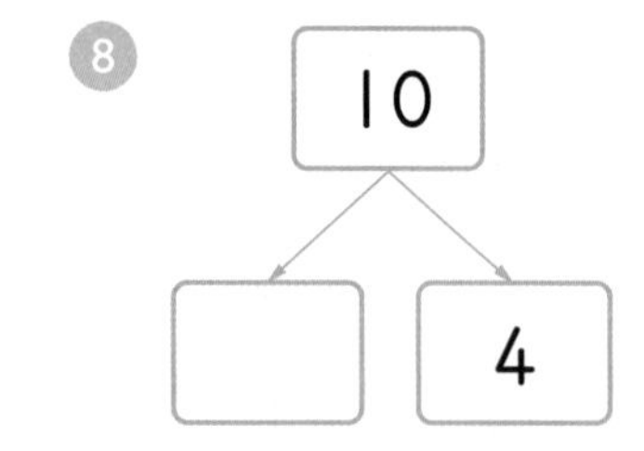

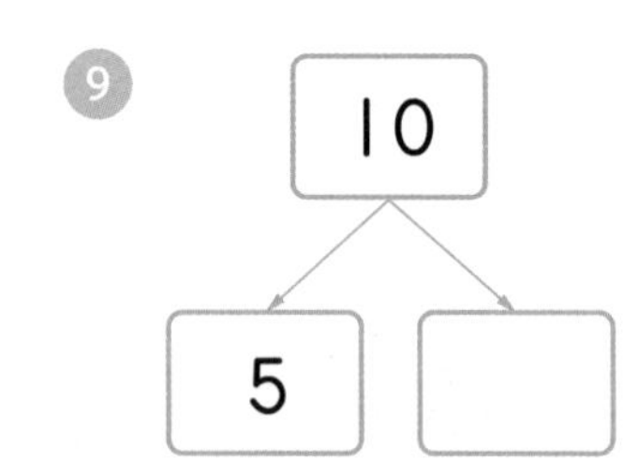

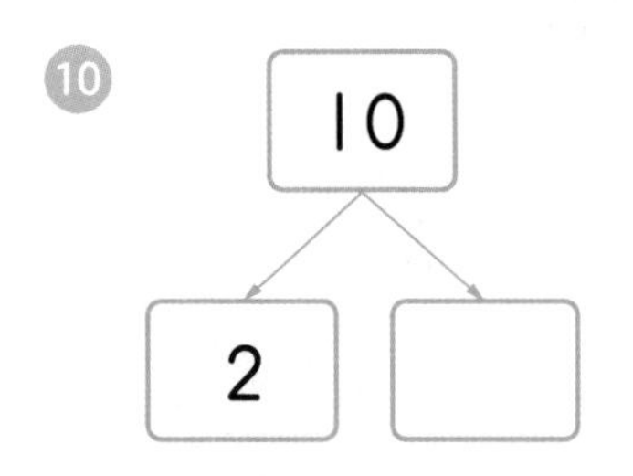

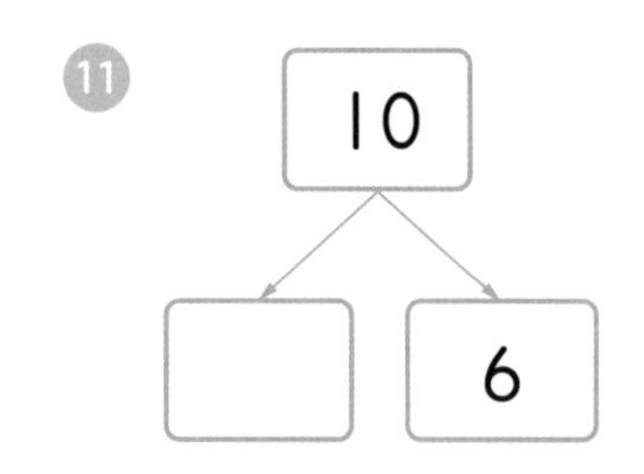

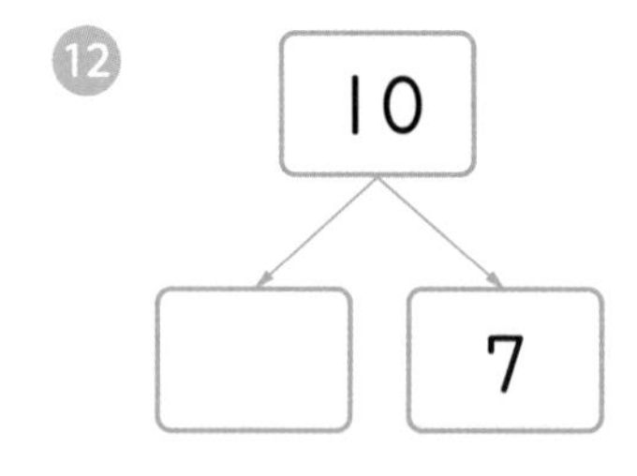

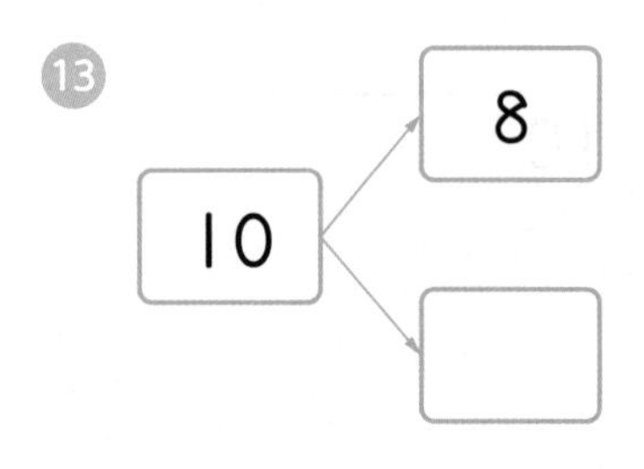

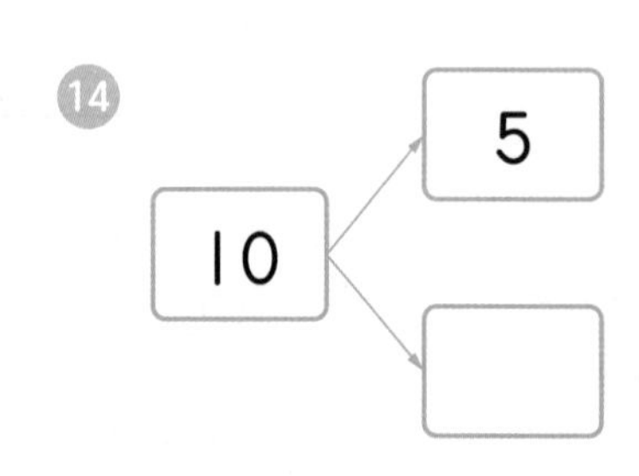

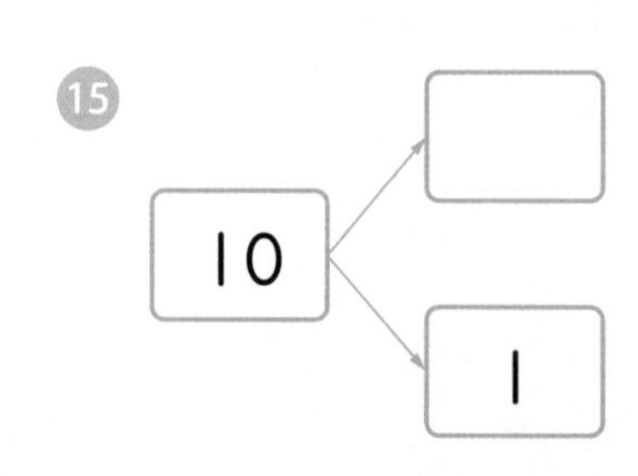

개념 키우기

빈 곳에 알맞은 수를 써넣으세요.

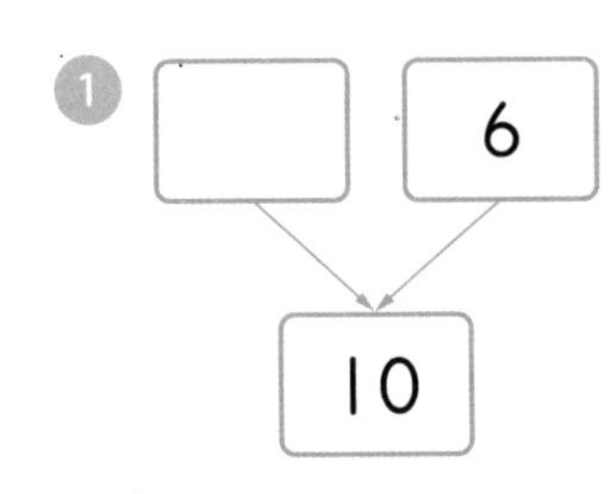

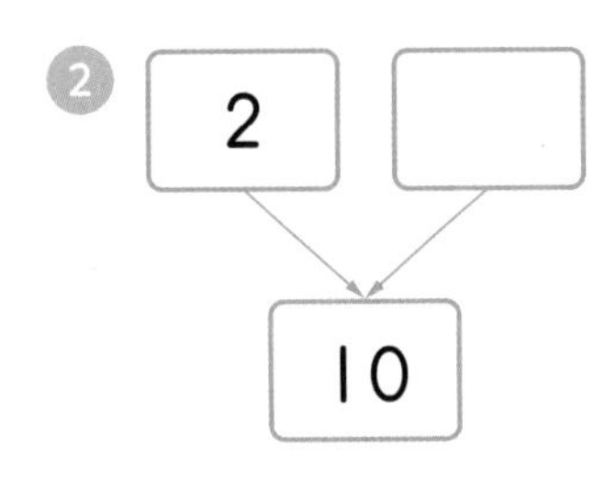

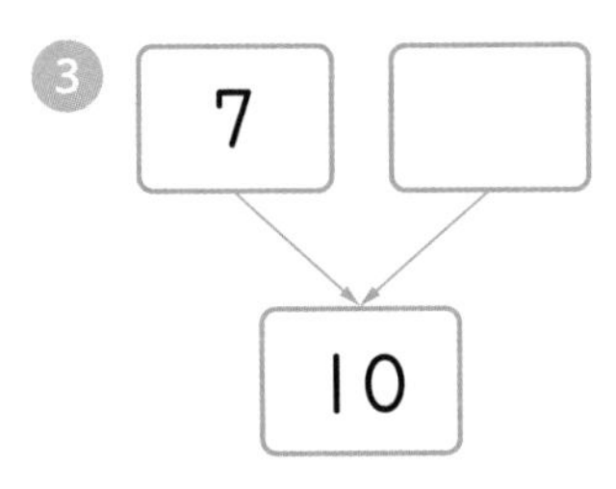

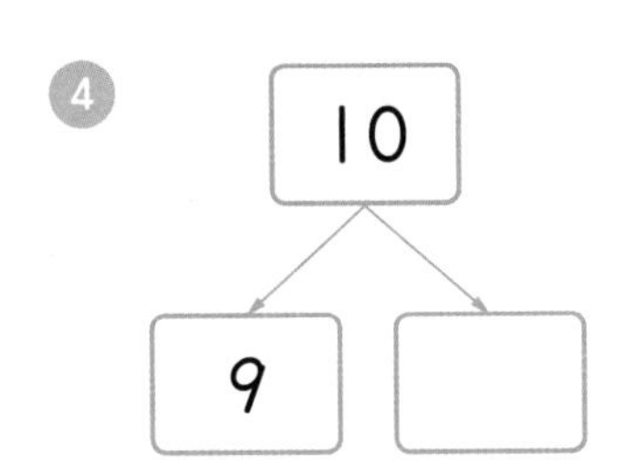

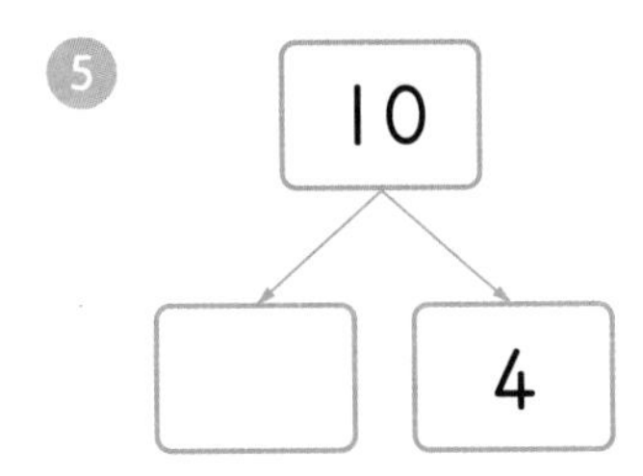

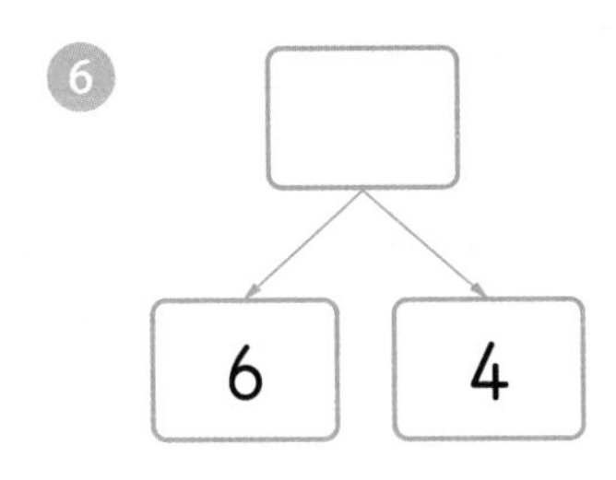

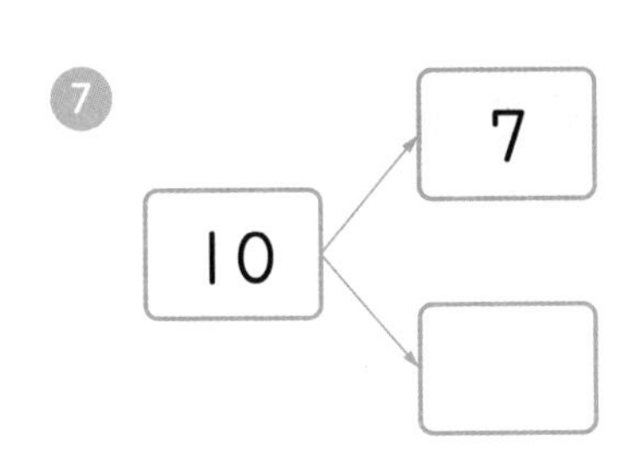

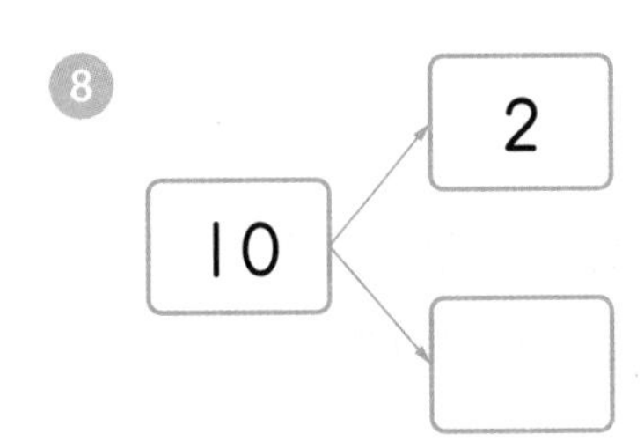

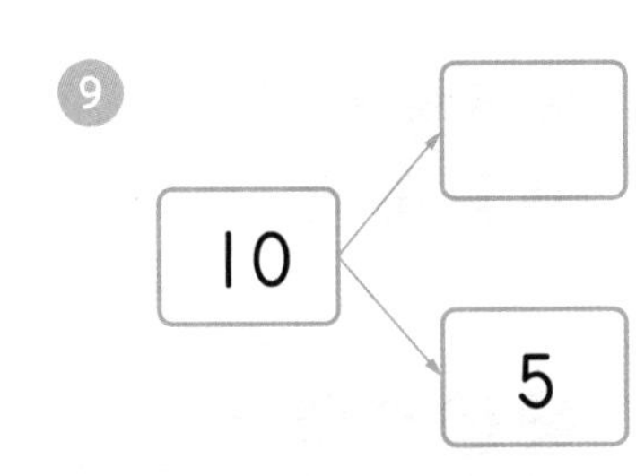

도전해 보세요

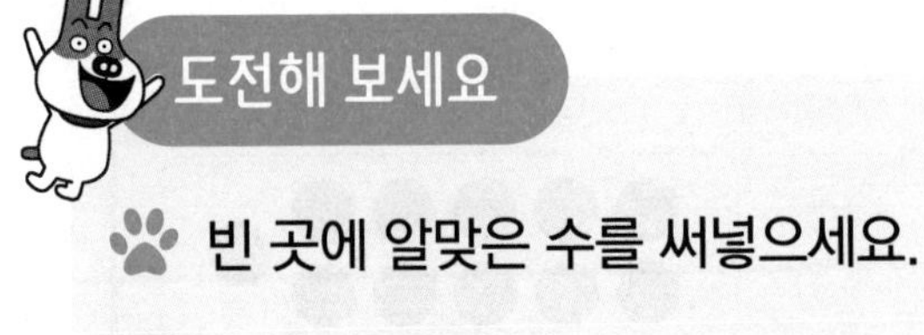

빈 곳에 알맞은 수를 써넣으세요.

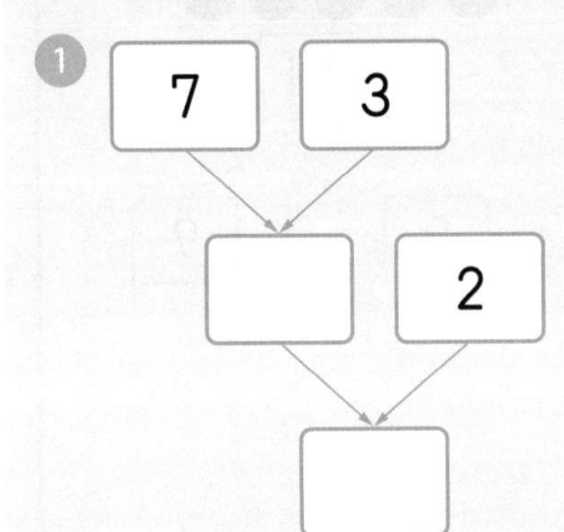

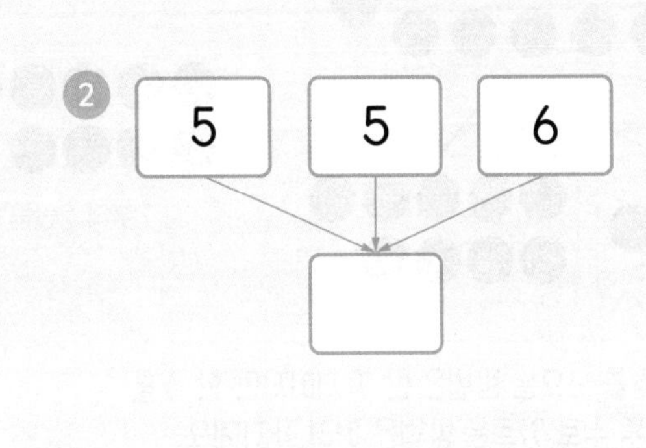

20 십몇 모으기와 가르기

1-1-5
50까지의 수
(10이 되는 모으기와 가르기)

1-1-5
50까지의 수
(십몇 모으기와 가르기)

1-2-4
덧셈과 뺄셈 (2)
(10을 이용하여 모으기와 가르기)

?! 기억해 볼까요?

빈 곳에 알맞은 수를 써넣으세요.

❶
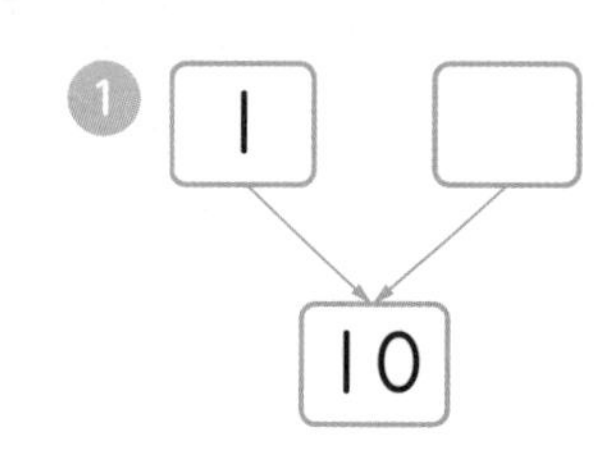

❷
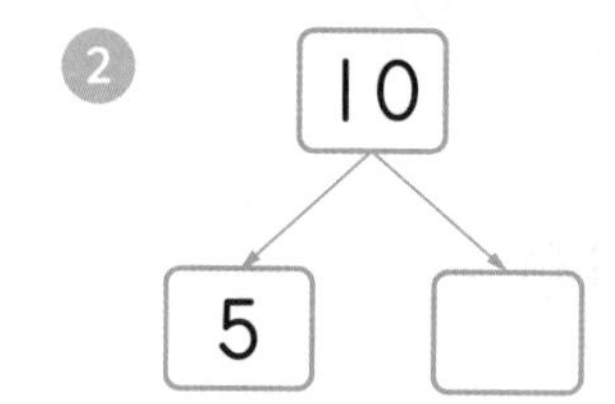

30초 개념

모형을 이용하여 이어 세기로 십몇 모으기와 가르기를 해 보면서 받아올림과 받아내림의 기초를 확실히 다져요.

9와 2 모으기 방법(십몇 모으기)

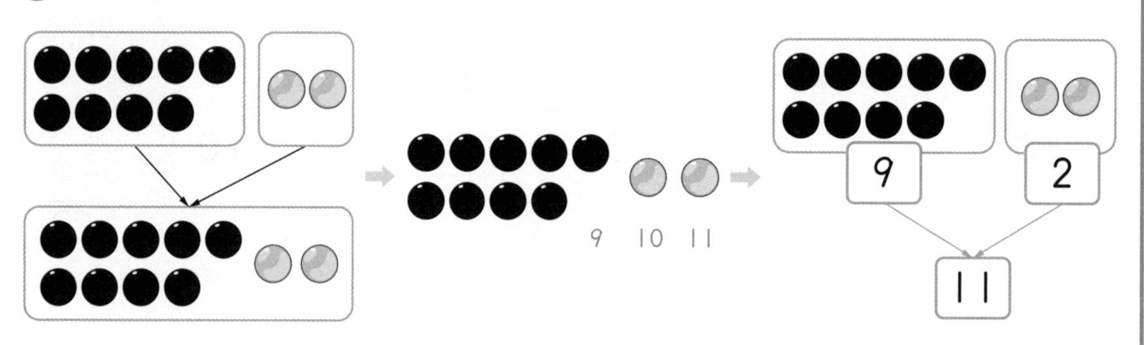

11을 2와 어떤 수로 가르기 방법(십몇 가르기)

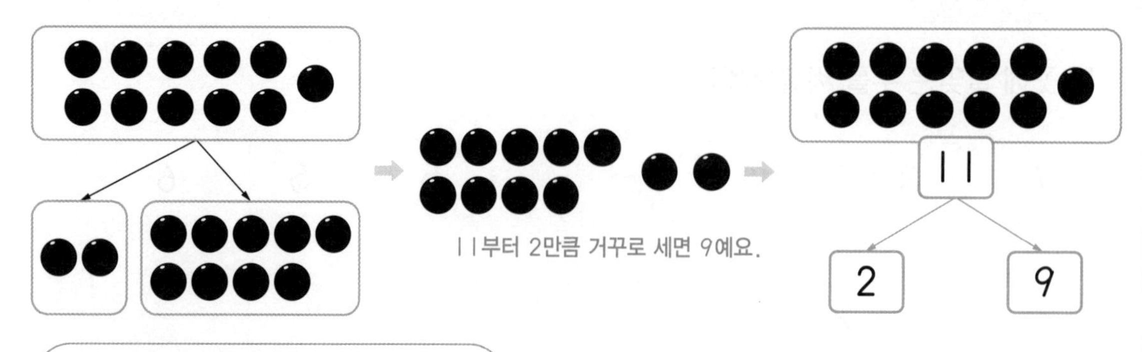

두 수를 모으는 방법은 한 가지이지만 한 수를 두 수로 가르는 방법은 여러 가지예요.

그림을 보고 빈 곳에 알맞은 수를 써넣으세요.

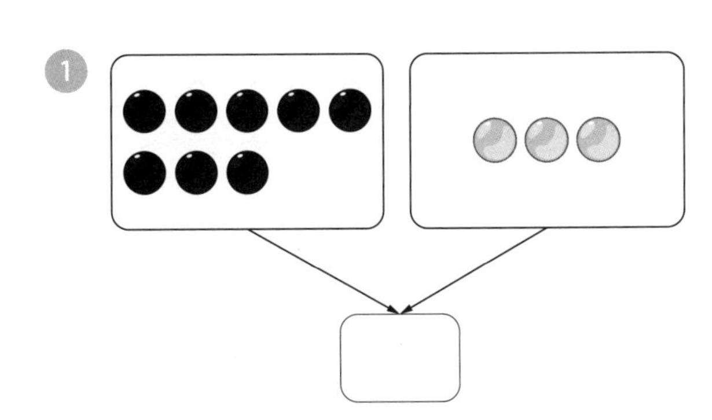

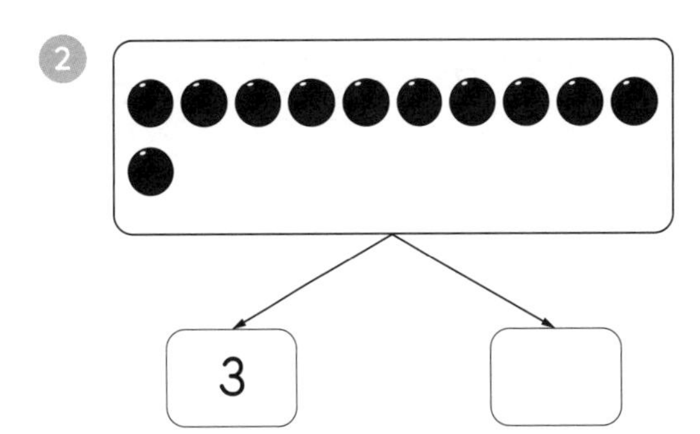

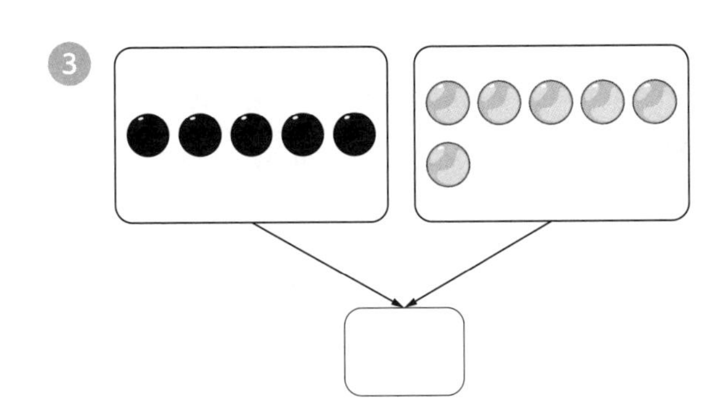

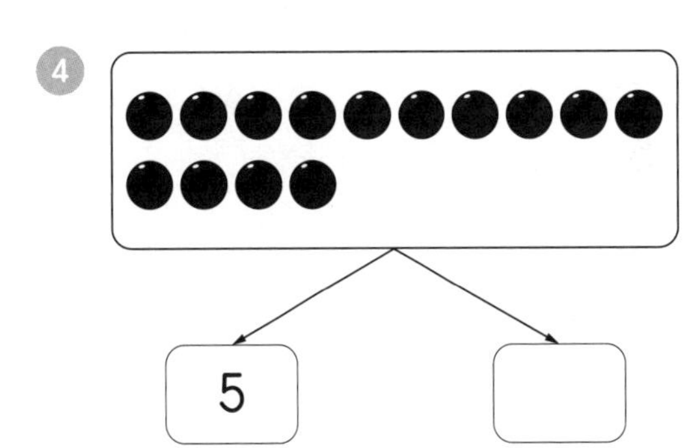

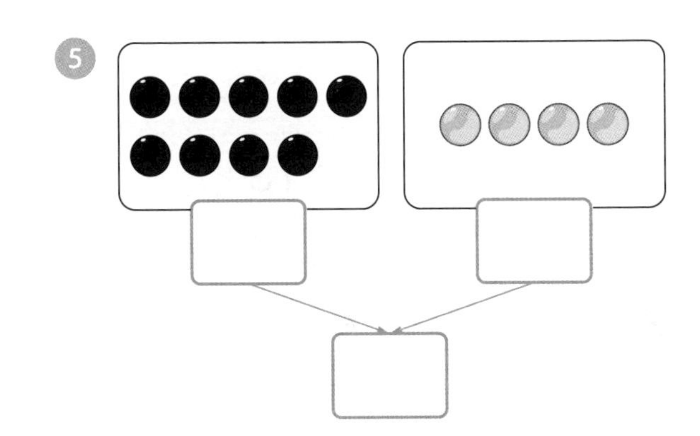

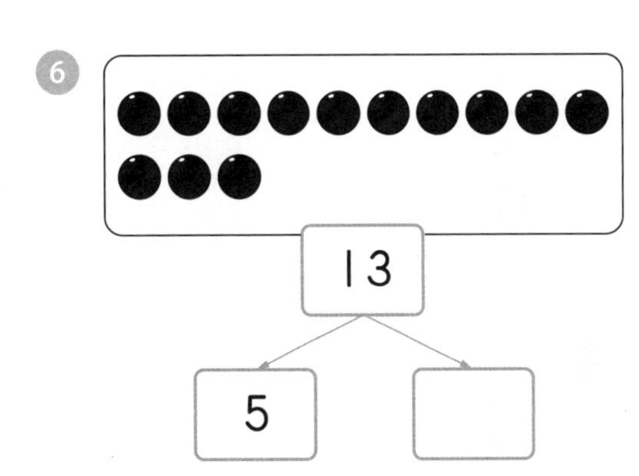

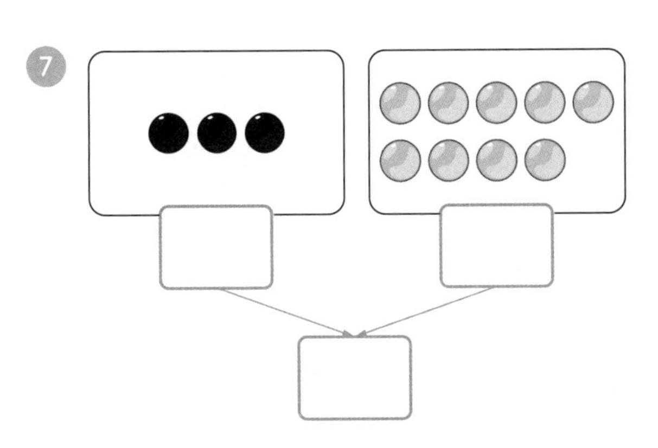

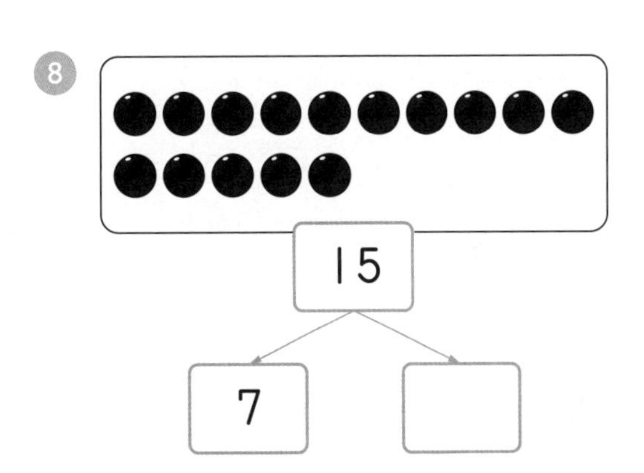

빈 곳에 알맞은 수를 써넣으세요.

①
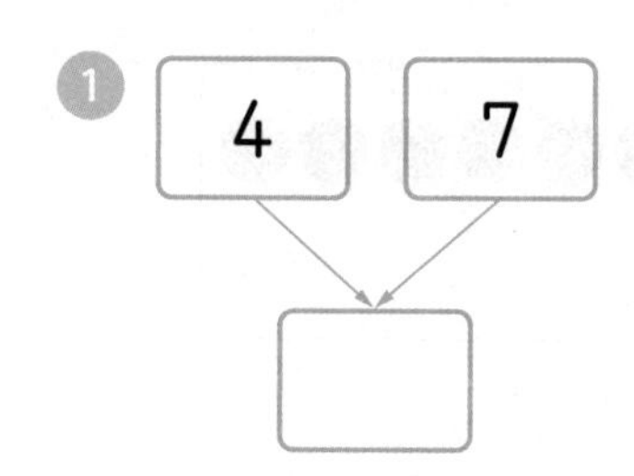

②
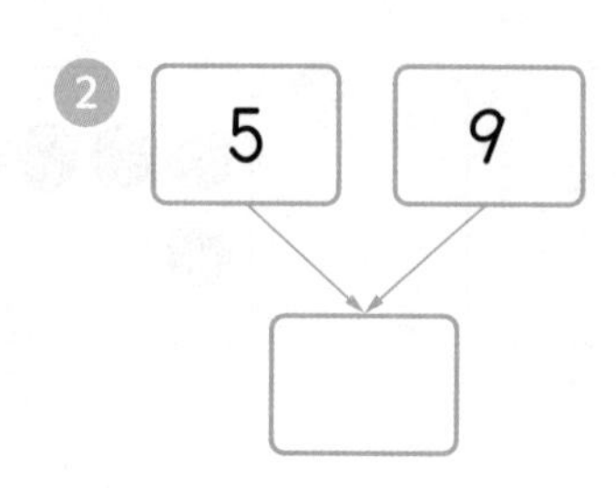

③
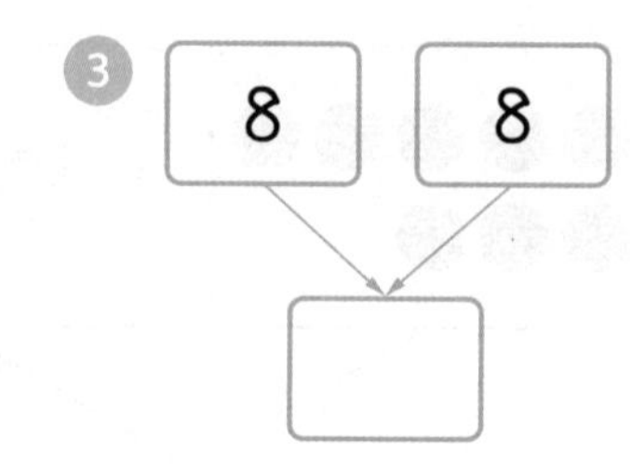

④
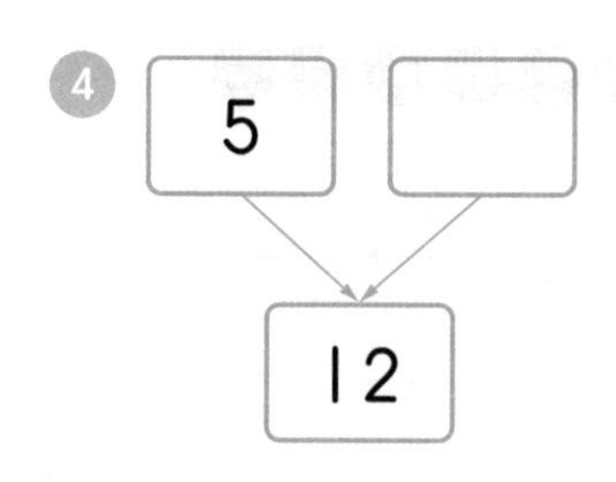

⑤
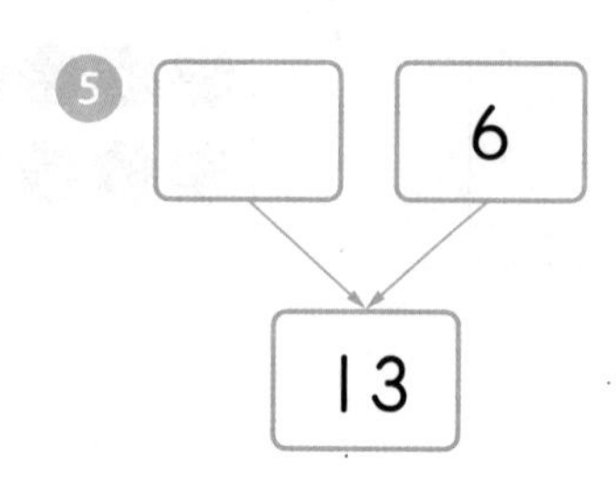

⑥
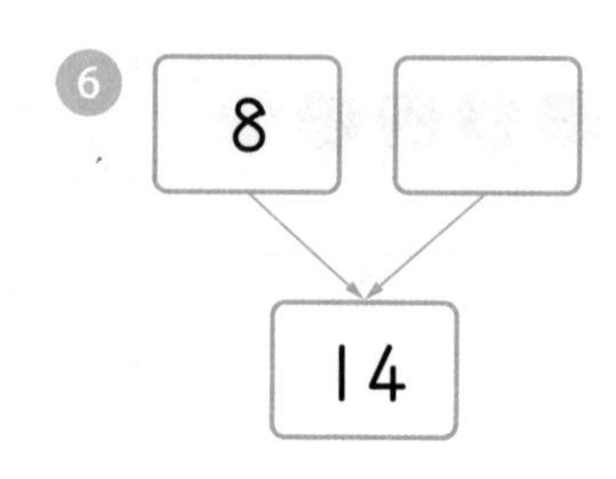

⑦
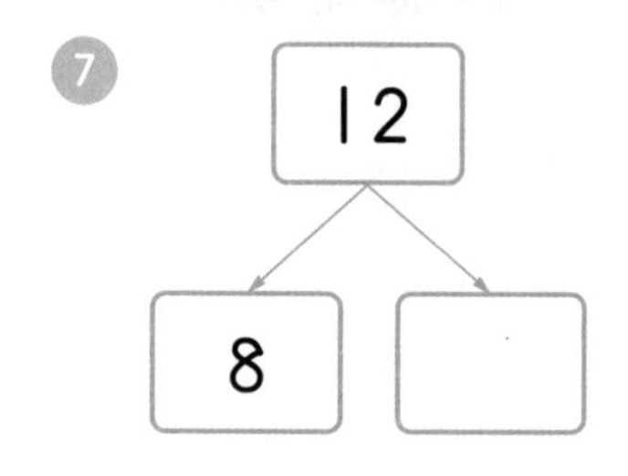

⑧
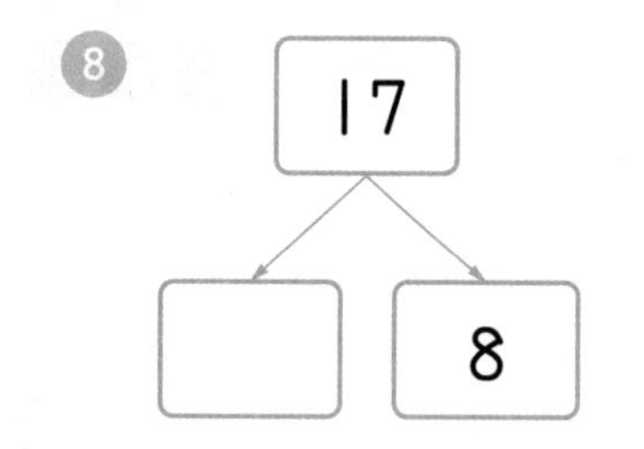

⑨
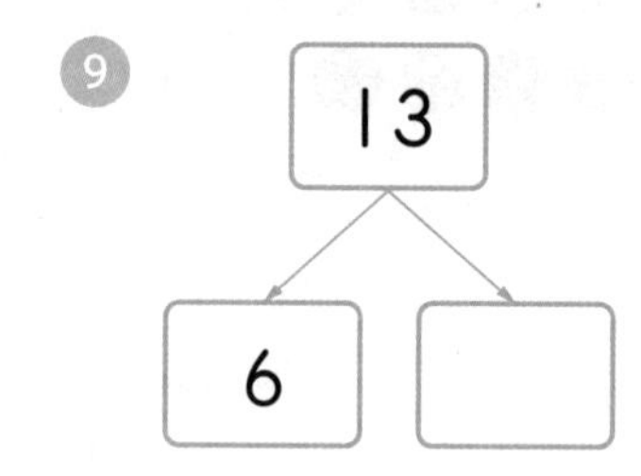

⑩
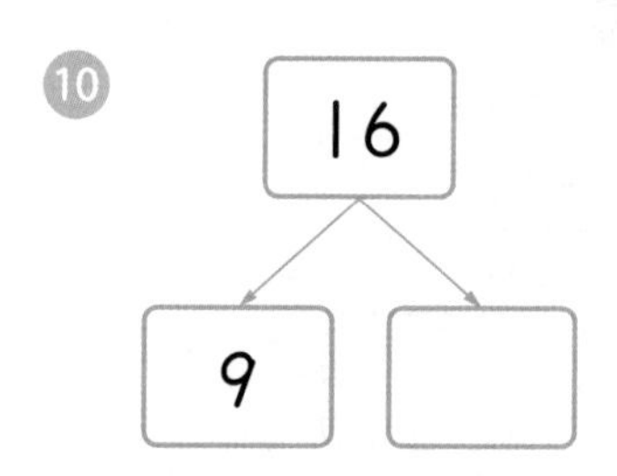

⑪
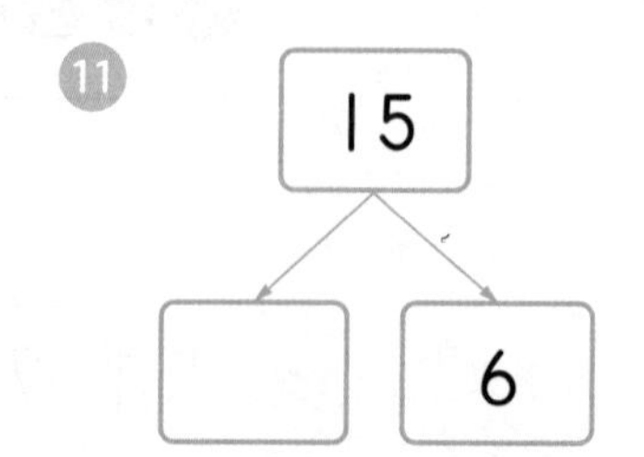

⑫
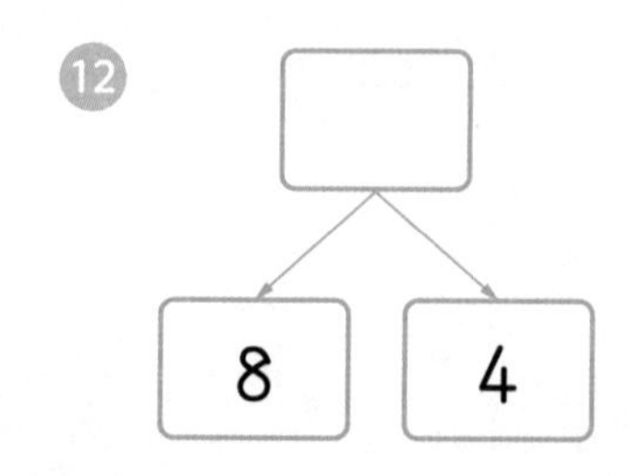

개념 키우기

◯ 안의 수를 두 수로 가르기 하세요.

1 (13)

4	6		9	10
		5		

2 (15)

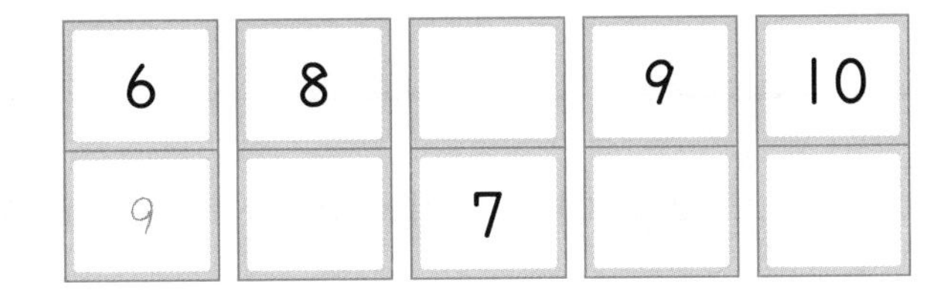

3 (11)

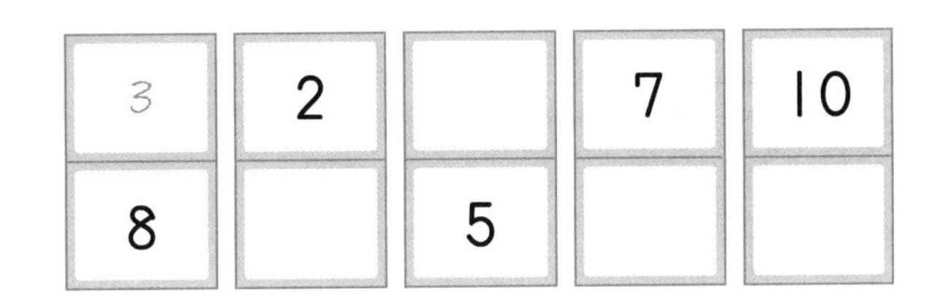

도전해 보세요

1 더해서 15가 되는 세 수를 모두 고르세요.

| 1 6 9 3 8 |

(   )

2 블록의 합이 14가 되도록 빈 곳에 알맞은 수를 써넣으세요.

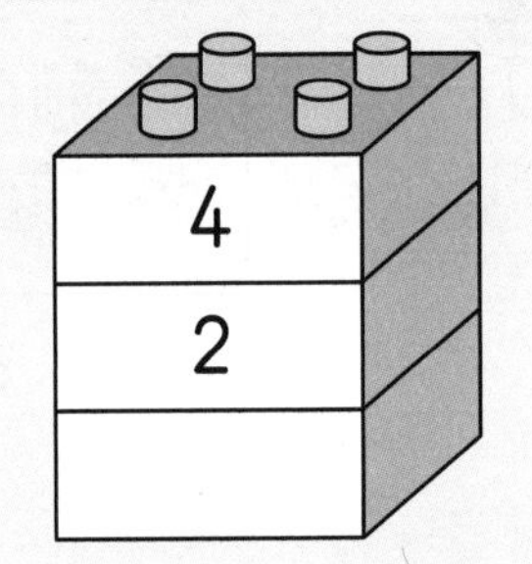

21 (몇)+(몇)의 계산

1-1-5
50까지의 수
(십몇 모으기와 가르기)

1-2-2
덧셈과 뺄셈 (1)
((몇)+(몇)의 계산)

1-2-2
덧셈과 뺄셈 (1)
(10이 되는 더하기와 10에서 빼기)

기억해 볼까요?

빈 곳에 알맞은 수를 써넣으세요.

1. 4, 7 → □

2. 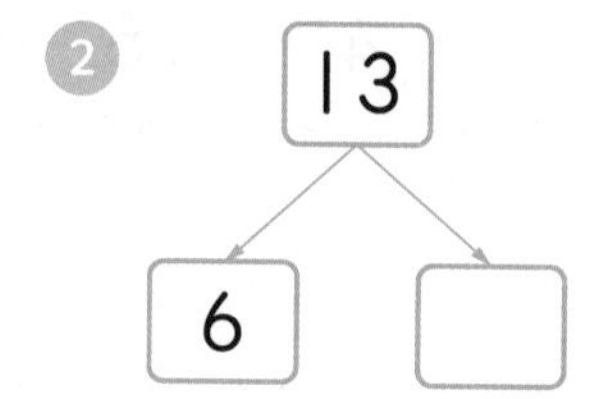

30초 개념

(몇)+(몇)의 계산은 (몇)에서 다른 수를 이어 세기 하여 두 수를 더해요.

9+2의 계산

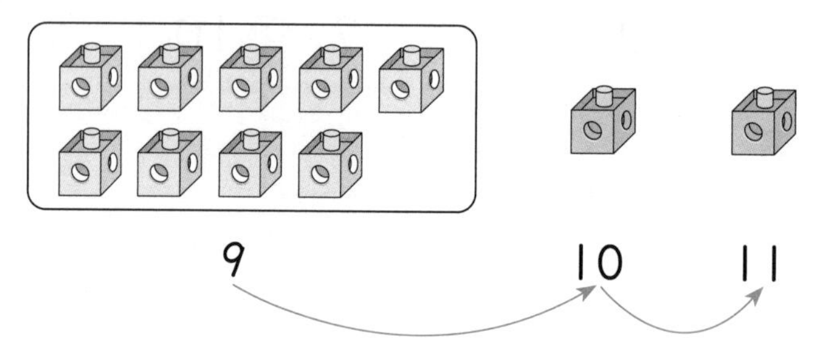

연결큐브(모형) 9개에 2개가 더 있으므로 이어 세기 하면 9, 10, 11이에요.

$$9+2=11$$

9+2에서 두 수를 바꾸어 2+9를 계산해도 결과는 같아요.

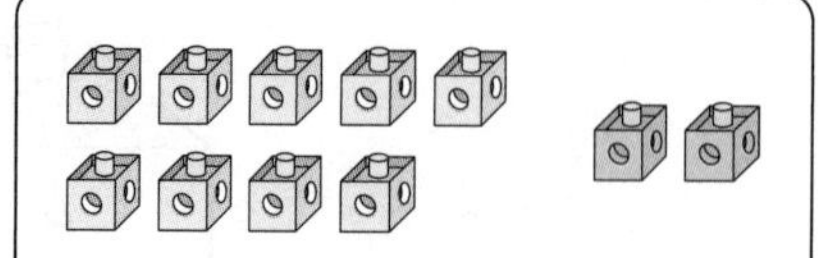

$9+2=11$

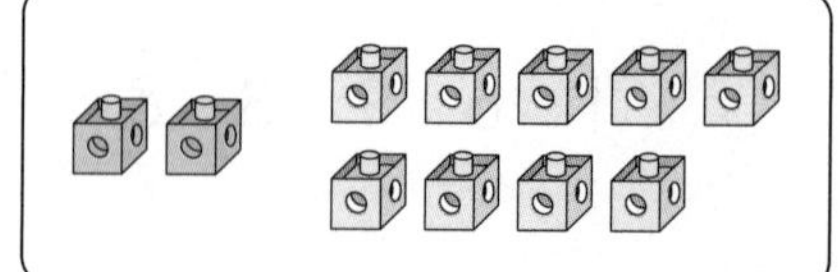

$2+9=11$

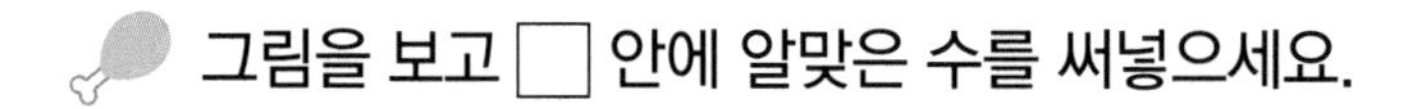

그림을 보고 □ 안에 알맞은 수를 써넣으세요.

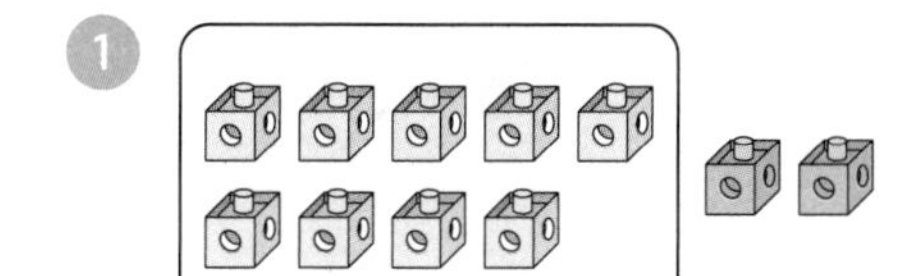

① $9+2=\square$

② $5+5=\square$

③ $8+3=\square$

④ $5+6=\square$

⑤ $7+5=\square$

⑥ $6+6=\square$

⑦ $7+6=\square$

⑧ $9+6=\square$

⑨ $6+5=\square$

⑩ $8+7=\square$

개념 다지기

그림을 보고 □ 안에 알맞은 수를 써넣으세요.

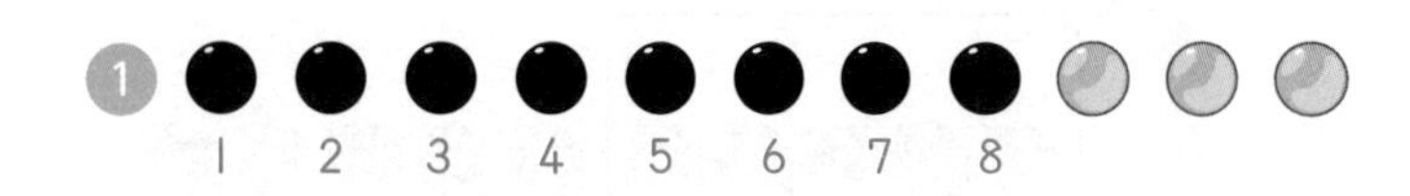

❶ $8+3=$ □

❷ (1 2 3 4 5 6 7) $7+5=$ □

❸ (1 2 3 4 5 6 7 8 9) $9+4=$ □

❹ (1 2 3 4 5 6) $6+5=$ □

❺ (2) $2+9=$ □

❻ (6) $6+7=$ □

❼ (3) $3+9=$ □

❽ (7) $7+8=$ □

 그림을 보고 알맞은 덧셈식을 쓰세요.

1 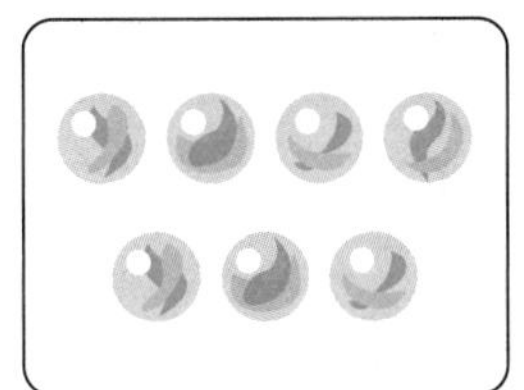 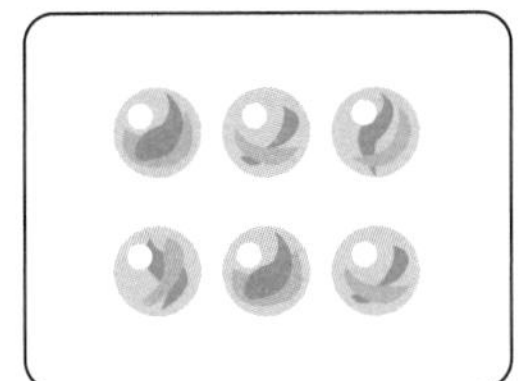

덧셈식 ______________________

2 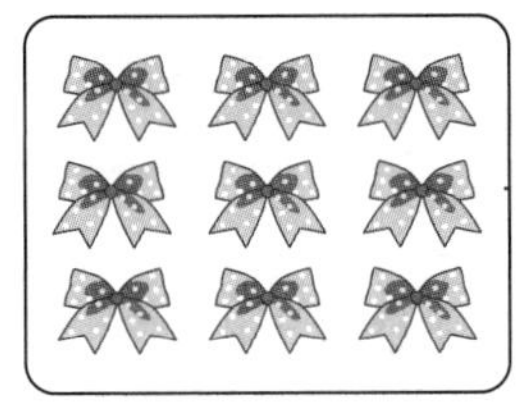 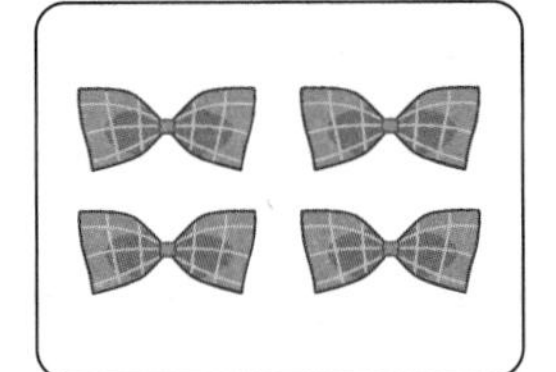

덧셈식 ______________________

3  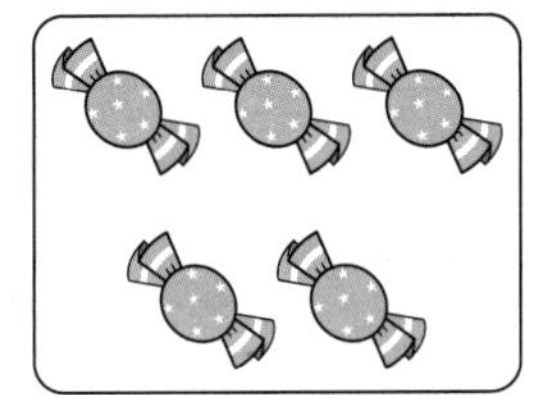

덧셈식 ______________________

4  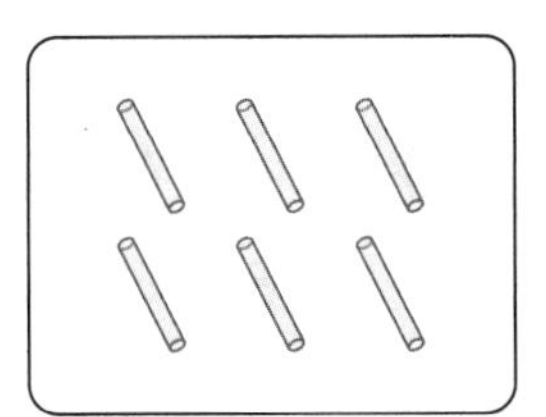

덧셈식 ______________________

도전해 보세요

1 빈칸에 알맞은 수를 써넣으세요.

+	6	8
7		
9		

2 □ 안에 알맞은 수를 써넣으세요.

(1) $3+\square=10$

(2) $10-4=\square$

22 10이 되는 더하기, 10에서 빼기

- 1-1-5 50까지의 수 (10이 되는 모으기와 가르기)
- 1-2-2 덧셈과 뺄셈 (1) (10이 되는 더하기, 10에서 빼기)
- 1-2-2 덧셈과 뺄셈 (1) (앞뒤의 두 수로 10을 만들어 더하기)

?! 기억해 볼까요?

빈 곳에 알맞은 수를 써넣으세요.

❶ 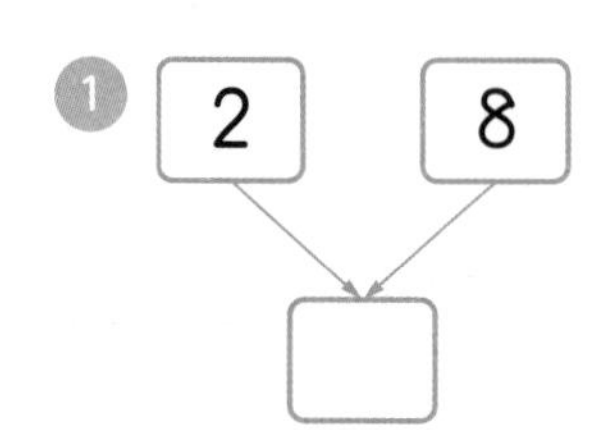

❷ 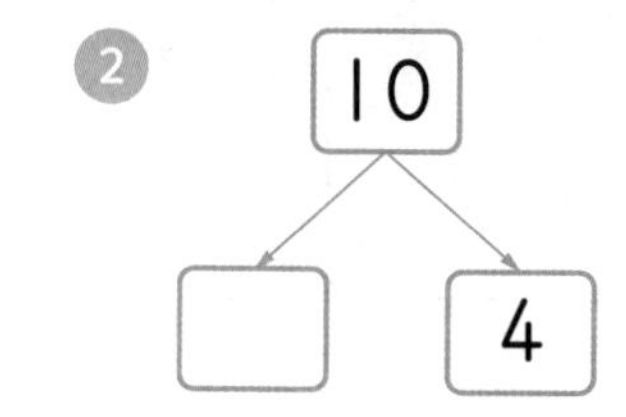

30초 개념

두 수를 더해 10이 되게 하거나 10에서 어떤 수를 빼는 것은 10이 되는 모으기, 10 가르기와 같아요.

10이 되는 더하기

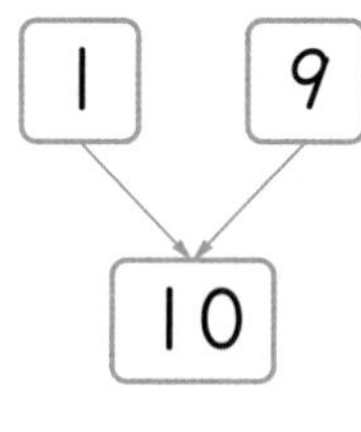

1+9=10
9+1=10

2+8=10
8+2=10

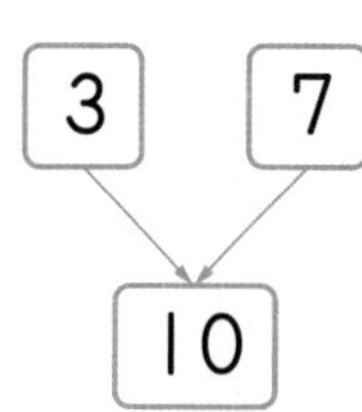

3+7=10
7+3=10

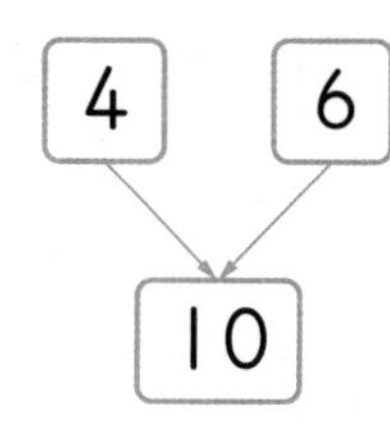

4+6=10
6+4=10

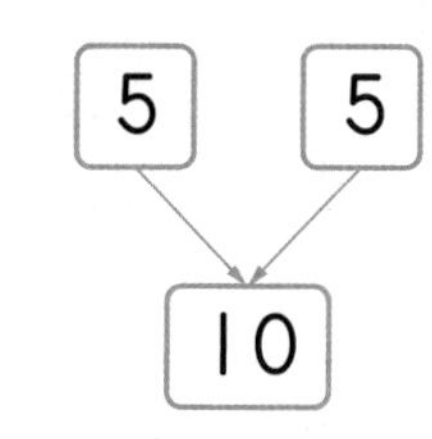

5+5=10

10에서 빼기

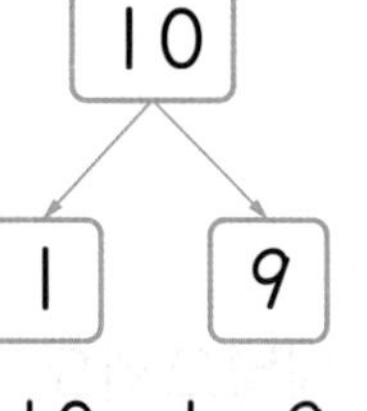

10−1=9
10−9=1

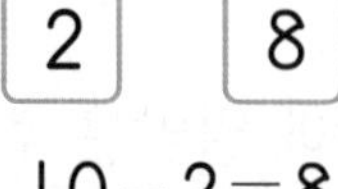

10−2=8
10−8=2

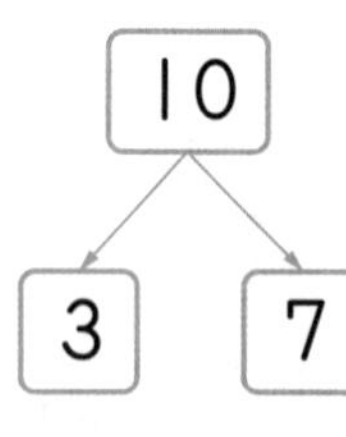

10−3=7
10−7=3

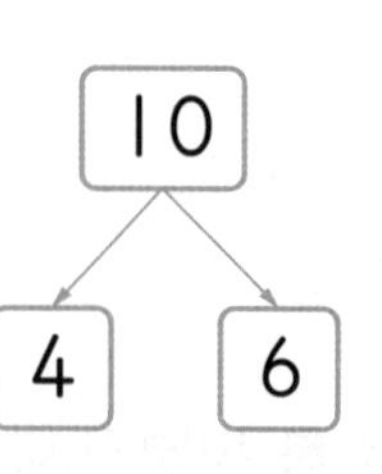

10−4=6
10−6=4

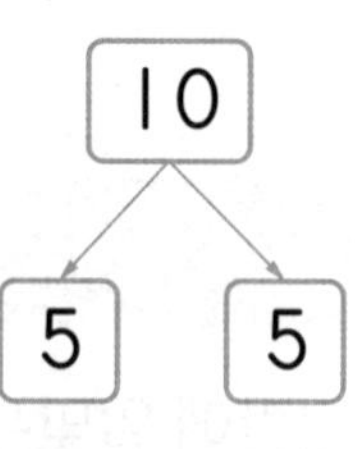

10−5=5

그림을 보고 □ 안에 알맞은 수를 써넣으세요.

1
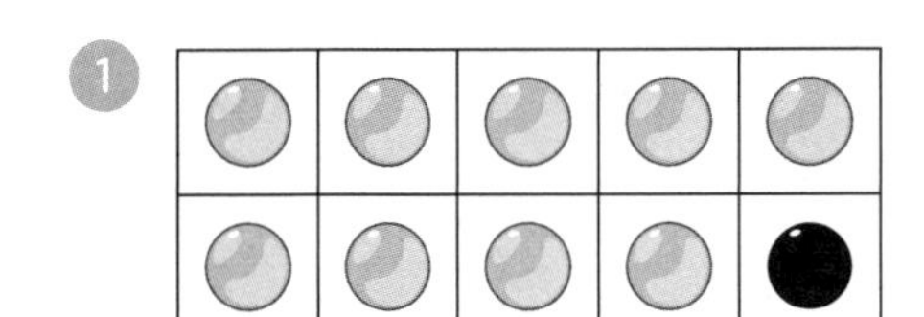

$9+\square=10$

2
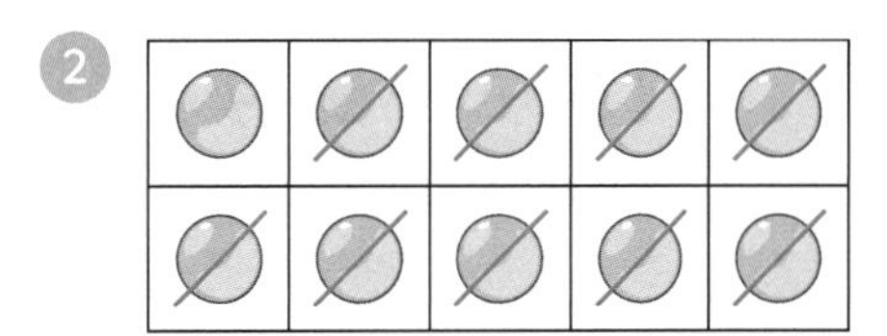

$10-\square=1$

3
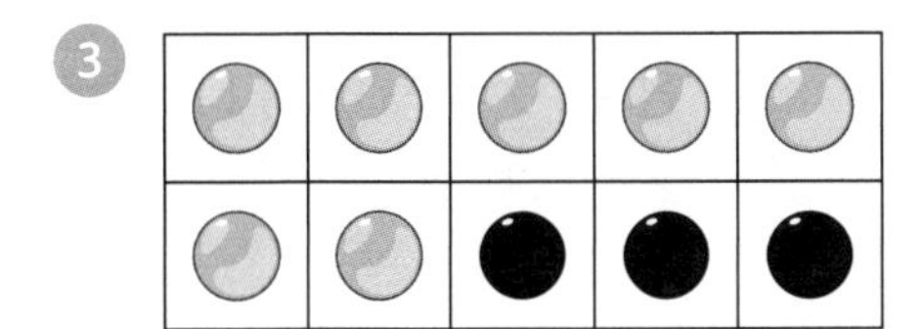

$7+\square=10$

4
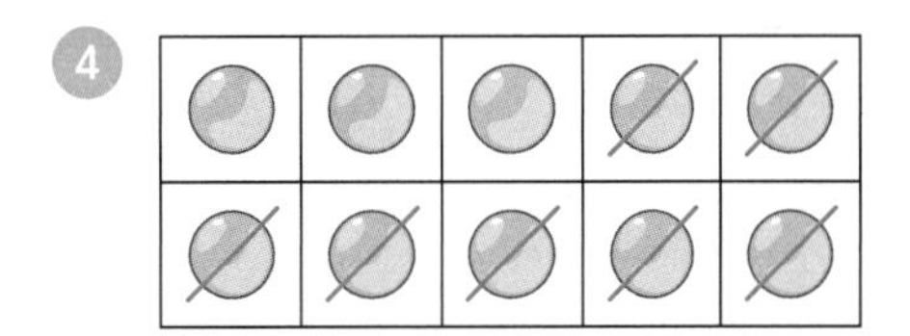

$10-\square=3$

5
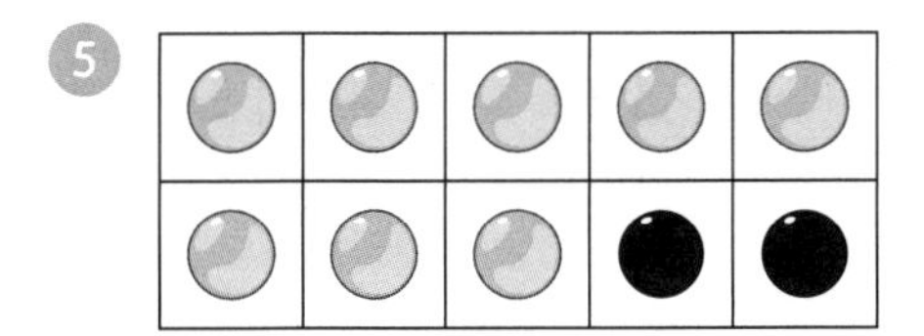

$8+\square=10$

6
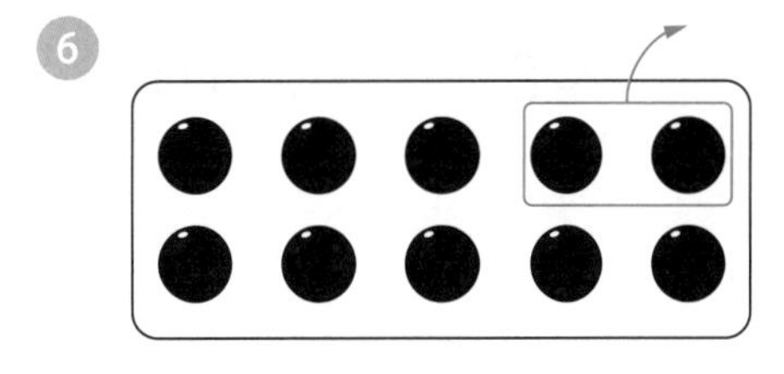

$10-\square=8$

7
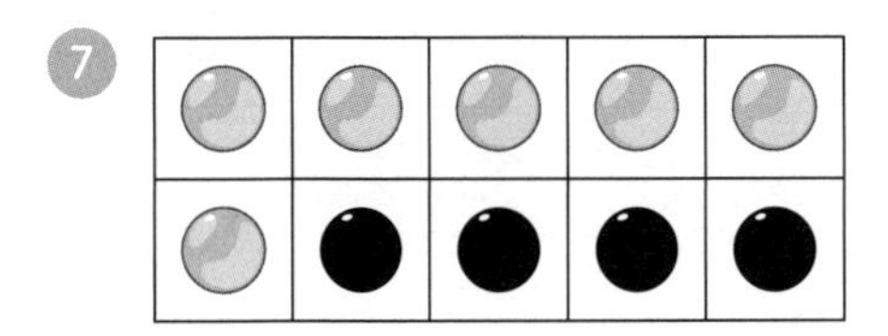

$6+\square=10$

8
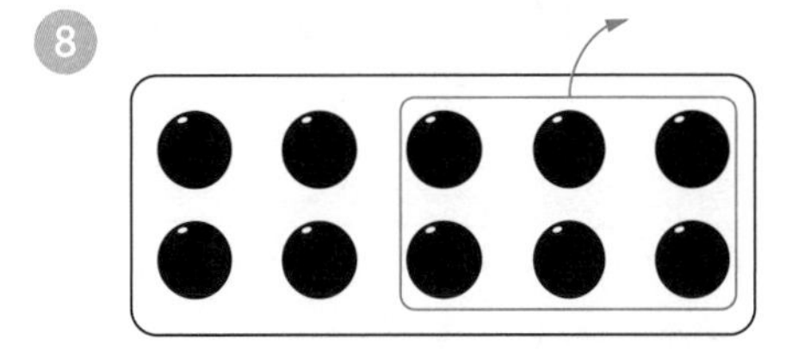

$10-\square=4$

9
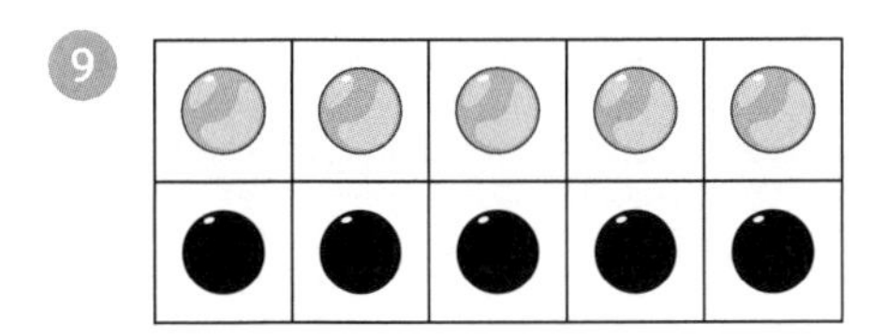

$5+\square=10$

10
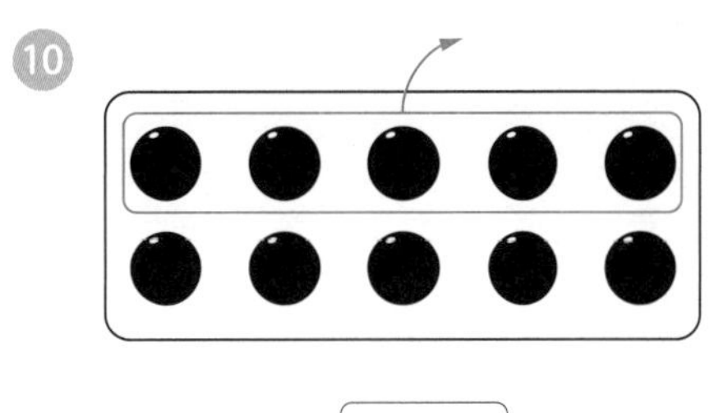

$10-\square=5$

개념 다지기

□ 안에 알맞은 수를 써넣으세요.

① $1+\square=10$　② $9+\square=10$　③ $10-\square=9$

④ $10-\square=1$　⑤ $2+\square=10$　⑥ $8+\square=10$

⑦ $10-\square=8$　⑧ $10-\square=2$　⑨ $3+\square=10$

⑩ $7+\square=10$　⑪ $10-\square=7$　⑫ $10-\square=3$

⑬ $5+\square=10$　⑭ $10-\square=5$　⑮ $4+\square=10$

⑯ $6+\square=10$　⑰ $10-\square=6$　⑱ $10-\square=4$

개념 키우기

모으기와 가르기를 보고 알맞은 덧셈식이나 뺄셈식을 모두 쓰세요.

1

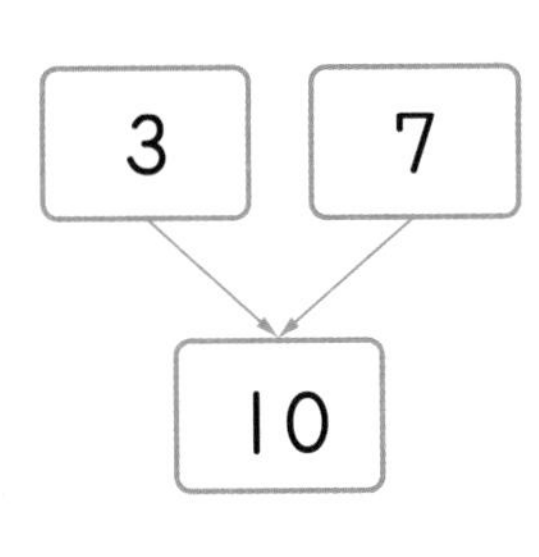

덧셈식 ______________________

2

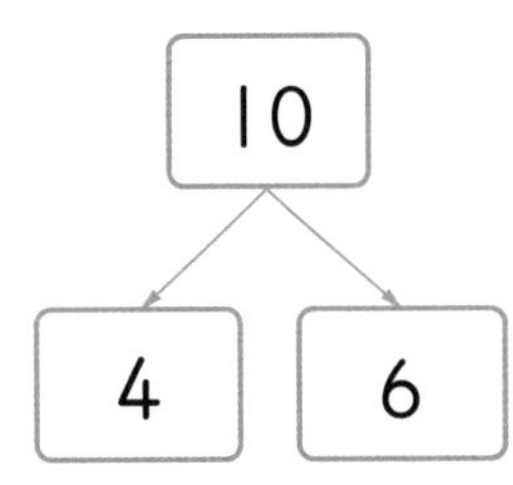

뺄셈식 ______________________

3

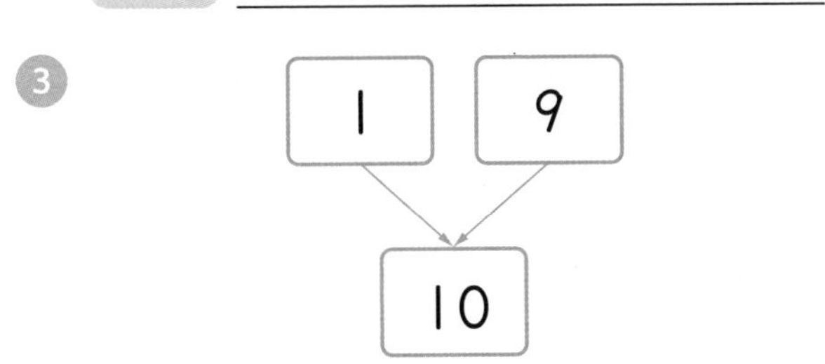

덧셈식 ______________________

4

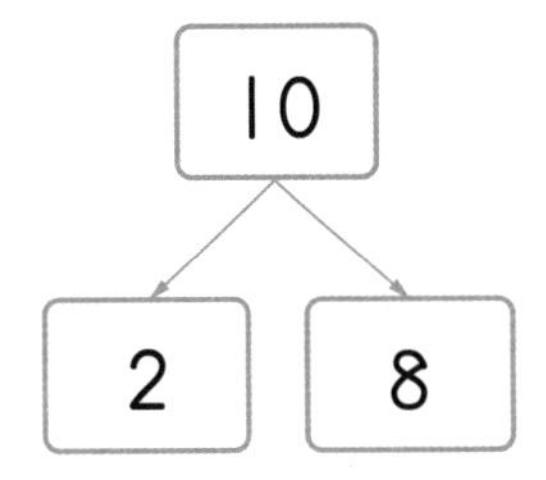

뺄셈식 ______________________

5

덧셈식 ______________________

6

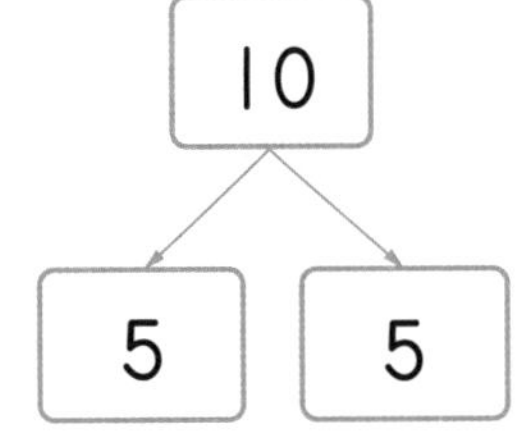

뺄셈식 ______________________

도전해 보세요

빈 곳에 알맞은 수를 써넣으세요.

1

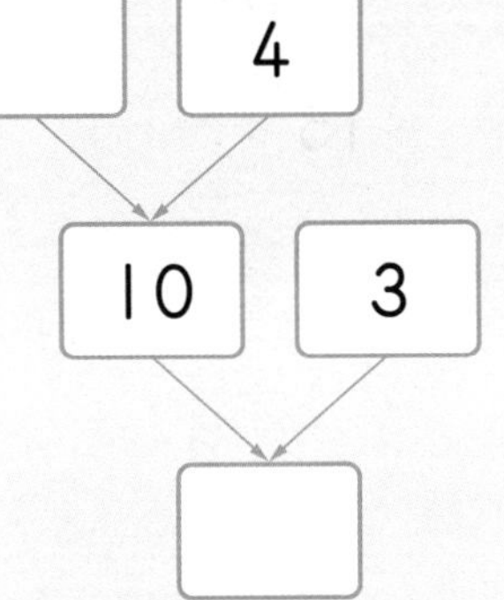

2

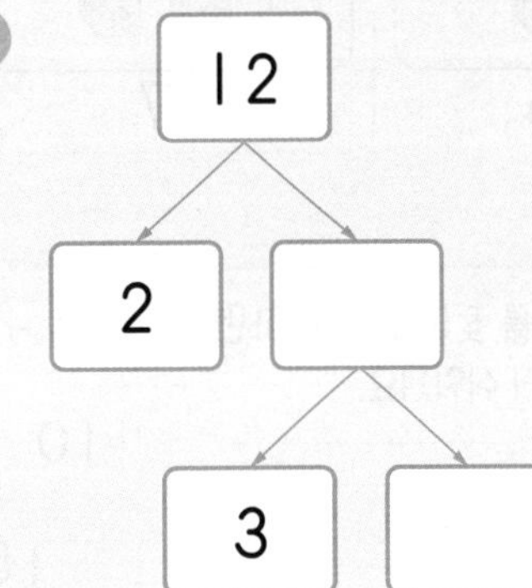

23 두 수의 합이 10인 세 수의 덧셈

기억해 볼까요?

빈 곳에 알맞은 수를 써넣으세요.

① $1+\square=10$

② $3+\square=10$

③ $9+\square=10$

④ $7+\square=10$

30초 개념

세 수의 덧셈은 합이 10이 되는 두 수를 찾아 먼저 더한 다음, 남은 한 수를 더하면 쉽게 계산할 수 있어요. 이때 (십)+(몇)이 되므로 세 수의 덧셈은 십몇이 돼요.

$6+4+3$의 계산(앞의 두 수의 합이 10인 경우)
$6+4+3$에서 합이 10이 되는 두 수는 6과 4예요.

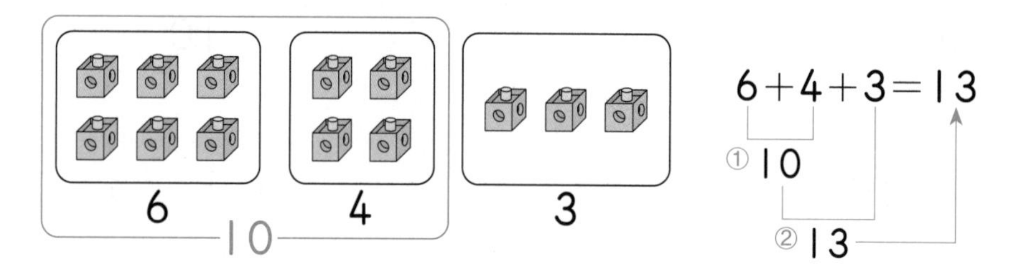

$5+7+3$의 계산(뒤의 두 수의 합이 10인 경우)
$5+7+3$에서 합이 10이 되는 두 수는 7과 3이에요.

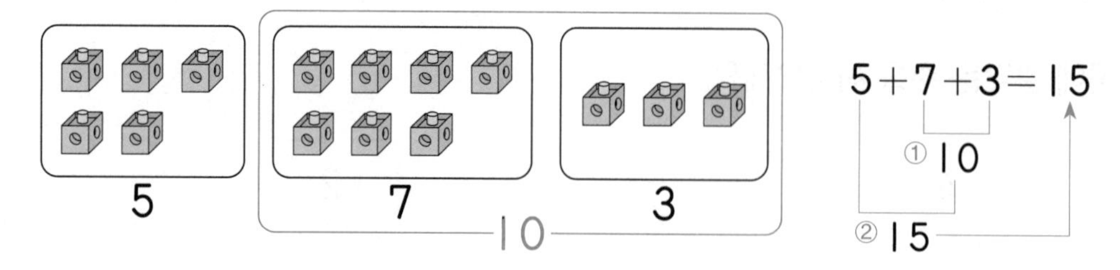

□ 안에 알맞은 수를 써넣으세요.

❶ $1+9+2=$ □

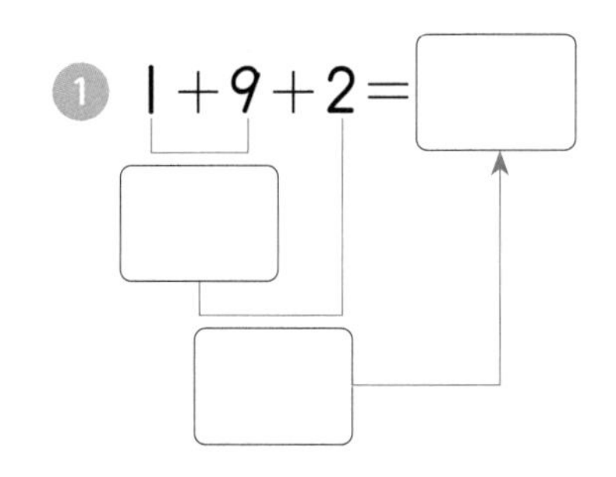

❷ $3+7+4=$ □

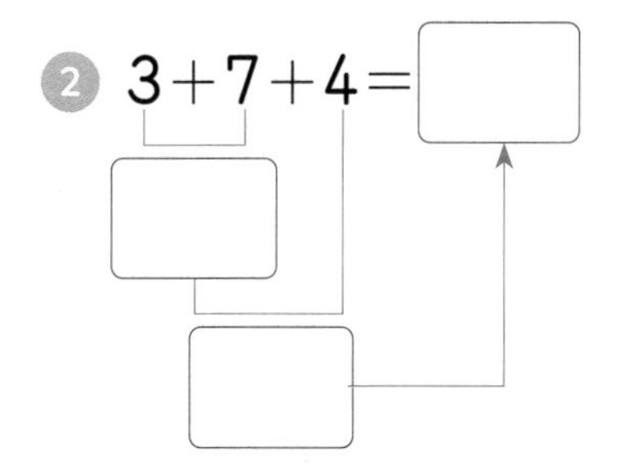

❸ $4+6+6=$ □

❹ $2+8+7=$ □

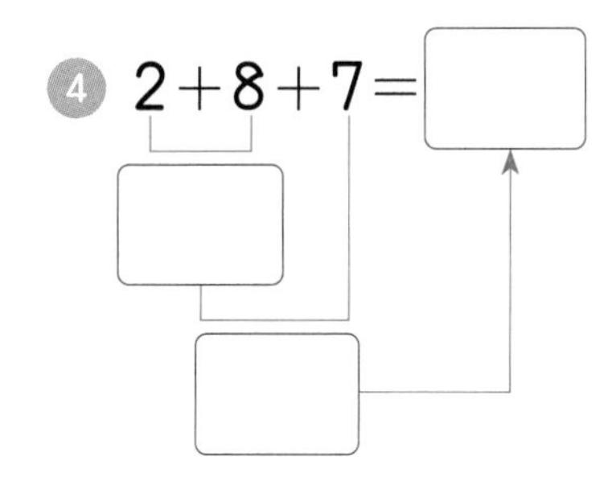

❺ $6+5+5=$ □

❻ $2+3+7=$ □

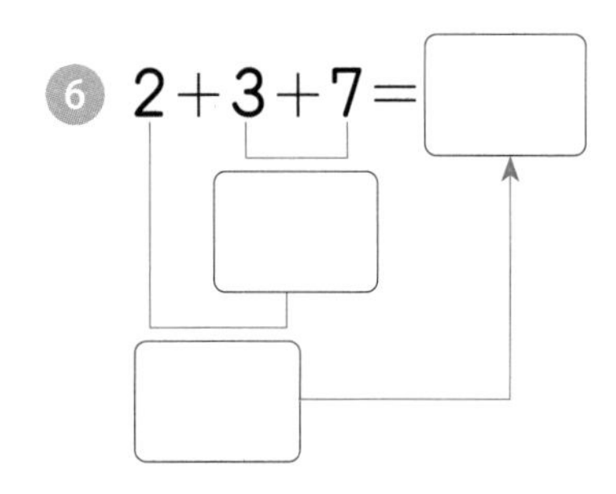

❼ $4+9+1=$ □

❽ $5+8+2=$ □

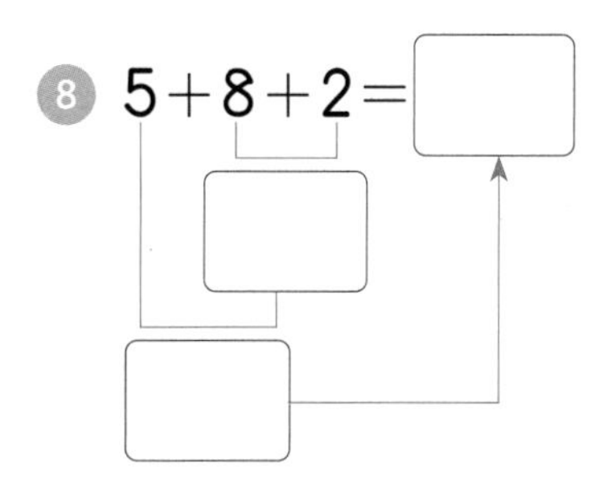

개념 다지기

 세 수의 덧셈을 하세요.

❶ $1+9+4=$ □

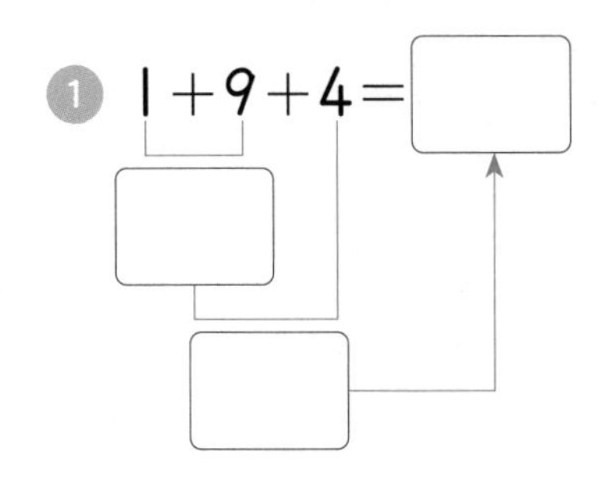

❷ $2+8+3=$ □

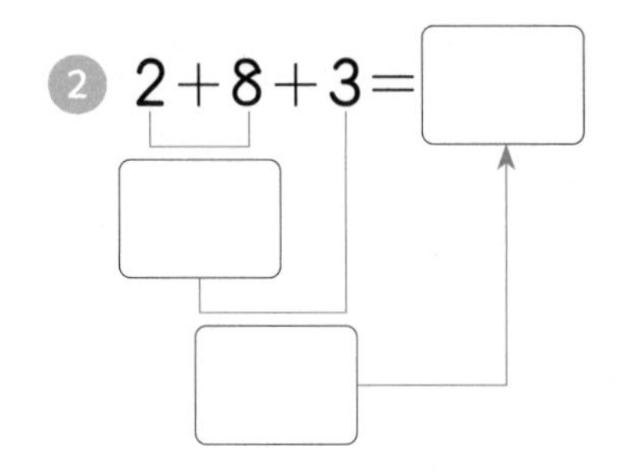

❸ $3+7+6=$ □

❹ $6+4+5=$ □

❺ $5+5+5=$

❻ $4+6+2=$

❼ $7+3+5=$

❽ $8+2+6=$

❾ $9+1+7=$

❿ $5+5+8=$

⓫ $6+4+8=$

⓬ $7+3+9=$

세 수의 덧셈을 하세요.

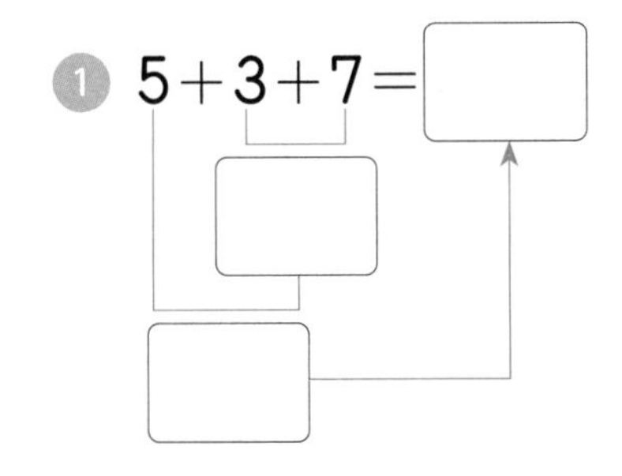

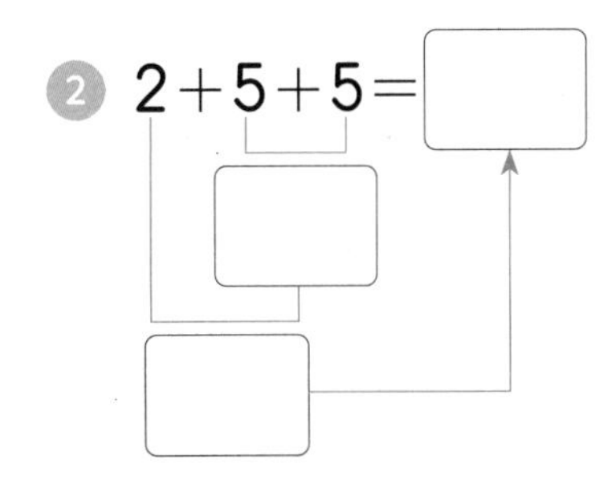

③ $4+2+8=$

④ $3+1+9=$

⑤ $7+5+5=$

⑥ $1+4+6=$

⑦ $6+7+3=$

⑧ $8+8+2=$

⑨ $5+9+1=$

⑩ $6+6+4=$

⑪ $7+3+7=$

⑫ $9+5+5=$

앞의 두 수가 10이 되는 세 수의 덧셈식을 만들어 계산하세요.

1. 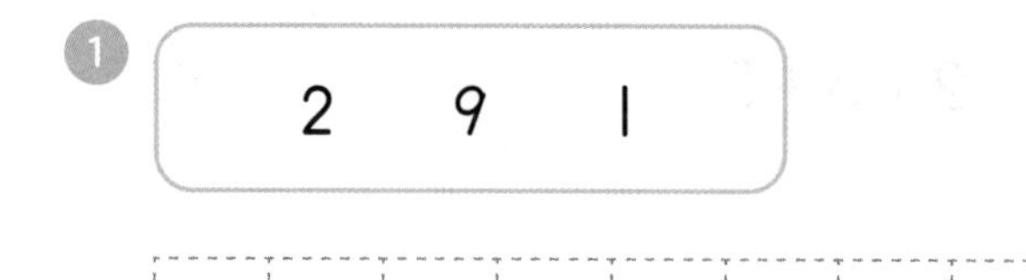

9 + 1 + 2 =

2. 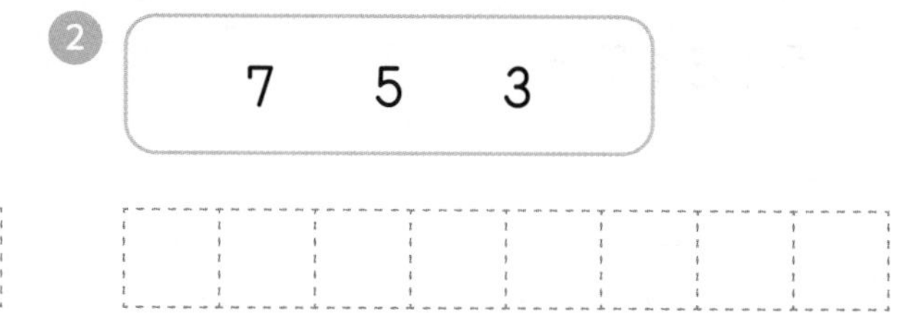

3. 9 6 4

4. 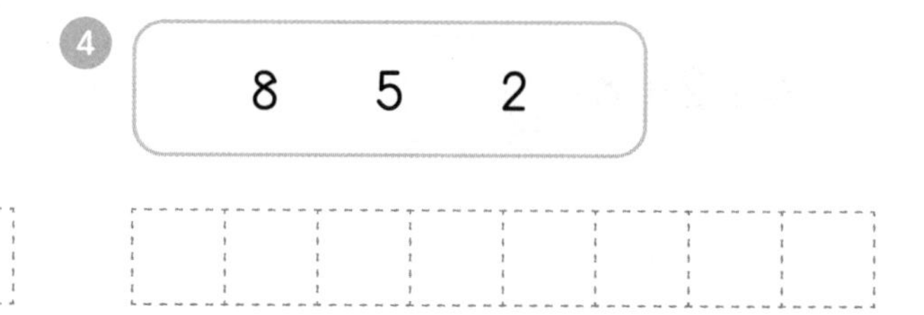

뒤의 두 수가 10이 되는 세 수의 덧셈식을 만들어 계산하세요.

5. 6 8 4

6. 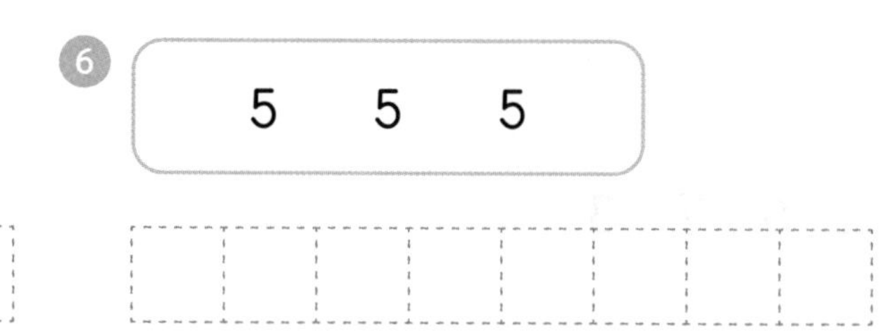

7. 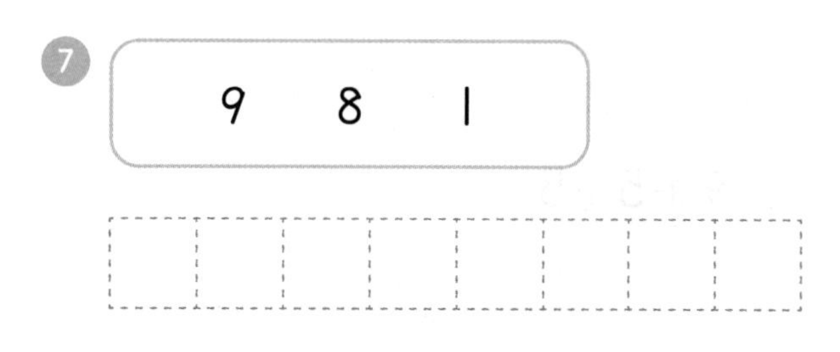

8. 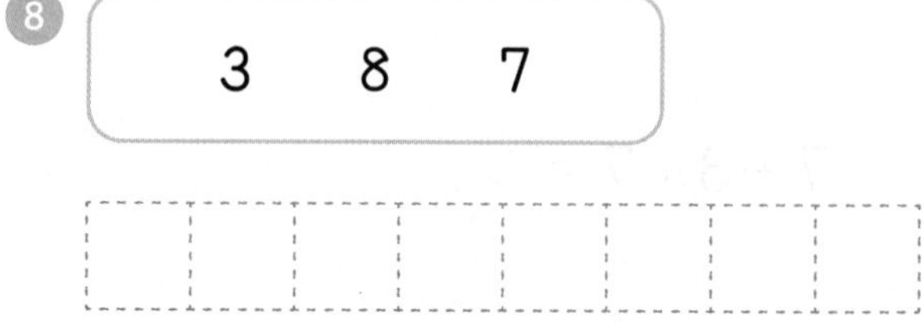

개념 키우기

세 수의 덧셈을 하세요.

❶ $2+8+5=$

❷ $6+4+8=$

❸ $7+9+1=$

❹ $3+3+7=$

❺ $5+7+5=$

❻ $2+6+8=$

❼ $1+8+9=$

❽ $4+2+6=$

❾ $7+9+3=$

❿ $8+3+2=$

도전해 보세요

❶ 장미 2송이, 튤립 5송이, 민들레 8송이가 있습니다. 꽃은 모두 몇 송이일까요?

( )송이

❷ 하늘이가 과자를 어제 3개, 오늘 7개 먹었더니 8개가 남았습니다. 과자는 처음에 몇 개 있었을까요?

( )개

24 가르기 하여 덧셈하기

- 1-2-4 덧셈과 뺄셈 (2) (10이 되는 모으기와 가르기)
- 1-2-4 덧셈과 뺄셈 (2) (가르기 하여 덧셈하기)
- 2-1-3 덧셈과 뺄셈 ((두 자리 수)+(한 자리 수))

기억해 볼까요?

빈 곳에 알맞은 수를 써넣으세요.

1 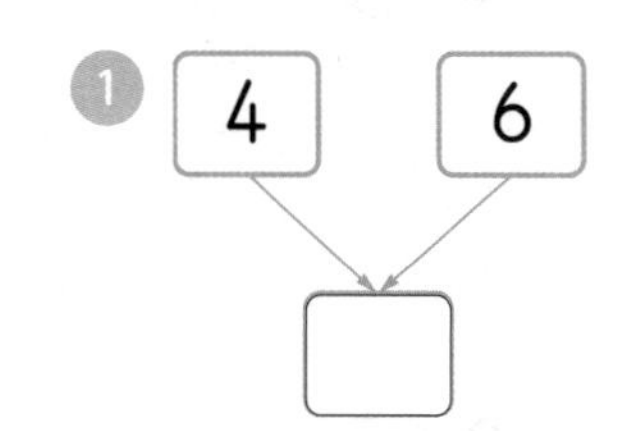

2 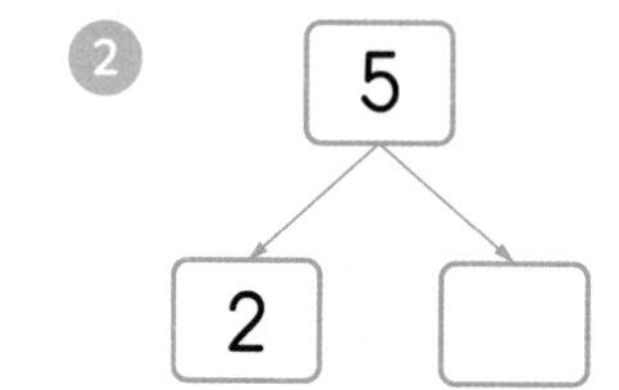

30초 개념

(몇)+(몇)의 계산은 2가지 방법으로 가르기 하여 덧셈해요.

7+6의 계산

방법1 뒤에 있는 수를 가르기 하여 덧셈해요.

① 7+(몇)=10이 되는 '몇'을 생각해요.

② 6을 '몇'과 다른 수로 가르기 해요.

③ 7과 6을 가르기 한 수를 더해서 10을 만들어요.

④ 10과 남은 수를 더해요.

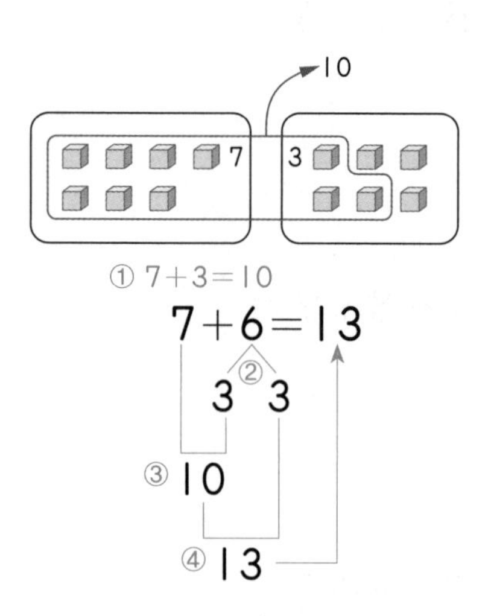

방법2 앞에 있는 수를 가르기 하여 덧셈해요.

① (몇)+6=10이 되는 '몇'을 생각해요.

② 7을 '몇'과 다른 수로 가르기 해요.

③ 7을 가르기 한 수와 6을 더해서 10을 만들어요.

④ 남은 수와 10을 더해요.

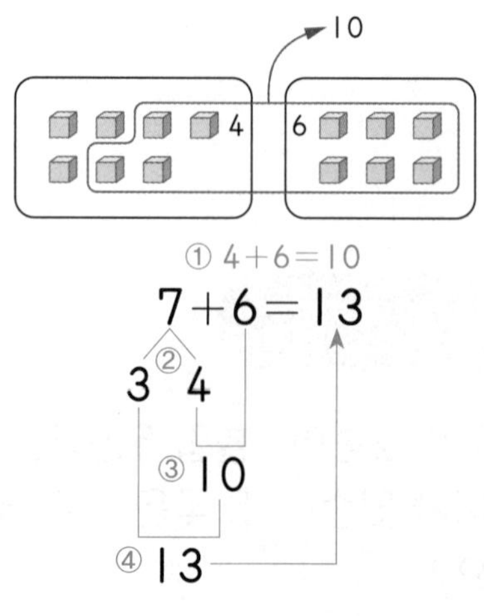

개념 익히기

월 일 ☆☆☆☆☆

□ 안에 알맞은 수를 써넣으세요.

① $6+8=\square$

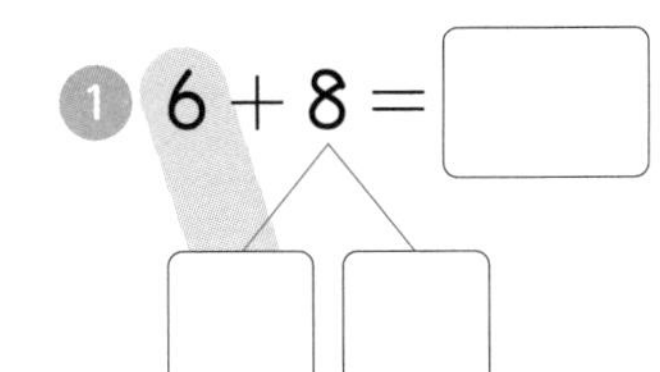

② $3+9=\square$

③ $8+5=\square$

④ $5+9=\square$

⑤ $7+8=\square$

⑥ $4+7=\square$

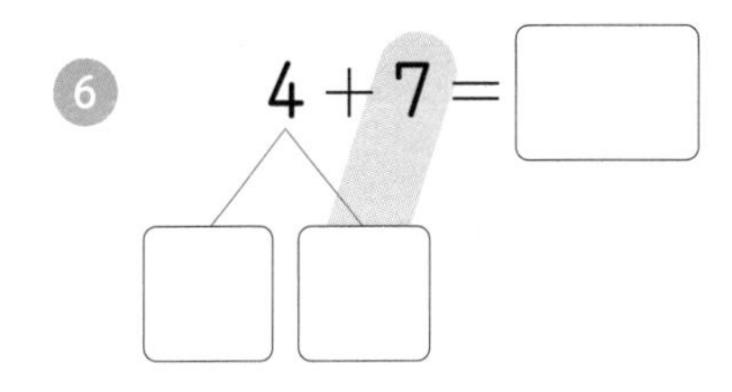

⑦ $6+9=\square$

⑧ $5+7=\square$

⑨ $2+9=\square$

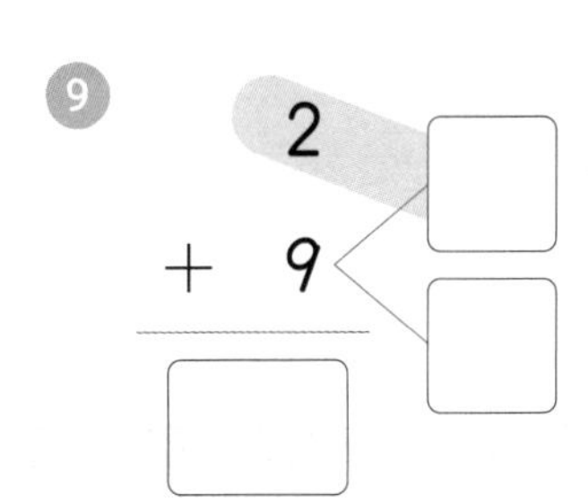

⑩ $4+8=\square$

⑪ $3+8=\square$

⑫ $5+6=\square$

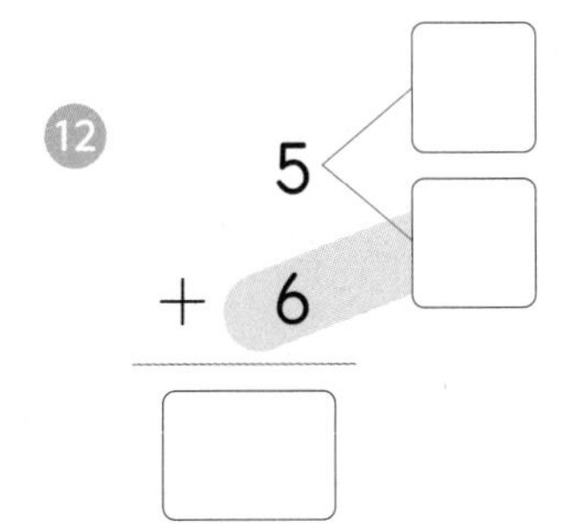

⑬ $8+8=\square$

⑭ $6+7=\square$

⑮ $4+9=\square$

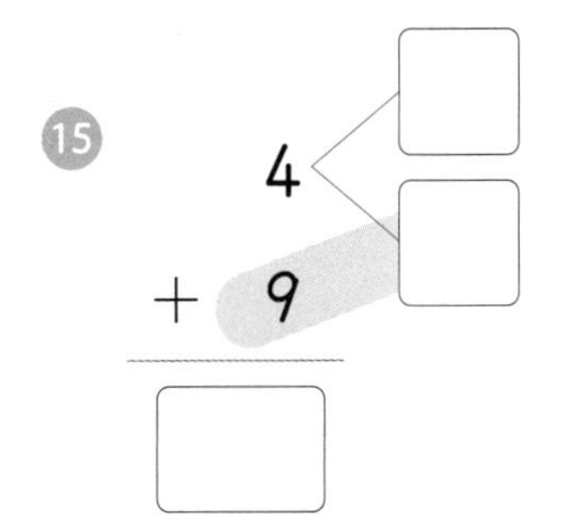

개념 다지기

 식을 쓰고 뒤의 수를 가르기 하여 계산하세요.

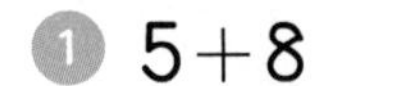

① 5+8

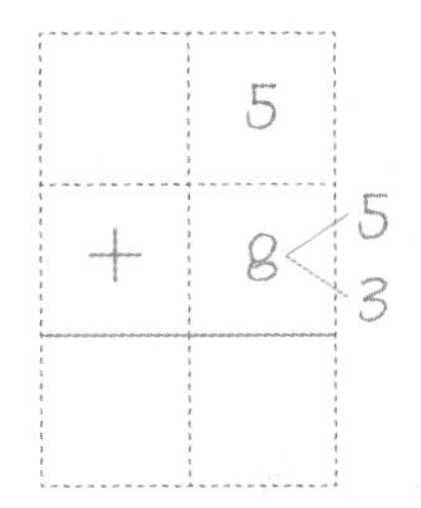

② 7+6

③ 9+3

④ 2+9

⑤ 4+7

⑥ 6+8

식을 쓰고 앞의 수를 가르기 하여 계산하세요.

⑦ 8+7

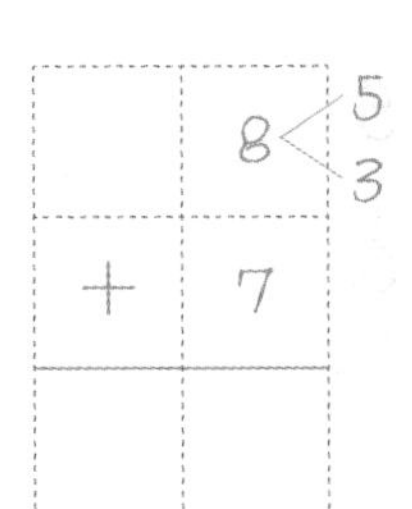

⑧ 5+9

⑨ 6+7

⑩ 7+5

⑪ 3+8

⑫ 9+4

개념 키우기

계산 결과가 같은 것끼리 선으로 이어 보세요.

7+8 •	• 8+6
4+7 •	• 9+6
5+8 •	• 6+7
16−2 •	• 10+1

도전해 보세요

비아초등학교 운동회 피구 결승전에 오른 두 팀 중에서 청팀은 남학생 5명, 여학생 7명이고 백팀은 남학생 6명, 여학생 6명입니다. 물음에 답하세요.

1. 청팀은 모두 몇 명일까요?

( )명

2. 백팀은 모두 몇 명일까요?

( )명

3. 두 팀의 남학생은 모두 몇 명일까요?

( )명

4. 두 팀의 여학생은 모두 몇 명일까요?

( )명

25 뒤에 있는 수를 가르기 하여 뺄셈하기

- 1-2-4 덧셈과 뺄셈 (2) (십몇 모으기와 가르기)
- 1-2-4 덧셈과 뺄셈 (2) (뒤에 있는 수를 가르기 하여 뺄셈하기)
- 2-1-3 덧셈과 뺄셈 ((두 자리 수)-(한 자리 수))

기억해 볼까요?

빈 곳에 알맞은 수를 써넣고 뺄셈을 하세요.

❶ 15 → 10, □

❷ $9-3-2=$

❸ $13-3=$

30초 개념

(십몇)−(몇)의 계산은 뒤에 오는 수를 십몇의 몇과 다른 수로 가르기 한 다음 10−(몇)을 이용해요.

12−5의 계산

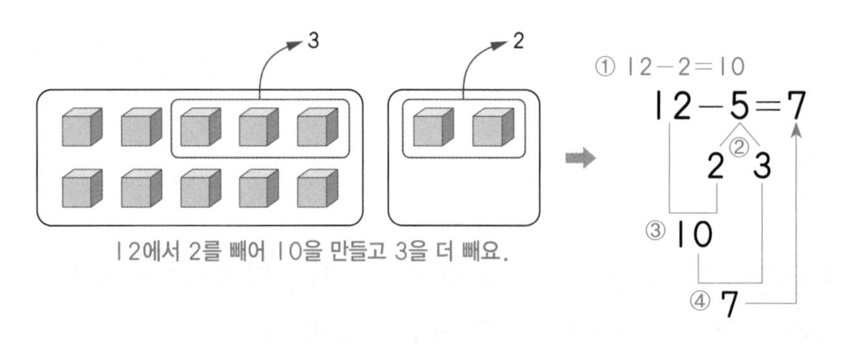

12에서 2를 빼어 10을 만들고 3을 더 빼요.

① 12−(몇)=10이 되는 '몇'을 생각해요. → 12−2=10이니까 '몇'은 2예요.
② 5를 '몇'과 다른 수로 가르기 해요. → 5를 2와 3으로 가르기 해요.
③ 12에서 5를 가르기 한 수를 빼서 10을 만들어요.
④ 10에서 남은 수를 빼요.

 □ 안에 알맞은 수를 써넣으세요.

① $16-8=\square$ (□ □)

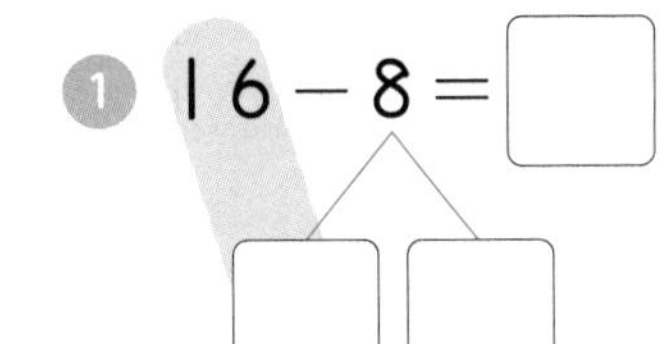

② $15-7=\square$ (□ □)

③ $11-4=\square$ (□ □)

④ $18-9=\square$ (□ □)

⑤ $13-6=\square$ (□ □)

⑥ $14-9=\square$ (□ □)

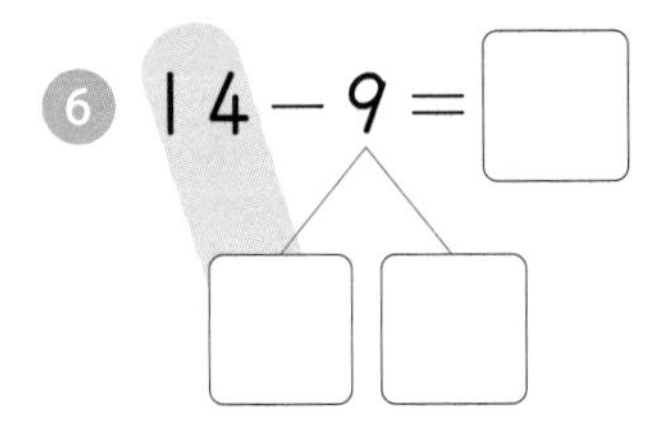

⑦ $16-9=\square$ (9 → □ □)

⑧ $13-7=\square$ (7 → □ □)

⑨ $12-6=\square$ (6 → □ □)

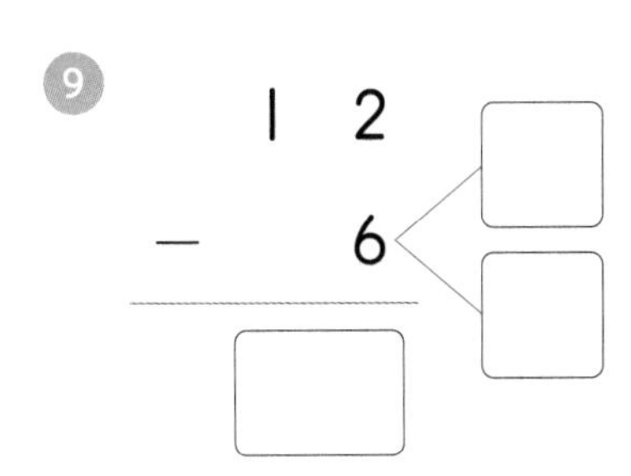

⑩ $14-7=\square$ (7 → □ □)

⑪ $13-4=\square$ (4 → □ □)

⑫ $11-9=\square$ (9 → □ □)

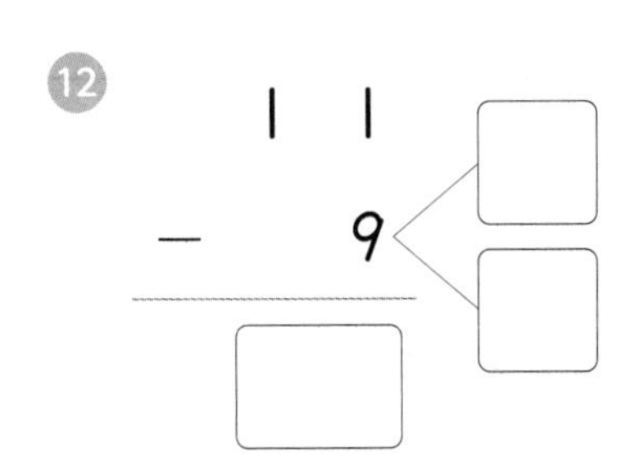

⑬ $15-8=\square$ (8 → □ □)

⑭ $12-9=\square$ (9 → □ □)

⑮ $17-8=\square$ (8 → □ □)

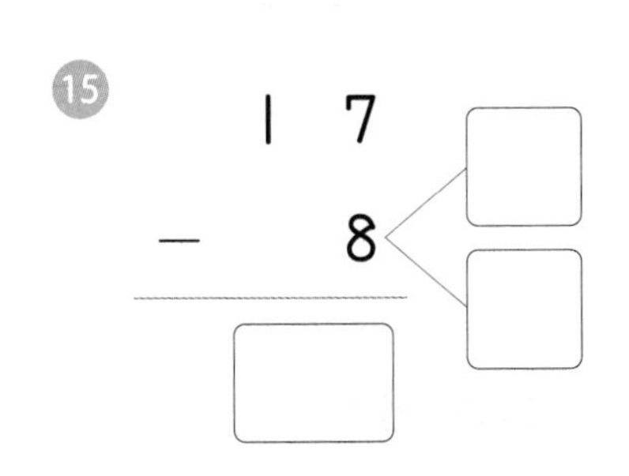

식을 쓰고 뒤의 수를 가르기 하여 계산하세요.

① 11－5

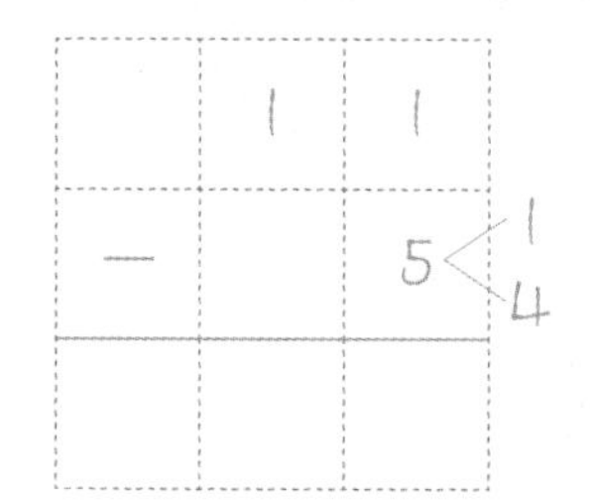

② 14－6

③ 16－7

④ 15－9

⑤ 13－5

⑥ 12－8

⑦ 11－8

⑧ 15－6

⑨ 14－5

⑩ 13－9

⑪ 12－5

⑫ 11－7

⑬ 14－8＝

⑭ 12－3＝

⑮ 13－8＝

❶ 계산 결과가 같은 것끼리 선으로 이어 보세요.

$13-8$ •	• $16-9$
$16-8$ •	• $14-9$
$11-4$ •	• $12-4$
$15-6$ •	• $17-8$

뺄셈을 하세요.

❷ $18-9=$

❸ $11-7=$

❹ $12-5=$

❺ $16-8=$

도전해 보세요

❶ 차가 7이 되는 (십몇)－(몇)을 모두 쓰세요.

____

____

____

❷ □ 안에 들어갈 수 있는 한 자리 수를 모두 쓰세요.

$14-\square<8$

(　　　　　　　　　　)

26 앞에 있는 수를 가르기 하여 뺄셈하기

1-2-4
덧셈과 뺄셈 (2)
(십몇 모으기와 가르기)

1-2-4
덧셈과 뺄셈 (2)
(앞에 있는 수를 가르기 하여 뺄셈하기)

2-1-3
덧셈과 뺄셈
((두 자리 수)-(한 자리 수))

?! 기억해 볼까요?

빈 곳에 알맞은 수를 써넣고 뺄셈을 하세요.

1 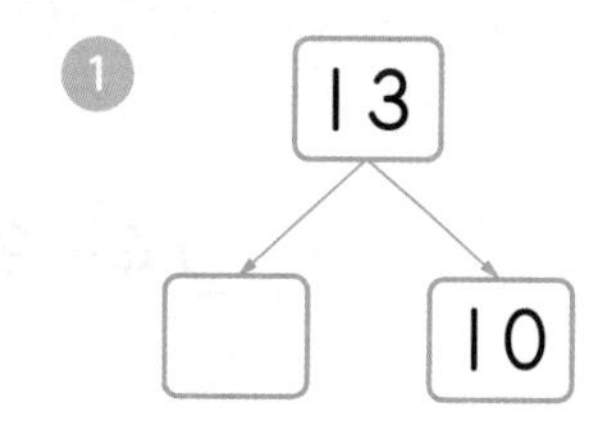

2 7−1−3=

3 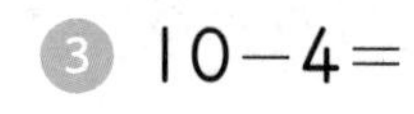
10−4=

30초 개념

(십몇)−(몇)의 계산은 앞에 오는 수를 십과 몇으로 가르기 한 다음 10−(몇)을 이용해요.

12−5의 계산

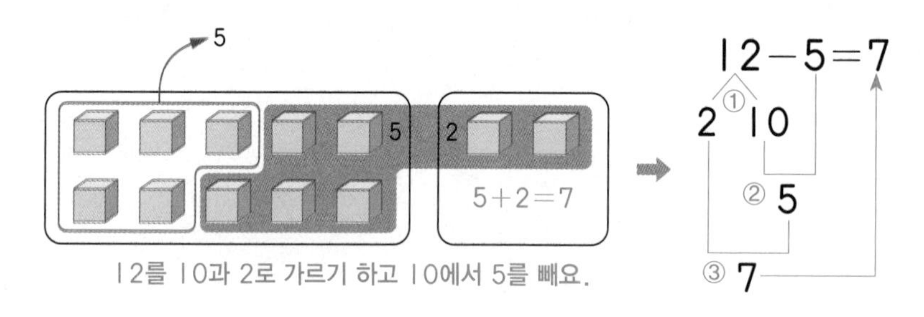

12를 10과 2로 가르기 하고 10에서 5를 빼요.

① 12를 '몇'과 10으로 가르기 해요. → 12는 2와 10으로 가르기 할 수 있으니까 '몇'은 2예요.

② 10에서 5를 빼요.

③ ②에서 계산한 값에 2를 더해요.

②에서 계산한 값과 남은 수를 빼지 않게 조심해요.

□ 안에 알맞은 수를 써넣으세요.

❶ $11-8=\square$

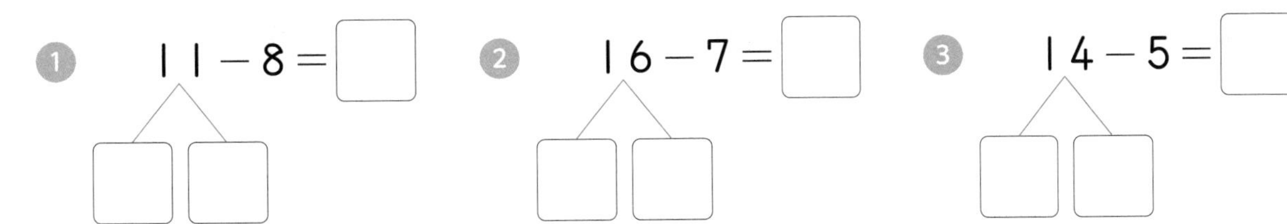

❷ $16-7=\square$

❸ $14-5=\square$

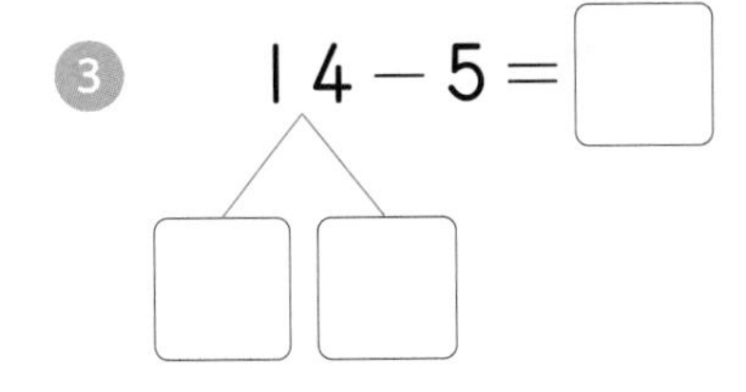

❹ $13-6=\square$

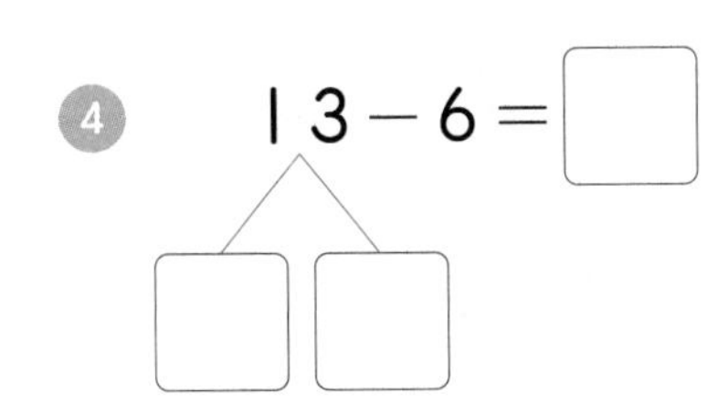

❺ $18-9=\square$

❻ $15-7=\square$

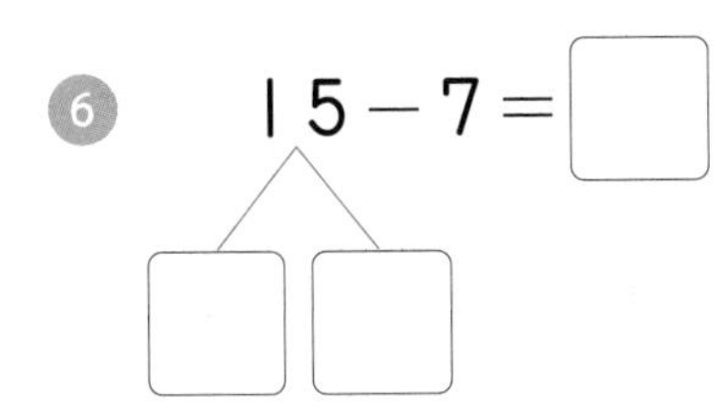

❼ $12-4$

❽ $17-9$

❾ $15-9$

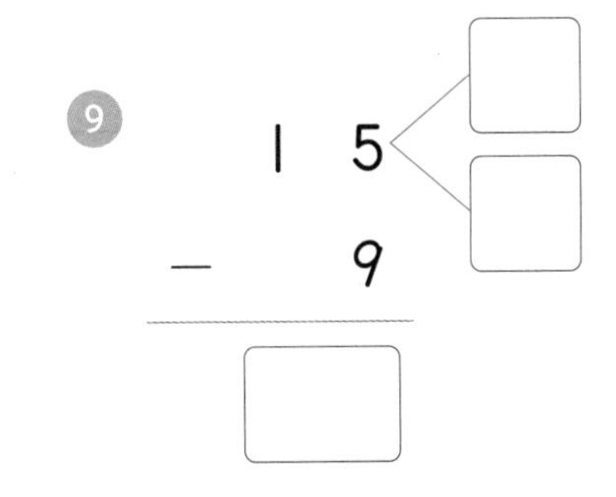

❿ $14-6$

⓫ $13-7$

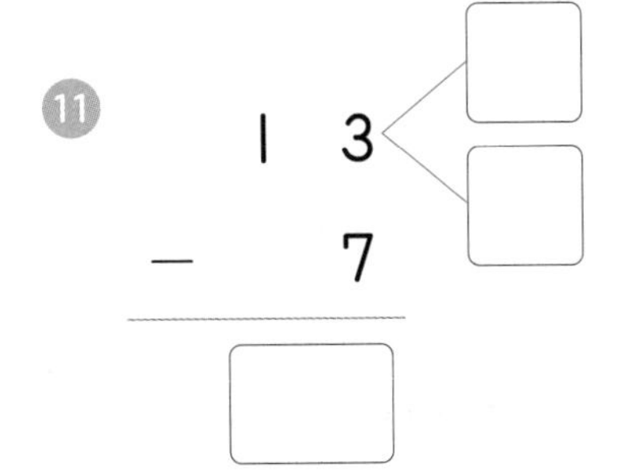

⓬ $16-8$

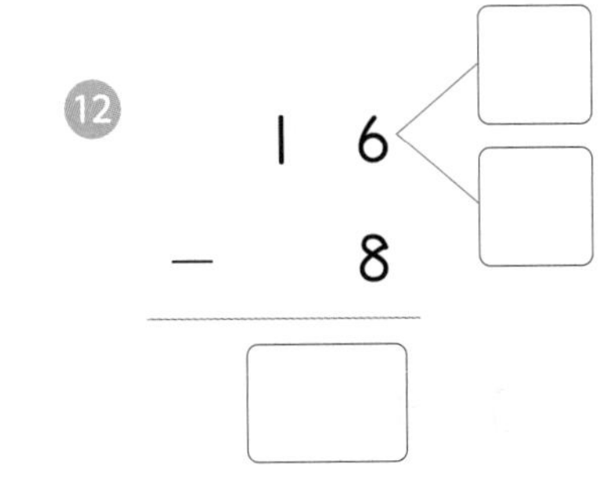

⓭ $11-3$

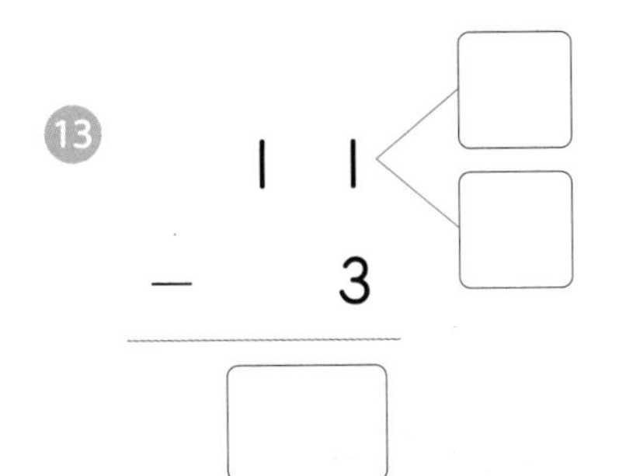

⓮ $12-7$

⓯ $14-8$

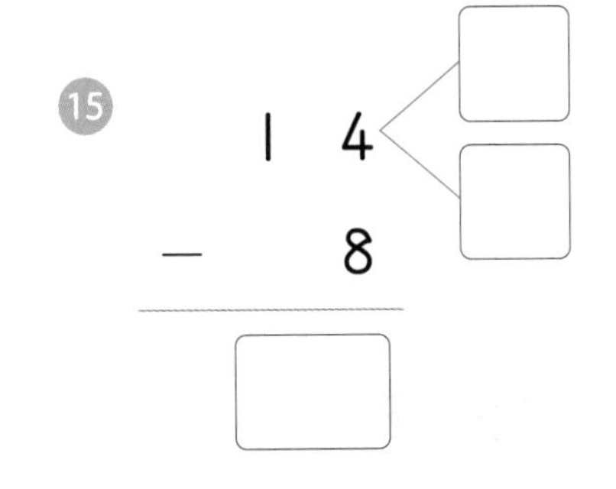

식을 쓰고 앞의 수를 가르기 하여 계산하세요.

① $11-6$

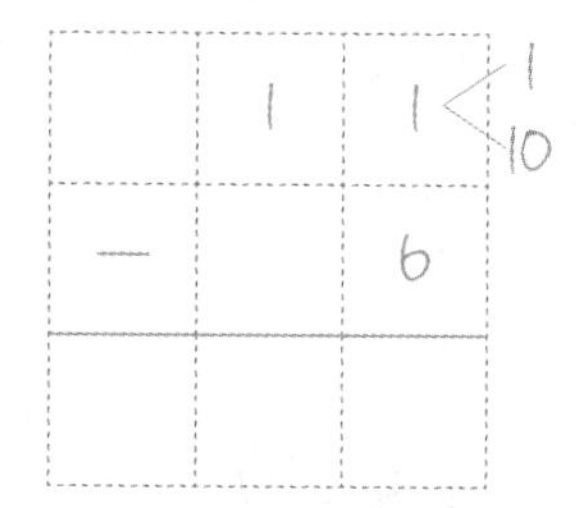

② $14-9$

③ $13-5$

④ $12-6$

⑤ $16-9$

⑥ $15-8$

⑦ $12-9$

⑧ $14-7$

⑨ $11-2$

⑩ $13-8$

⑪ $15-6$

⑫ $11-4$

⑬ $12-5=$

⑭ $13-4=$

⑮ $11-7=$

바르게 뺄셈한 것을 따라 선을 그어 보세요.

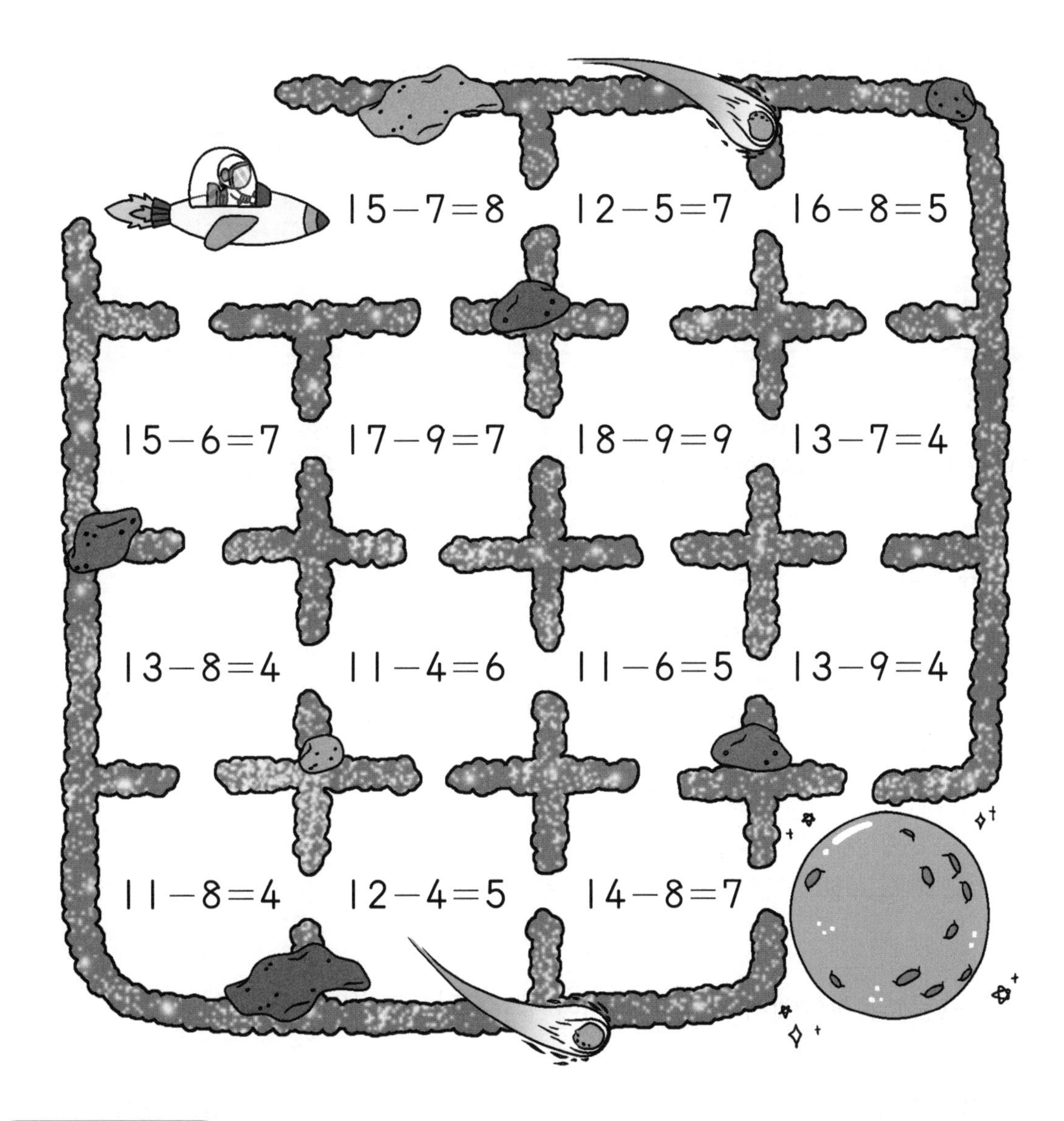

도전해 보세요

지현이는 12살, 수현이는 7살입니다. 물음에 답하세요.

1. 지현이와 수현이는 몇 살 차이일까요?

( )살

2. 내년에 지현이와 수현이는 몇 살 차이가 될까요?

( )살

27 받아올림, 받아내림이 있는 덧셈과 뺄셈

기억해 볼까요?

□ 안에 알맞은 수를 써넣으세요.

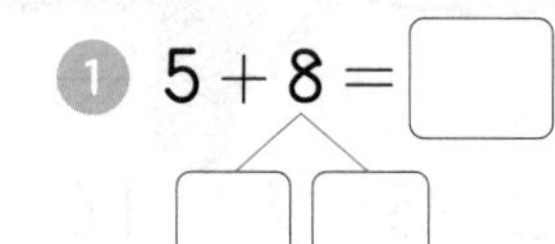

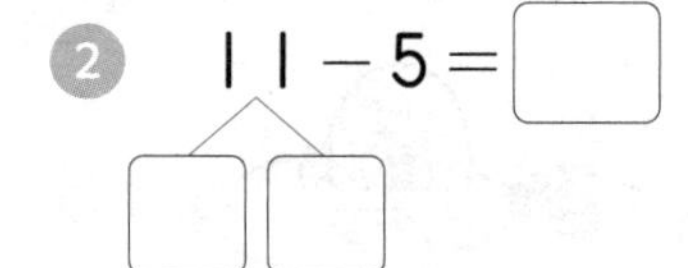

30초 개념

(몇)+(몇)의 계산에서 합이 10보다 클 때는 '받아올림'을 해요.

7+8의 계산

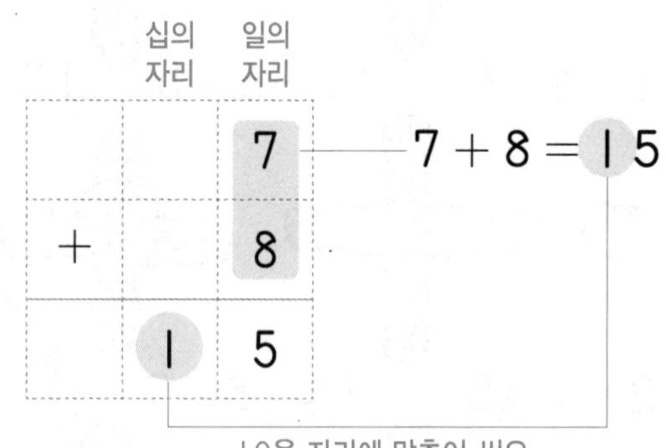

(십몇)−(몇)의 계산에서 일의 자리끼리 뺄 수 없으면 '받아내림'을 해요.

15−7의 계산

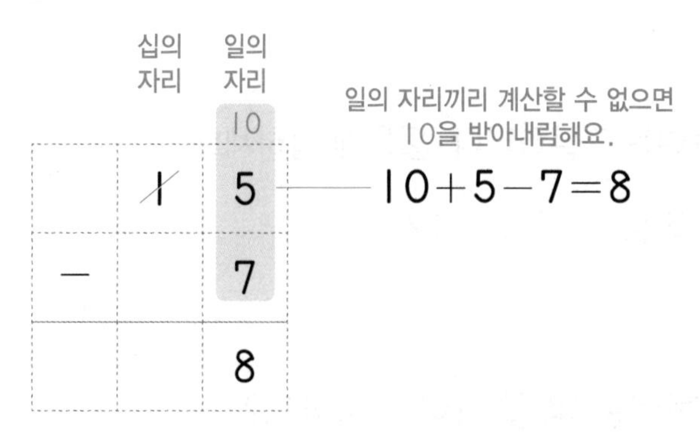

개념 익히기　　월　　일 ☆☆☆☆☆

세로셈으로 나타내어 계산하세요.

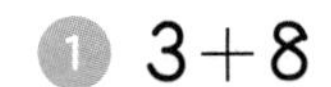

① $3+8$

② $7+6$

③ $5+9$

④ $16-8$

⑤ $11-7$

⑥ $13-5$

⑦ $9+2$

⑧ $6+5$

⑨ $4+7$

⑩ $17-8$

⑪ $15-7$

⑫ $18-9$

⑬ $8+5=$

⑭ $12-7=$

⑮ $14-9=$

계산하세요.

① $11-7=$

② $5+6=$

③ $13-4=$

④ $7+8=$

⑤ $16-9=$

⑥ $3+8=$

⑦ $12-5=$

⑧ $4+7=$

⑨ $15-6=$

⑩ $6+6=$

⑪ $18-9=$

⑫ $9+2=$

⑬ $14-7=$

⑭ $8+7=$

⑮ $17-8=$

⑯ $2+9=$

⑰ $11-8=$

⑱ $6+7=$

세 수를 이용하여 알맞은 덧셈식과 뺄셈식을 만드세요.

❶

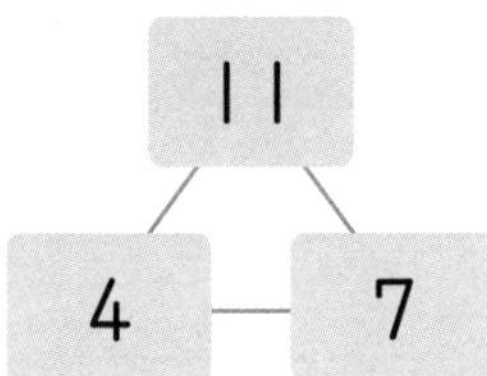

☐ + ☐ = ☐
☐ + ☐ = ☐
☐ − ☐ = ☐
☐ − ☐ = ☐

❷

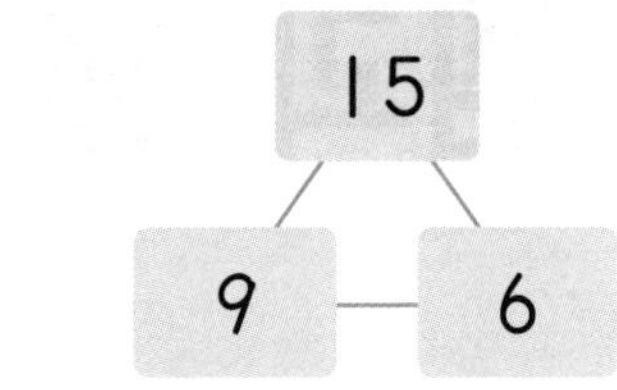

☐ + ☐ = ☐
☐ + ☐ = ☐
☐ − ☐ = ☐
☐ − ☐ = ☐

도전해 보세요

13명이 탄 엘리베이터가 1층에서 올라가고 있습니다. 물음에 답하세요.

❶ 2층에서 5명이 내렸습니다. 엘리베이터에는 몇 명이 타고 있을까요?

( )명

❷ 계속해서 3층에서 3명이 탔습니다. 엘리베이터에는 몇 명이 타고 있을까요?

( )명

❸ 계속해서 4층에서 6명이 내리고 7명이 탔습니다. 엘리베이터에는 몇 명이 타고 있을까요?

( )명

❹ 계속해서 5층에서 4명이 내리고 8명이 탔습니다. 엘리베이터에는 몇 명이 타고 있을까요?

( )명

4장 받아올림, 받아내림이 있는 덧셈과 뺄셈

무엇을 배우나요?

- 받아올림이 있는 (두 자리 수)+(한 자리 수), (두 자리 수)+(두 자리 수)를 계산할 수 있어요.
- 받아내림이 있는 (두 자리 수)−(한 자리 수), (두 자리 수)−(두 자리 수)를 계산할 수 있어요.
- 받아올림이 있는 (세 자리 수)+(세 자리 수)를 계산할 수 있어요.
- 받아내림이 있는 (세 자리 수)−(세 자리 수)를 계산할 수 있어요.

1-1-5
50까지의 수
10이 되는 모으기와 가르기
십몇 모으기와 가르기

1-2-2
덧셈과 뺄셈 1
10이 되는 더하기와 10에서 빼기
앞뒤의 두 수로 10을 만들어 더하기

1-2-4
덧셈과 뺄셈 2
이어 세기로 두 수를 더하기
앞뒤에 있는 수를 가르기 하여 덧셈하기
앞뒤에 있는 수를 가르기 하여 뺄셈하기

2-1-3
덧셈과 뺄셈
일의 자리에서 받아올림이 있는 (두 자리 수)+(한 자리 수)
받아올림이 있는 (두 자리 수)+(두 자리 수)
십의 자리에서 받아내림이 있는 (두 자리 수)-(한 자리 수)
받아내림이 있는 (두 자리 수)-(두 자리 수)

3-1-1
덧셈과 뺄셈
받아올림이 있는 (세 자리 수)+(세 자리 수)
받아내림이 있는 (세 자리 수)-(세 자리 수)

2-1-3
덧셈과 뺄셈
여러 가지 방법으로 덧셈과 뺄셈하기
덧셈과 뺄셈의 관계
덧셈식, 뺄셈식에서 □의 값 구하기
세 수의 덧셈과 뺄셈

4장

받아올림, 받아내림이 있는 덧셈과 뺄셈

초등 1학년 (30일 진도)	초등 2학년 (25일 진도)	초등 3학년 (15일 진도)
하루 한 단계씩 공부해요.	하루 한 단계씩 공부해요.	하루 두 단계씩 공부해요.

권장 진도표에 맞춰 공부하고, 공부한 단계에 해당하는 조각에 색칠하세요.

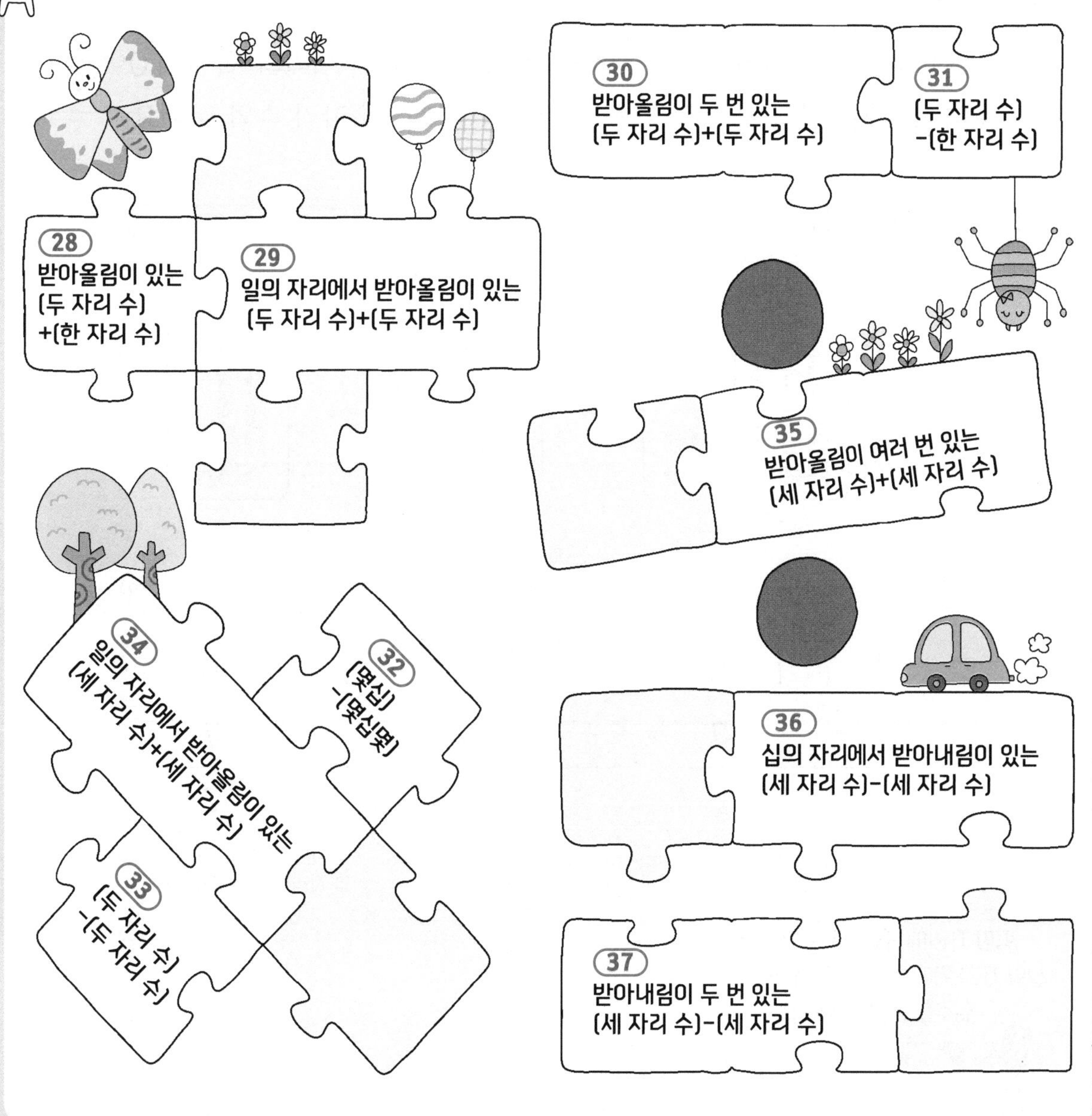

28 받아올림이 있는 (두 자리 수)+(한 자리 수)

1-2-4
덧셈과 뺄셈 (2)
(가르기하여 덧셈하기)

2-1-3
덧셈과 뺄셈
((두 자리 수)+(한 자리 수))

2-1-3
덧셈과 뺄셈
((두 자리 수)+(두 자리 수))

?! 기억해 볼까요?

세 수의 덧셈을 하세요.

① $2+8+3=$

② $6+4+2=$

③ $6+9+1=$

④ $5+3+7=$

30초 개념

(두 자리 수)+(한 자리 수)의 계산에서 일의 자리 수끼리의 합이 10이거나 10보다 클 때는 십의 자리로 '1'을 받아올림해서 십의 자리 수와 더해요.

15+7의 계산

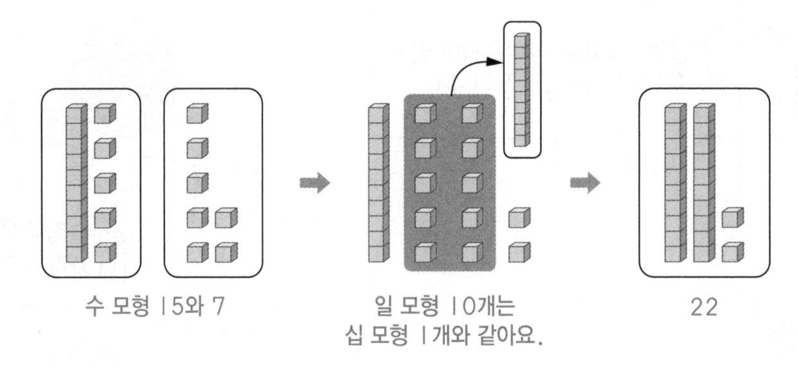

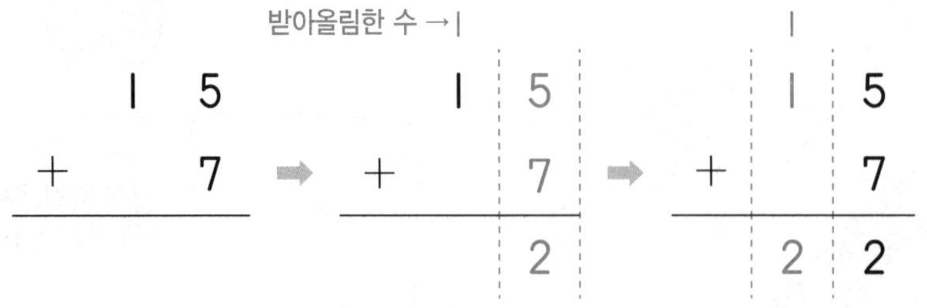

같은 자리끼리 맞추어 써요.

일의 자리 수끼리 더해서 10이거나 10보다 크면 받아올림해요. $5+7=12$

받아올림한 수 1과 십의 자리 수 1을 더해요. $1+1=2$

일의 자리에서 받아올림한 수를 십의 자리 위에 작게 쓴 다음 계산하면 실수를 줄일 수 있어요.

덧셈을 하세요.

❶

	1	
	1	6
+		5
	2	1

❷

	☐	
	1	5
+		5

❸

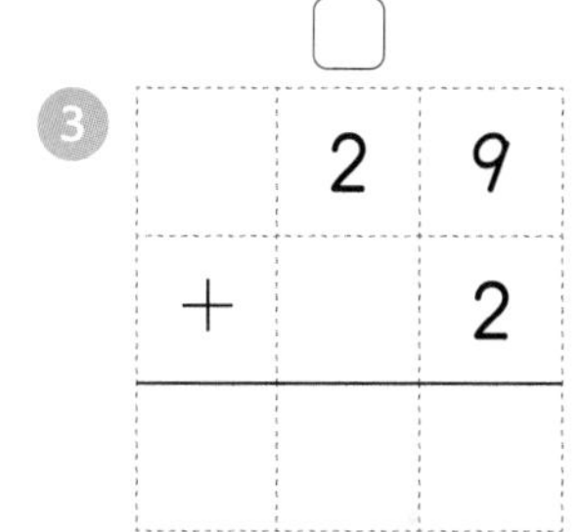

	☐	
	2	9
+		2

❹

	☐	
	2	3
+		8

❺

	☐	
	2	7
+		6

❻

	☐	
	3	5
+		7

❼

	☐	
	5	8
+		7

❽

	☐	
	6	4
+		9

❾

	☐	
	4	5
+		8

❿

	☐	
	6	1
+		9

⓫

	☐	
	7	7
+		7

⓬

	☐	
	3	6
+		8

⓭

	☐	
	8	9
+		8

⓮

	☐	
	4	8
+		4

⓯

	☐	
	2	9
+		5

세로셈으로 나타내어 덧셈을 하세요.

① 22+9

	2	2
+		9

② 43+7

③ 18+7

④ 34+7

⑤ 58+3

⑥ 44+9

⑦ 67+3

⑧ 65+8

⑨ 81+9

⑩ 76+5

⑪ 37+6

⑫ 18+7

⑬ 46+6=

⑭ 85+8=

⑮ 64+9=

개념 키우기

1 합이 같은 것끼리 선으로 이어 보세요.

$48+5$	$47+7$	$59+7$	$57+3$
$45+9$	$46+7$	$51+9$	$58+8$

덧셈을 하세요.

2 $86+8=$

3 $57+6=$

4 $37+5=$

5 $29+7=$

6 $75+7=$

7 $76+6=$

도전해 보세요

1 □ 안에 알맞은 수를 써넣으세요.

$$\begin{array}{r} 3\ \square \\ +\ \ 8 \\ \hline 4\ 6 \end{array}$$

2 덧셈을 하세요.

$$\begin{array}{r} 2\ 7 \\ +\ 1\ 6 \\ \hline \end{array}$$

29 일의 자리에서 받아올림이 있는 (두 자리 수)+(두 자리 수)

2-1-3
덧셈과 뺄셈
((두 자리 수)+(한 자리 수))

2-1-3
덧셈과 뺄셈
(일의 자리에서 받아올림이 있는 (두 자리 수)+(두 자리 수))

2-1-3
덧셈과 뺄셈
(받아올림이 두 번 있는
(두 자리 수)+(두 자리 수))

기억해 볼까요?

덧셈을 하세요.

① $75+7=$

② $38+5=$

③ $29+4=$

④ $64+7=$

30초 개념

(두 자리 수)+(두 자리 수)의 계산에서 일의 자리 수끼리의 합이 10이거나 10보다 클 때는 십의 자리로 '1'을 받아올림해서 십의 자리 수와 더해요.

$15+26$의 계산

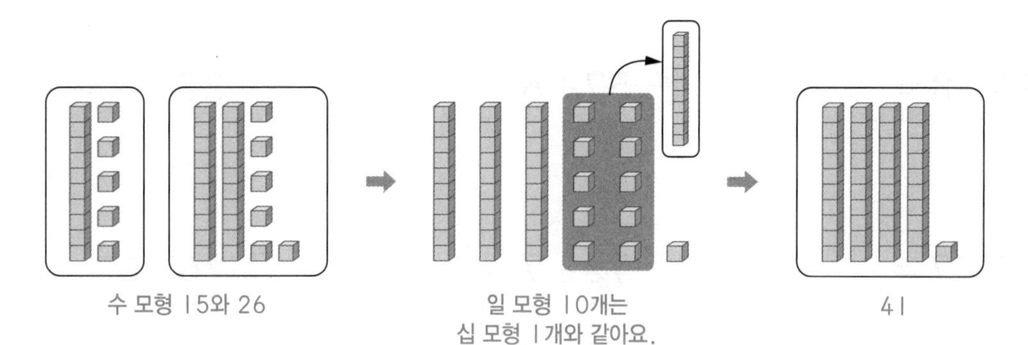

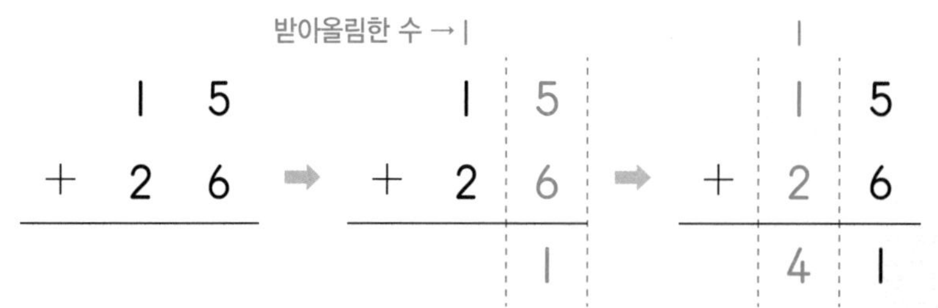

같은 자리끼리 맞추어 써요.

일의 자리 수끼리 더해서 10이거나 10보다 크면 받아올림해요. $5+6=11$

받아올림한 수 1과 십의 자리 수 1, 2를 더해요. $1+1+2=4$

일의 자리에서 받아올림한 수를 십의 자리 위에 작게 쓴 다음 십의 자리를 계산할 때 잊지 말고 꼭 더해요.

개념 익히기

월 일 ☆☆☆☆☆

덧셈을 하세요.

1
	1	6
+	1	5
	3	1

2
	2	5
+	1	7

3
	1	9
+	3	3

4
	2	8
+	4	3

5
	1	7
+	4	7

6
	3	4
+	2	6

7
	5	2
+	3	9

8
	6	3
+	2	7

9
	4	6
+	1	8

10
	6	2
+	1	8

11
	7	6
+	1	7

12
	3	5
+	2	8

13
	2	9
+	2	3

14
	4	4
+	2	8

15
	3	9
+	3	5

세로셈으로 나타내어 덧셈을 하세요.

❶ 25+38

	2	5
+	3	8

❷ 34+58

❸ 36+25

❹ 75+17

❺ 54+36

❻ 17+29

❼ 35+47

❽ 46+18

❾ 54+29

❿ 32+58

⓫ 38+23

⓬ 63+19

⓭ 39+56=

⓮ 15+26=

⓯ 46+37=

빈칸에 알맞은 수를 써넣으세요.

1

2

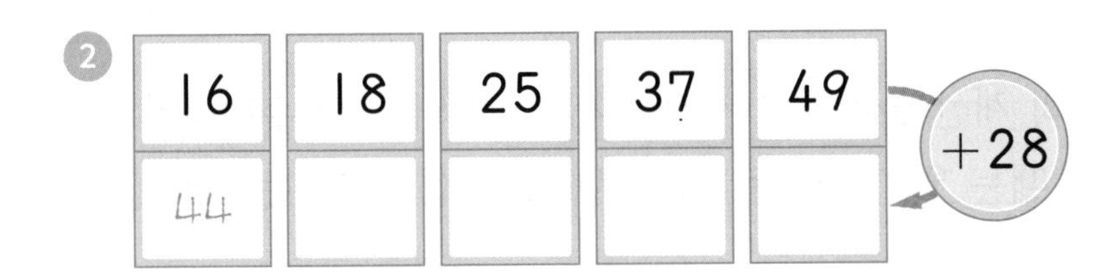

3

16	24	29	37	45
52				

+36

도전해 보세요

1 수 카드 중에서 3장을 골라 덧셈식을 만드세요.

62 36 46 26

덧셈식 ______________________

2 □안에 알맞은 수를 써넣으세요.

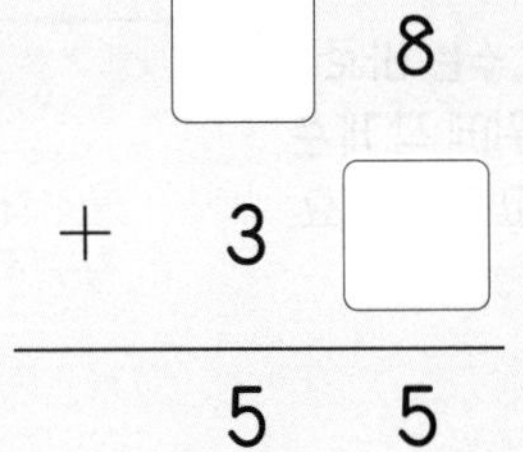

30 받아올림이 두 번 있는 (두 자리 수)+(두 자리 수)

2-1-3
덧셈과 뺄셈
(일의 자리에서 받아올림이 있는 (두 자리 수)+(두 자리 수))

2-1-3
덧셈과 뺄셈
(받아올림이 두 번 있는 (두 자리 수)+(두 자리 수))

3-1-1
덧셈과 뺄셈
(일의 자리에서 받아올림이 있는 (세 자리 수)+(세 자리 수))

?! 기억해 볼까요?

덧셈을 하세요.

1. $67+14=$
2. $44+28=$
3. $36+25=$
4. $19+23=$

30초 개념

(두 자리 수)+(두 자리 수)의 계산에서 일의 자리 수끼리, 십의 자리 수끼리의 합이 10이거나 10보다 클 때는 일의 자리는 십의 자리로, 십의 자리는 백의 자리로 받아올림해요.

97+15의 계산

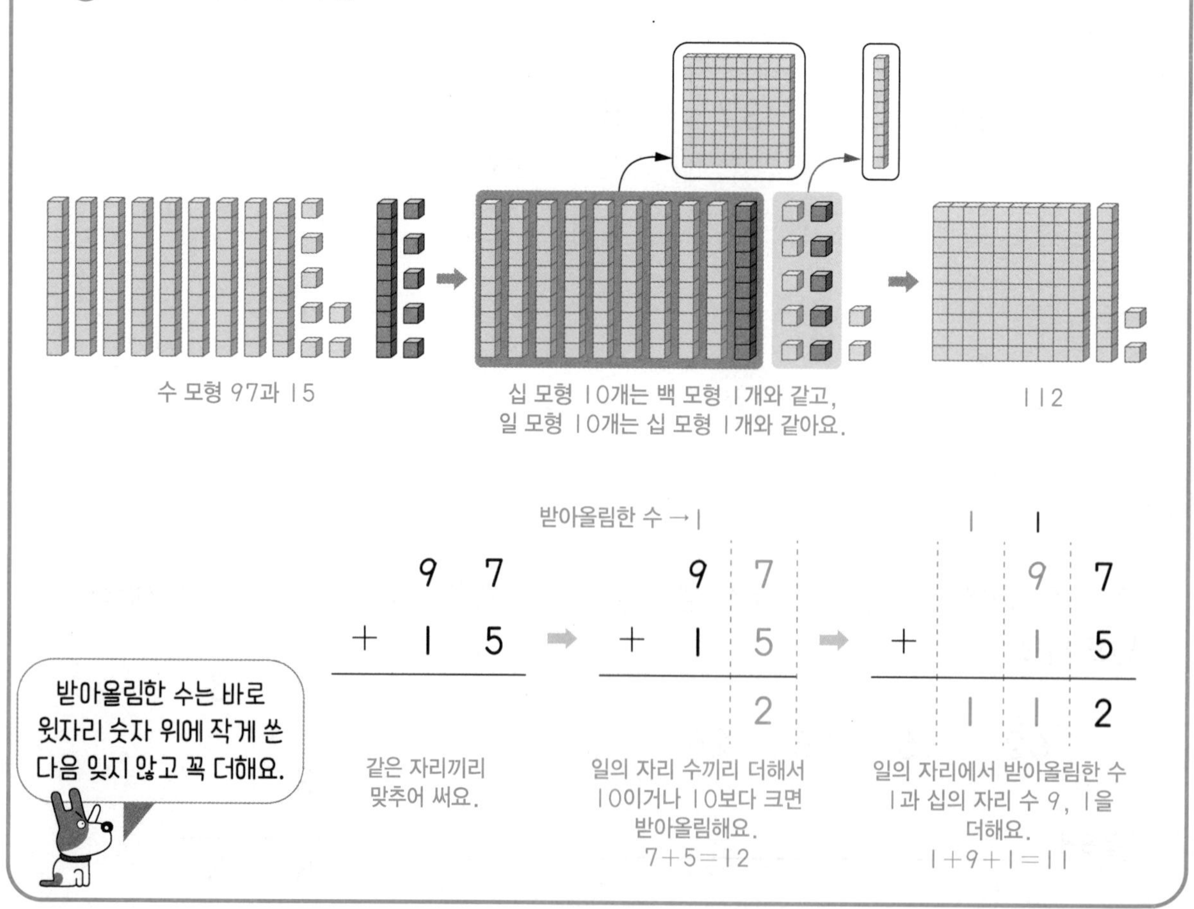

덧셈을 하세요.

1.
	1	1
	2	6
+	9	5
1	2	1

2.
	3	7
+	7	6

3.
	5	9
+	6	4

4.
	4	8
+	8	5

5.
	3	9
+	8	3

6.
	2	3
+	8	9

7.
	5	7
+	7	5

8.
	4	2
+	5	8

9.
	6	8
+	3	3

10.
	7	2
+	4	9

11.
	8	7
+	3	9

12.
	1	8
+	8	6

13.
	2	4
+	8	7

14.
	4	3
+	9	7

15.
	8	5
+	3	5

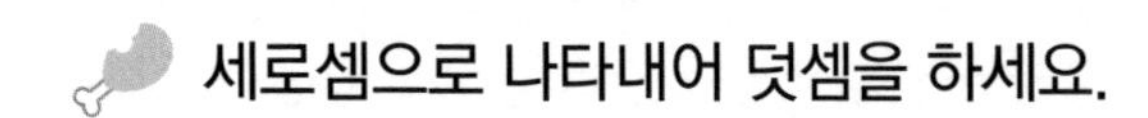

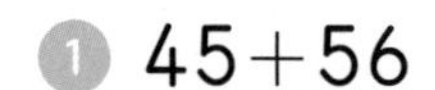
세로셈으로 나타내어 덧셈을 하세요.

① 45+56

	4	5
+	5	6

② 54+67

③ 38+83

④ 65+59

⑤ 58+46

⑥ 37+76

⑦ 46+87

⑧ 69+76

⑨ 74+87

⑩ 92+88

⑪ 18+97

⑫ 85+66

⑬ 94+57=

⑭ 25+85=

⑮ 48+52=

빈칸에 알맞은 수를 써넣으세요.

1
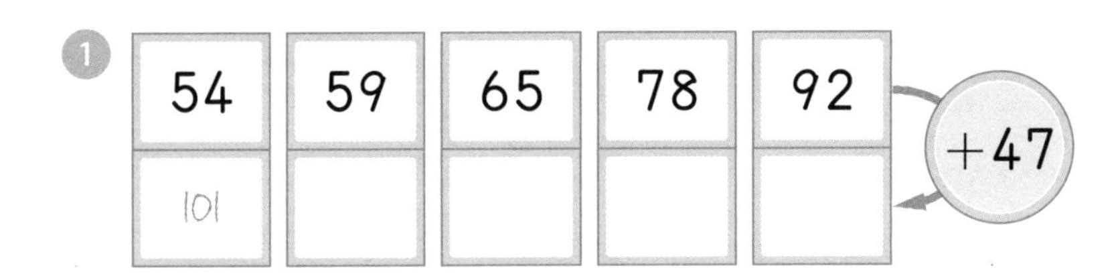

2
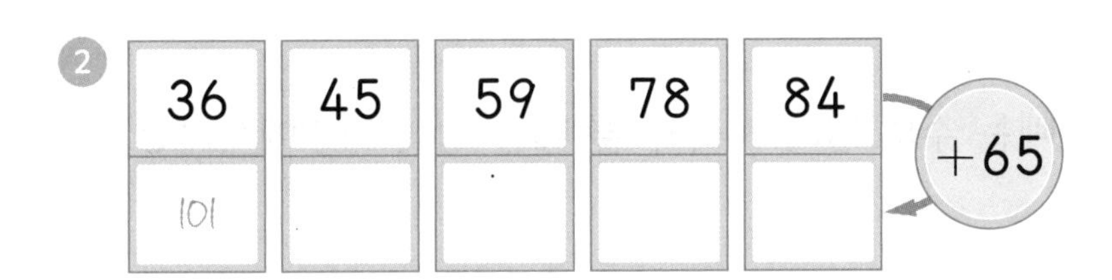

3
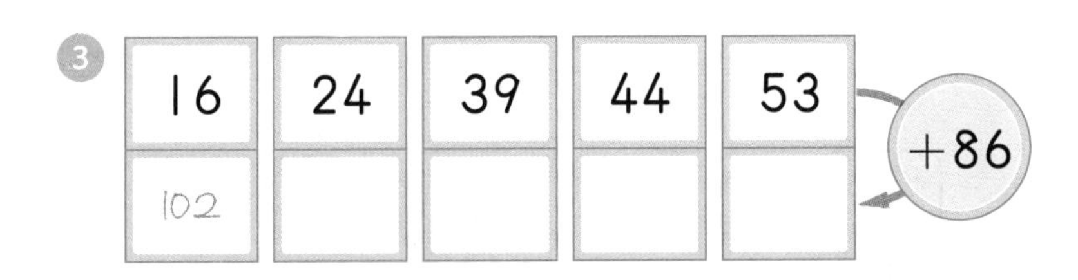

도전해 보세요

1 민준이가 줄넘기 2단 뛰기를 어제 25번, 오늘 75번 했습니다. 민준이는 어제와 오늘 줄넘기 2단 뛰기를 모두 몇 번 했을까요?

( ) 번

2 □ 안에 알맞은 수를 써넣으세요.

$$\begin{array}{r} \square\,4 \\ +\;3\,\square \\ \hline \square\,0\,1 \end{array}$$

31 (두 자리 수)-(한 자리 수)

1-2-4
덧셈과 뺄셈 (2)
(받아올림, 받아내림이 있는 덧셈과 뺄셈)

2-1-3
덧셈과 뺄셈
((두 자리 수)-(한 자리 수))

2-1-3
덧셈과 뺄셈
((몇십)-(몇십몇))

?! 기억해 볼까요?

뺄셈을 하세요.

① $16-7=$ ② $13-5=$

③ $12-5=$ ④ $11-8=$

30초 개념

(몇십몇)－(몇)의 계산에서 빼는 수의 일의 자리가 클 때는 십의 자리에서 10을 받아내림해요.

36－9의 계산

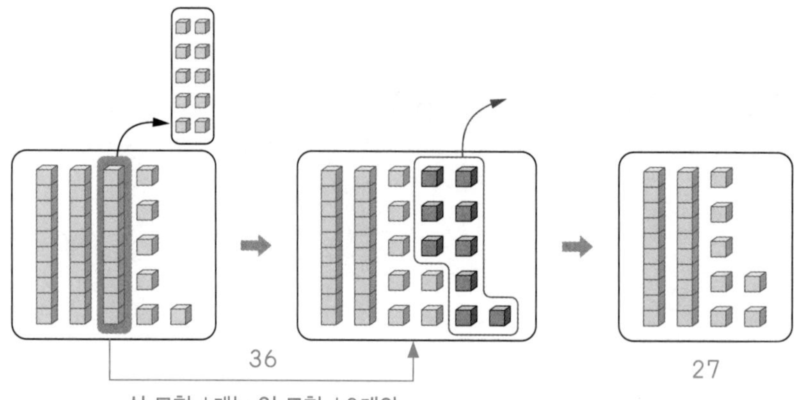

십 모형 1개는 일 모형 10개와 같아요.

$\begin{array}{r} 36 \\ -\ \ 9 \\ \hline \end{array}$	받아내림하고 남은 수 → 2, 10 ← 받아내림한 수 $\begin{array}{r} \not{3}\,6 \\ -\ \ 9 \\ \hline 7 \end{array}$	$\begin{array}{r} 2\ 10 \\ \not{3}\,6 \\ -\ \ 9 \\ \hline 2\,7 \end{array}$
같은 자리끼리 맞추어 써요.	빼는 수의 일의 자리가 클 때는 십의 자리에서 10을 받아내림해서 계산해요. $10+6-9=7$	받아내림하고 남은 십의 자리를 그대로 써요.

월 일 ☆☆☆☆☆

빨셈을 하세요.

❶ (1) (10)

	2	5
−		7
	1	8

❷

	5	1
−		8

❸

	6	7
−		9

❹

	3	2
−		3

❺

	9	3
−		5

❻

	8	6
−		8

❼

	4	8
−		9

❽

	1	4
−		6

❾

	7	0
−		2

❿

	3	3
−		4

⓫

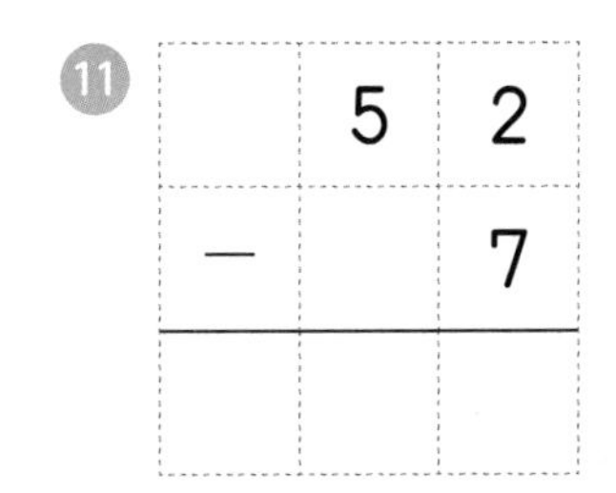

	5	2
−		7

⓬

	7	9
−		5

개념 다지기

세로셈으로 나타내어 뺄셈을 하세요.

❶ 35−6

	3	5
−		6

❷ 42−7

❸ 61−3

❹ 78−9

❺ 93−5

❻ 22−8

❼ 54−5

❽ 81−4

❾ 16−9

❿ 33−8

⓫ 15−7

⓬ 73−5

⓭ 56−3=

⓮ 43−7=

⓯ 25−6=

개념 키우기

빈 곳에 알맞은 수를 써넣으세요.

1

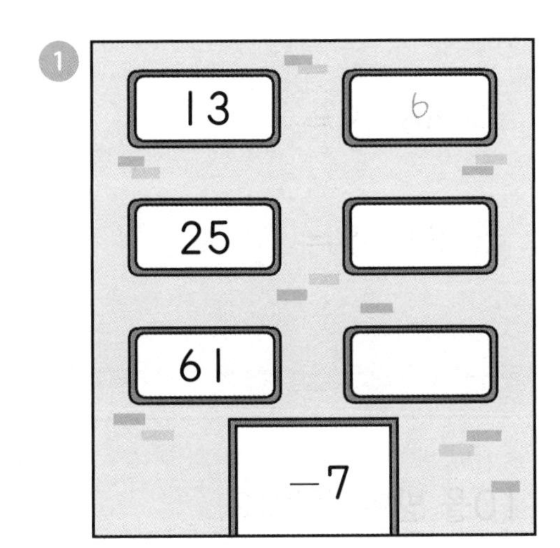

2

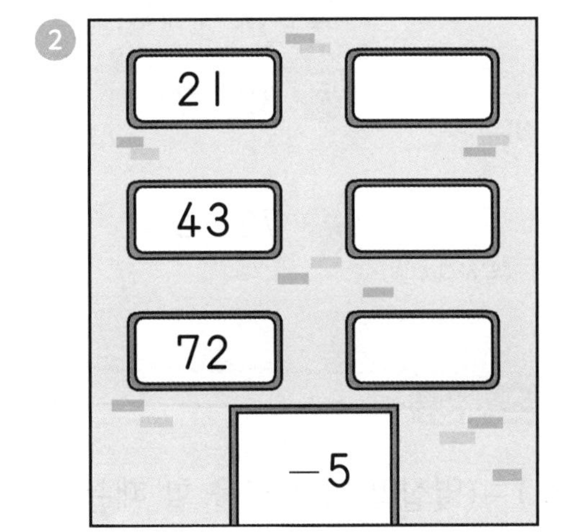

3

27

33

56

−9

4

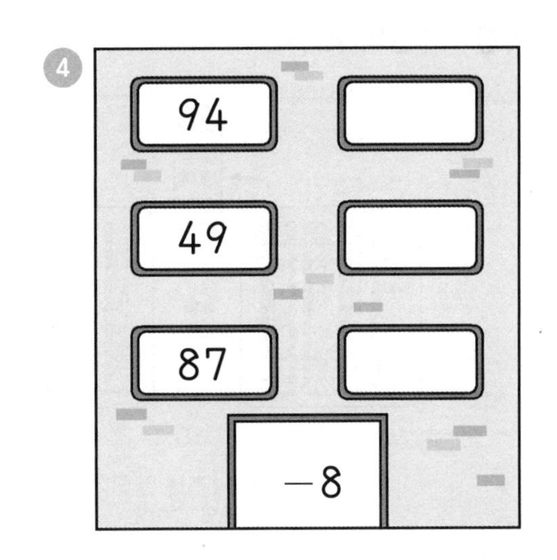

도전해 보세요

1 □ 안에 알맞은 수를 써넣으세요.

$$\begin{array}{r} \square\ 3 \\ -\ \ \square \\ \hline 3\ 5 \end{array}$$

2 □ 안에 들어갈 수 있는 한 자리 수를 모두 구하세요.

$30 < 46 - \square < 40$

(   )

32 (몇십)-(몇십몇)

2-1-3
덧셈과 뺄셈
((두 자리 수)-(한 자리 수))

2-1-3
덧셈과 뺄셈
((몇십)-(몇십몇))

2-1-3
덧셈과 뺄셈
((두 자리 수)-(두 자리 수))

기억해 볼까요?

뺄셈을 하세요.

① 32－7＝

② 56－9＝

③ 72－6＝

④ 81－5＝

30초 개념

(몇십)－(몇십몇)의 계산을 할 때는 십의 자리에서 10을 받아내림해요.

40－13의 계산

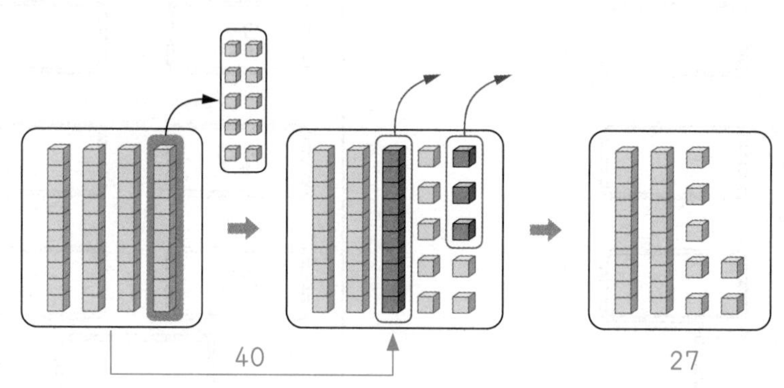

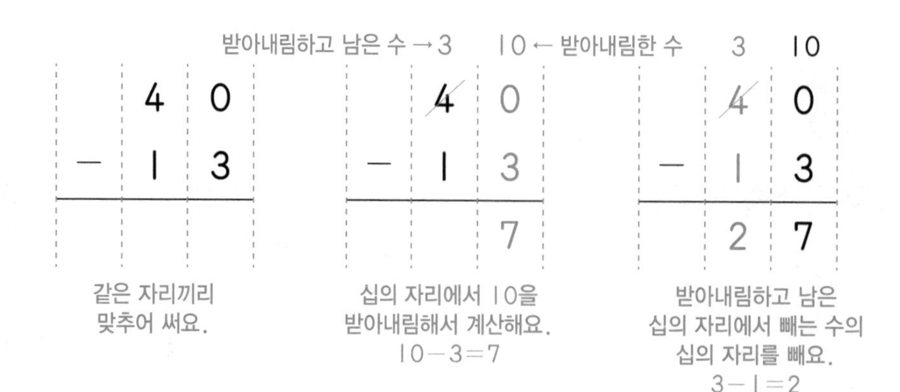

뺄셈을 하세요.

1.
	2	10
	3	0
−	1	4
	1	6

2.
	5	0
−	3	8

3.
	6	0
−	2	7

4.
	9	0
−	3	5

5.
	7	0
−	5	6

6.
	4	0
−	3	8

7.
	8	0
−	4	9

8.
	2	0
−	1	1

9.
	3	0
−	1	3

10.
	5	0
−	2	4

11.
	7	0
−	1	7

12.
	4	0
−	2	7

세로셈으로 나타내어 뺄셈을 하세요.

❶ 50−31

	5	0
−	3	1

❷ 90−23

❸ 40−16

❹ 30−17

❺ 80−43

❻ 70−24

❼ 20−19

❽ 60−42

❾ 50−18

❿ 30−13

⓫ 70−27

⓬ 90−62

⓭ 40−16=

⓮ 70−45=

⓯ 80−34=

개념 키우기

1 계산 결과가 같은 것끼리 선으로 이어 보세요.

$40-17$ ·	· $16+7$
$60-25$ ·	· $70-43$
$90-56$ ·	· $43-8$
$50-23$ ·	· $15+19$

빨셈을 하세요.

2 $70-27=$

3 $40-13=$

4 $90-45=$

5 $30-28=$

30명의 학생이 있습니다. 물음에 답하세요.

1 여학생이 17명이면 남학생은 몇 명일까요?

( )명

2 안경을 낀 학생이 21명이면 안경을 끼지 않은 학생은 몇 명일까요?

( )명

33 (두 자리 수)-(두 자리 수)

2-1-3
덧셈과 뺄셈
((몇십)-(몇십몇))

2-1-3
덧셈과 뺄셈
((두 자리 수)-(두 자리 수))

3-1-1
덧셈과 뺄셈
(십의 자리에서 받아내림이 있는 (세 자리 수)-(세 자리 수))

기억해 볼까요?

뺄셈을 하세요.

① $16-7=$　　② $13-5=$

③ $50-21=$　　④ $40-12=$

30초 개념

(두 자리 수)−(두 자리 수)의 계산에서 빼는 수의 일의 자리가 클 때는 십의 자리에서 10을 받아내림해요.

45−19의 계산

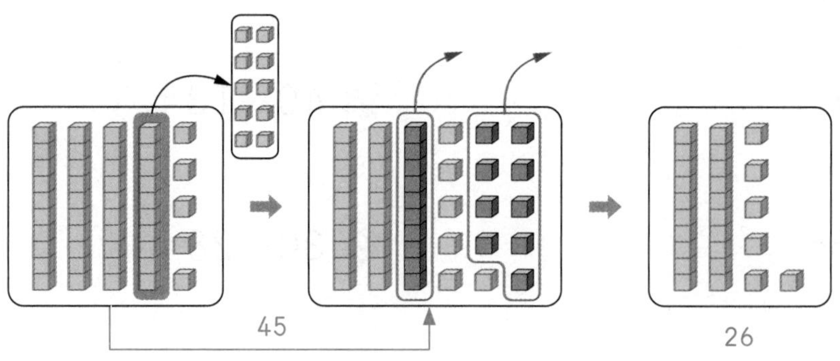

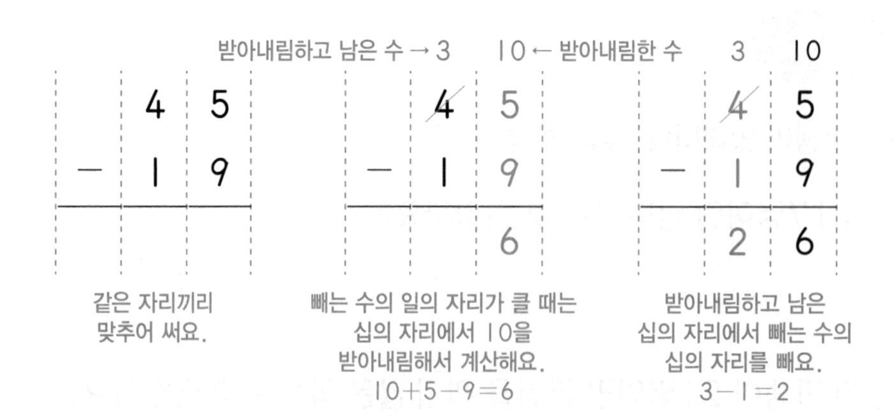

빨셈을 하세요.

❶

	4	10
	5	3
−	1	7
	3	6

❷

	3	4
−	1	9

❸

	7	5
−	3	8

❹

	4	2
−	2	5

❺

	9	7
−	5	9

❻

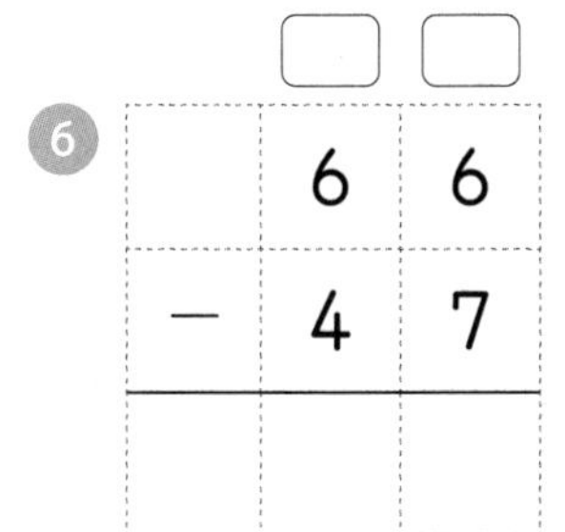

	6	6
−	4	7

❼

	8	1
−	6	3

❽

	2	6
−	1	7

❾

	3	2
−	2	6

❿

	5	7
−	2	8

⓫

	4	6
−	1	9

⓬

	3	7
−	2	3

개념 다지기

세로셈으로 나타내어 뺄셈을 하세요.

① 47−18

② 53−26

③ 82−57

④ 91−35

⑤ 76−49

⑥ 63−19

⑦ 36−17

⑧ 25−18

⑨ 54−27

⑩ 93−28

⑪ 46−29

⑫ 82−55

⑬ 39−17=

⑭ 23−19=

⑮ 77−22=

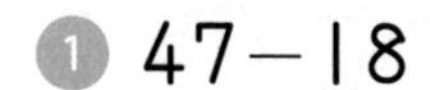

개념 키우기

바르게 뺄셈한 것을 따라 선을 그어 보세요.

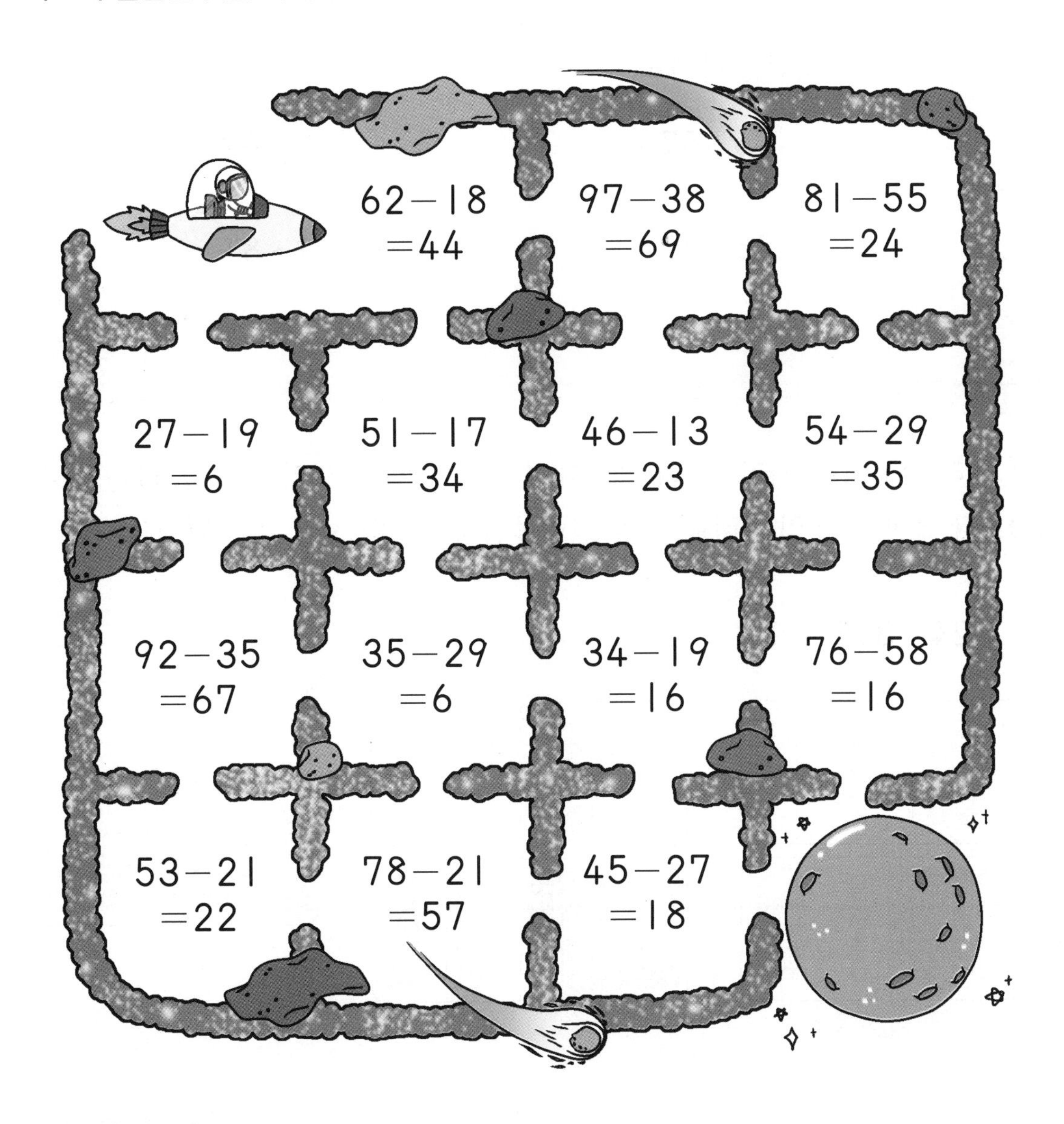

도전해 보세요

1 □ 안에 알맞은 수를 써넣으세요.

$$\begin{array}{rcc} & \square & 6 \\ - & 2 & \square \\ \hline & 3 & 8 \end{array}$$

2 □ 안에 들어갈 수 있는 자연수를 모두 구하세요.

$$20<57-\square<30$$

(　　　　　　　　　　)

34 일의 자리에서 받아올림이 있는 (세 자리 수)+(세 자리 수)

- 2-1-3 덧셈과 뺄셈 (받아올림이 두 번 있는 (두 자리 수)+(두 자리 수))
- 3-1-1 덧셈과 뺄셈 (일의 자리에서 받아올림이 있는 (세 자리 수)+(세 자리 수))
- 3-1-1 덧셈과 뺄셈 (받아올림이 여러 번 있는 (세 자리 수)+(세 자리 수))

기억해 볼까요?

덧셈을 하세요.

① 46+87=　　② 38+82=

③ 26+95=　　④ 19+81=

30초 개념

(세 자리 수)+(세 자리 수)의 계산에서 일의 자리 수끼리의 합이 10이거나 10보다 클 때는 십의 자리로 '1'을 받아올림해서 십의 자리 수와 더해요.

124+319의 계산

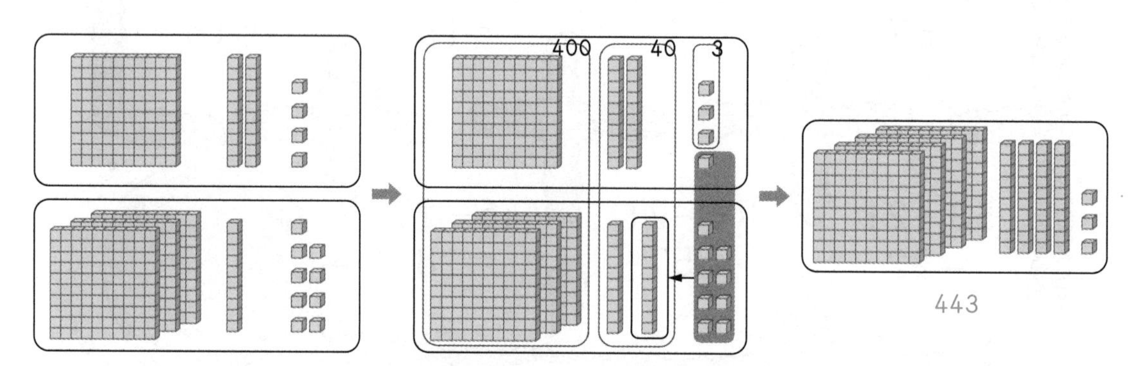

수 모형 124와 319　　일 모형 10개는 십 모형 1개와 같아요.

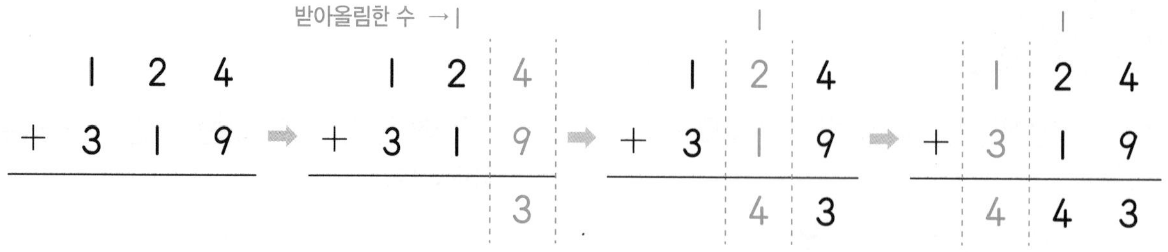

같은 자리끼리 맞추어 써요.

일의 자리 수끼리 더해서 10이거나 10보다 크면 받아올림해요. 4+9=13

일의 자리에서 받아올림한 수 1과 십의 자리 수 2, 1을 더해요. 1+2+1=4

백의 자리 수끼리 더해요. 1+3=4

덧셈을 하세요.

1

	1		
	1	2	6
+	3	4	7
	4	7	3

2

	2	1	5
+	4	2	7

3

	4	0	3
+	1	5	8

4

	1	2	9
+	1	6	4

5

	5	4	8
+	3	1	5

6

	6	3	4
+	1	4	6

7

	3	5	6
+	4	2	8

8

	5	4	7
+	1	1	7

9

	2	2	3
+	6	4	8

10

	3	3	8
+	5	0	5

11

	4	1	6
+	1	1	9

12

	3	1	8
+	4	5	2

13

	2	6	9
+	3	2	8

14

	4	4	8
+	2	3	4

15

	5	5	7
+	2	3	4

세로셈으로 나타내어 덧셈을 하세요.

❶ 348+I I 6

	3	4	8
+	1	1	6

❷ 266+2I7

❸ 348+623

❹ 265+429

❺ 507+226

❻ I74+307

❼ 438+457

❽ 309+I02

❾ 285+509

❿ 624+I56

⓫ 529+248

⓬ 805+I77

⓭ I02+249=

⓮ 627+I48=

⓯ 603+228=

개념 키우기

빈칸에 알맞은 수를 써넣으세요.

1

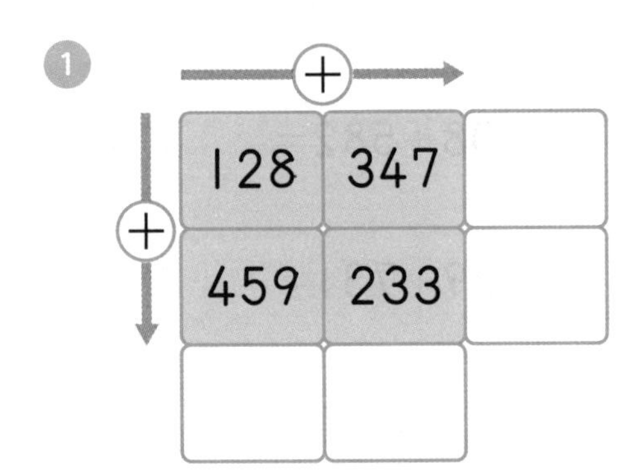

2

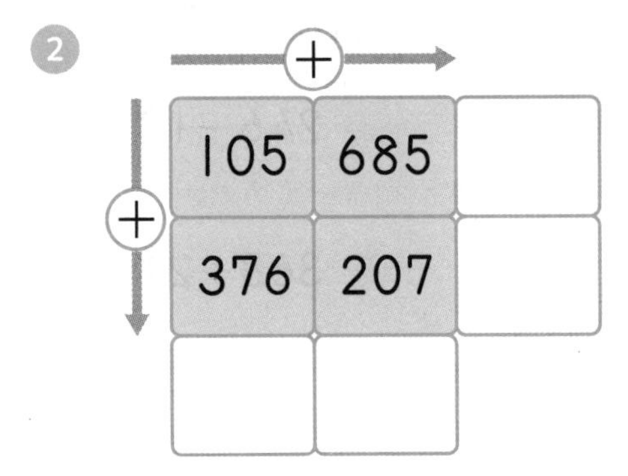

3

264	228	
109	352	

4

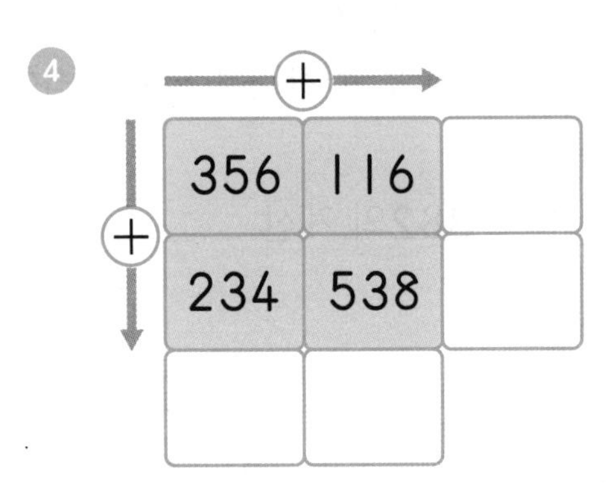

도전해 보세요

1 429+105를 2가지 방법으로 계산하세요.

방법1	방법2

2 □ 안에 알맞은 수를 써넣으세요.

$$\begin{array}{r} 4\ 8\ \square \\ +\ 3\ \square\ 8 \\ \hline 7\ \square\ 6 \end{array}$$

35 받아올림이 여러 번 있는 (세 자리 수)+(세 자리 수)

- 2-1-3 덧셈과 뺄셈 (받아올림이 두 번 있는 (두 자리 수)+(두 자리 수))
- 3-1-1 덧셈과 뺄셈 (일의 자리에서 받아올림이 있는 (세 자리 수)+(세 자리 수))
- 3-1-1 덧셈과 뺄셈 (받아올림이 여러 번 있는 (세 자리 수)+(세 자리 수))

?! 기억해 볼까요?

덧셈을 하세요.

① 246+107=

② 108+582=

③ 368+219=

④ 129+731=

30초 개념

(세 자리 수)+(세 자리 수)의 계산에서 각 자리 수끼리의 합이 10이거나 10보다 클 때는 바로 윗자리로 받아올림해요.

839+382의 계산

$$\begin{array}{r} 839 \\ +\ 382 \\ \hline \end{array} \Rightarrow \begin{array}{r} \scriptstyle 1 \\ 839 \\ +\ 382 \\ \hline 1 \end{array} \Rightarrow \begin{array}{r} \scriptstyle 1\ 1\ \ \\ 839 \\ +\ 382 \\ \hline 21 \end{array} \Rightarrow \begin{array}{r} \scriptstyle 1\ 1\ \ \\ 839 \\ +\ 382 \\ \hline 1221 \end{array}$$

같은 자리끼리 맞추어 써요.

일의 자리 수끼리 더해서 10이거나 10보다 크면 받아올림해요. 9+2=11 (1 ← 받아올림한 수)

일의 자리에서 받아올림한 수 1과 십의 자리 수 3, 8을 더해요. 1+3+8=12

십의 자리에서 받아올림한 수 1과 백의 자리 수 8, 3을 더해요. 1+8+3=12

$$\begin{array}{r} 839 \\ +\ 382 \\ \hline 11 \\ 110 \\ 1100 \\ \hline 1221 \end{array} \begin{array}{l} \\ \\ \\ \leftarrow 9+2 \\ \leftarrow 30+80 \\ \leftarrow 800+300 \\ \\ \end{array}$$

받아올림한 수를 따로 쓰지 않고 세로로 식을 쓸 수도 있어요.

월 일 ☆☆☆☆☆

덧셈을 하세요.

①

	1	1	
	1	4	8
+	4	6	5
	6	1	3

②

	5	2	3
+	1	7	7

③

	2	9	4
+	2	3	8

④

	1	7	8
+	2	9	5

⑤

	3	5	4
+	2	7	9

⑥

	7	3	5
+	1	8	6

⑦

	3	5	7
+	8	6	7

⑧

	5	4	9
+	6	5	5

⑨

	7	3	5
+	2	6	7

⑩

	6	3	5
+	5	0	6

⑪

	4	2	5
+	6	6	6

⑫

	3	1	6
+	9	5	7

⑬

	2	8	8
+	1	7	2

⑭

	8	4	3
+	3	3	9

⑮

	5	5	9
+	4	4	9

세로셈으로 나타내어 덧셈을 하세요.

① 192+818

	1	9	2
+	8	1	8

② 484+159

③ 278+843

④ 241+779

⑤ 743+489

⑥ 167+838

⑦ 275+756

⑧ 125+485

⑨ 349+683

⑩ 617+439

⑪ 328+708

⑫ 883+177

⑬ 528+589=

⑭ 459+753=

⑮ 809+199=

개념 키우기

빈칸에 알맞은 수를 써넣으세요.

1

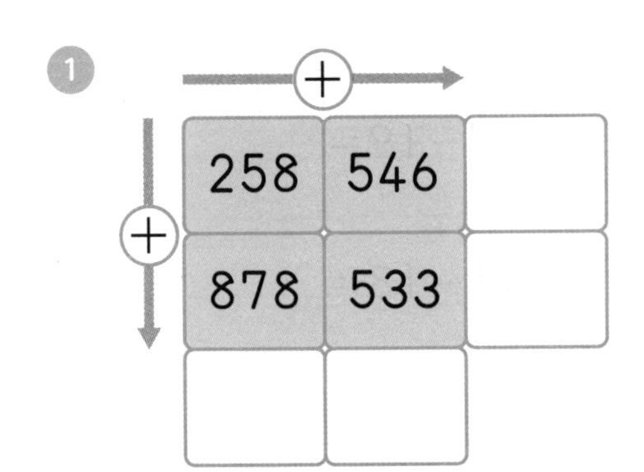

2

(+ →, + ↓)

148	685	
876	227	

3

(+ →, + ↓)

307	658	
759	346	

4

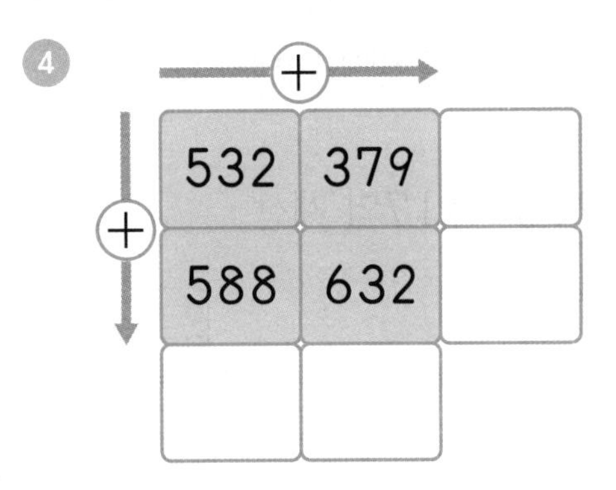

도전해 보세요

1 조건을 만족하는 세 자리 수들의 합을 구하세요.

- 일의 자리 숫자는 8보다 큽니다.
- 십의 자리 숫자는 6보다 큰 짝수입니다.
- 백의 자리 숫자는 4보다 크고 7보다 작습니다.

(　　　　　　)

2 □ 안에 들어갈 수 있는 수 중에서 가장 작은 수를 구하세요.

$\square - 846 > 257$

(　　　　　　)

36 십의 자리에서 받아내림이 있는 (세 자리 수)-(세 자리 수)

기억해 볼까요?

뺄셈을 하세요.

1. 46－28＝
2. 57－19＝
3. 63－25＝
4. 76－18＝

30초 개념

(세 자리 수)－(세 자리 수)의 계산에서 빼는 수의 일의 자리가 클 때는 십의 자리에서 10을 받아내림해요.

235－117의 계산

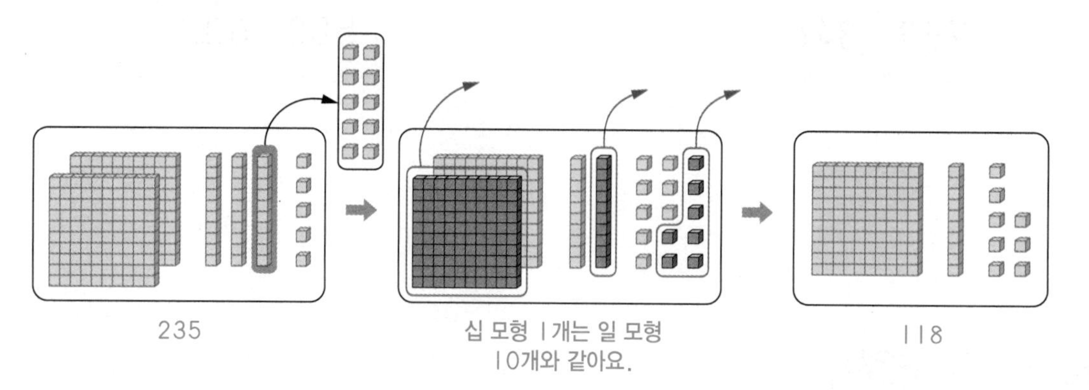

빼는 수의 일의 자리가 클 때는 십의 자리에서 10을 받아내림해서 계산해요. 10+5－7=8

받아내림하고 남은 수로 십의 자리를 계산해요. 2－1=1

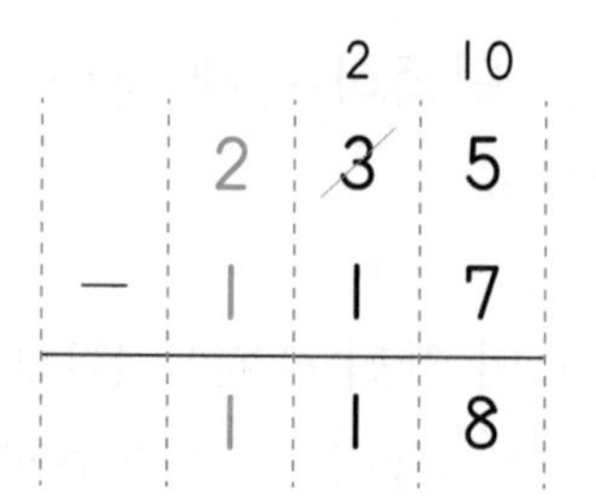

백의 자리끼리 계산해요. 2－1=1

빼셈을 하세요.

① (3) (10)

	3	~~4~~	6
−	1	2	9
	2	1	7

②

	5	6	3
−	2	3	8

③

	4	7	1
−	1	4	7

④

	6	4	5
−	3	1	6

⑤

	9	6	4
−	5	2	5

⑥

	8	9	7
−	4	6	9

⑦

	7	5	2
−	3	4	9

⑧

	2	6	3
−	1	3	8

⑨

	5	4	7
−	5	2	9

⑩

	6	3	5
−	4	1	7

⑪

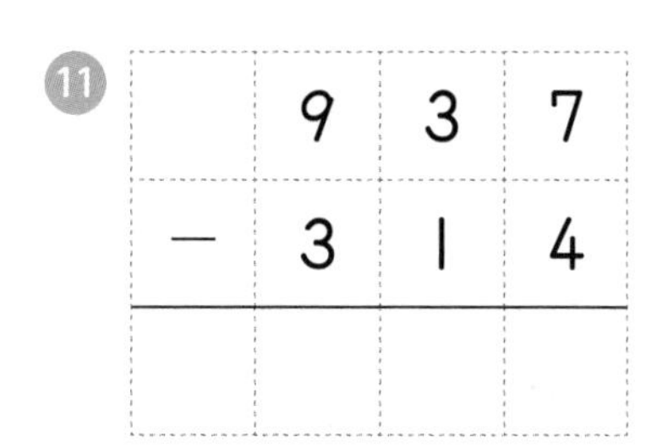

	9	3	7
−	3	1	4

⑫

	3	5	2
−	3	4	5

세로셈으로 나타내어 뺄셈을 하세요.

❶ 637－419

	6	3	7
−	4	1	9

❷ 558－329

❸ 732－515

❹ 451－214

❺ 330－117

❻ 983－526

❼ 875－347

❽ 273－145

❾ 534－129

❿ 657－638

⓫ 740－703

⓬ 953－337

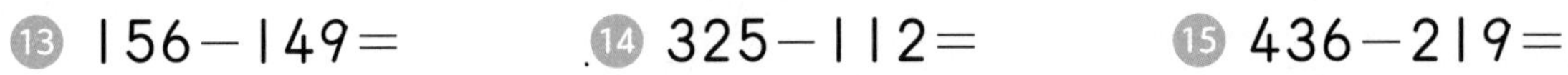

⓭ 156－149＝

⓮ 325－112＝

⓯ 436－219＝

두 수의 차를 빈 곳에 써넣으세요.

1

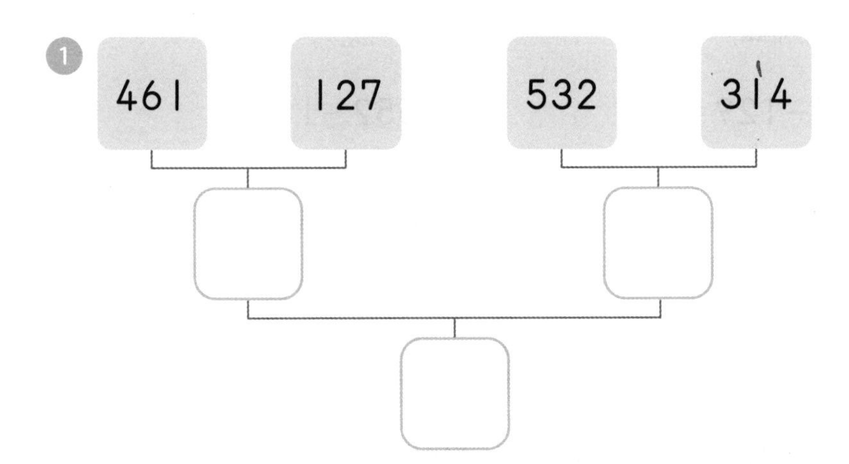

2

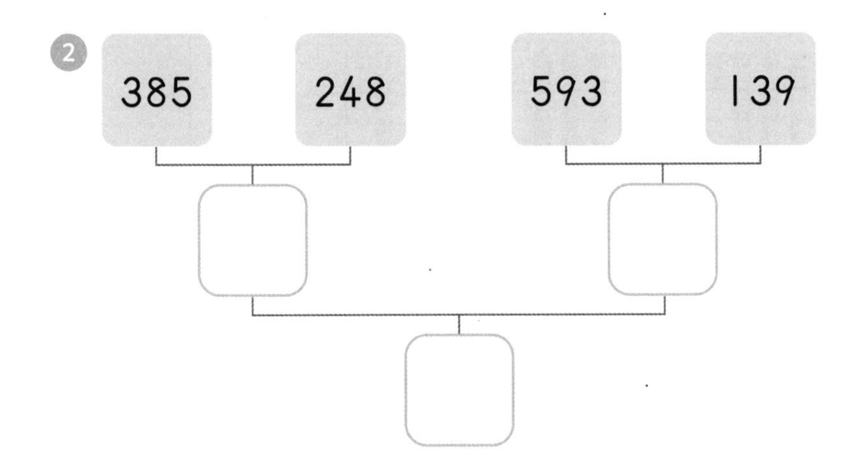

도전해 보세요

1 □ 안에 들어갈 수 있는 수를 모두 쓰세요.

$709<852-1\square 3$

(　　　　　　　　)

2 어떤 수에서 136을 빼야 할 것을 잘못하여 더했더니 481이 되었습니다. 바르게 계산한 결과를 쓰세요.

(　　　　　　　　)

37 받아내림이 두 번 있는 (세 자리 수)-(세 자리 수)

2-1-3
덧셈과 뺄셈
((두 자리 수)-(두 자리 수))

3-1-1
덧셈과 뺄셈
(십의 자리에서 받아내림이 있는 (세 자리 수)-(세 자리 수))

3-1-1
덧셈과 뺄셈
(받아내림이 두 번 있는 (세 자리 수)-(세 자리 수))

?! 기억해 볼까요?

뺄셈을 하세요.

① 357－129＝

② 552－137＝

③ 683－156＝

④ 894－346＝

30초 개념

각 자리 수에서 빼는 수가 클 때는 바로 윗자리에서 받아내림해요.

백 모형 1개는 십 모형 10개와 같고 십 모형 1개는 일 모형 10개와 같아요.

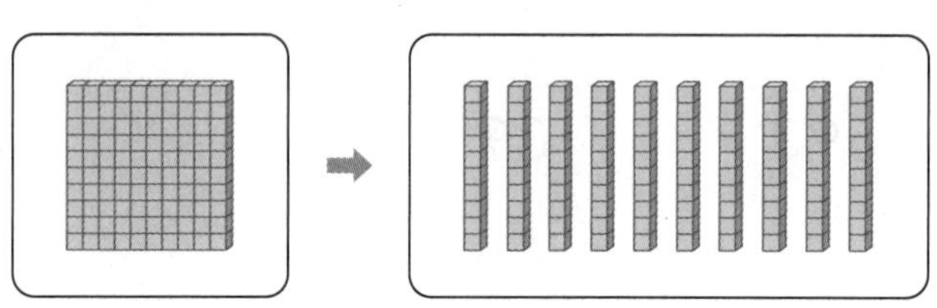

백 모형 1개＝십 모형 10개

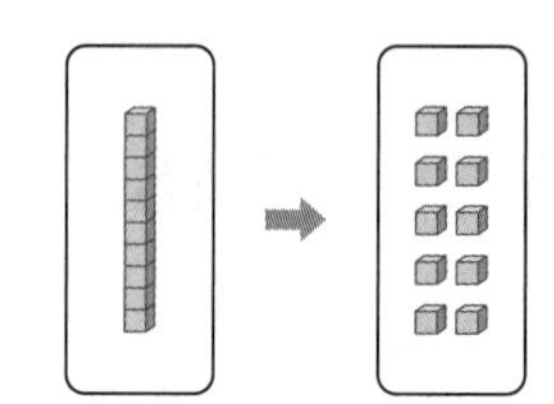

십 모형 1개＝일 모형 10개

425－147의 계산

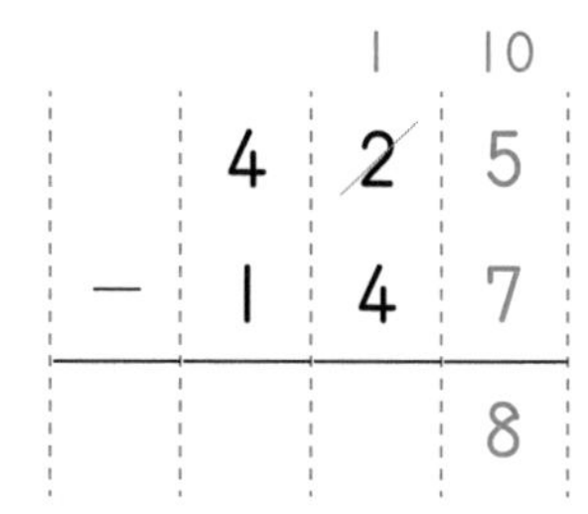

빼는 수의 일의 자리가 클 때는 십의 자리에서 받아내림해요.
10＋5－7＝8

	3	11	10
	4	2	5
－	1	4	7
		7	8

빼는 수의 십의 자리가 클 때는 백의 자리에서 받아내림해요.
10＋1－4＝7

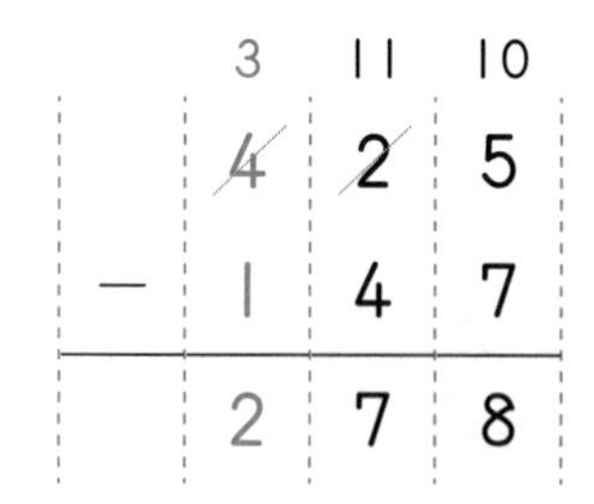

받아내림하고 남은 수로 백의 자리를 계산해요.
3－1＝2

월 일 ☆☆☆☆☆

빨셈을 하세요.

❶

	5	11	10
	6	2	5
−	1	4	7
	4	7	8

❷

	5	7	2
−	2	8	5

❸

	9	3	4
−	5	8	9

❹

	7	1	6
−	3	6	8

❺

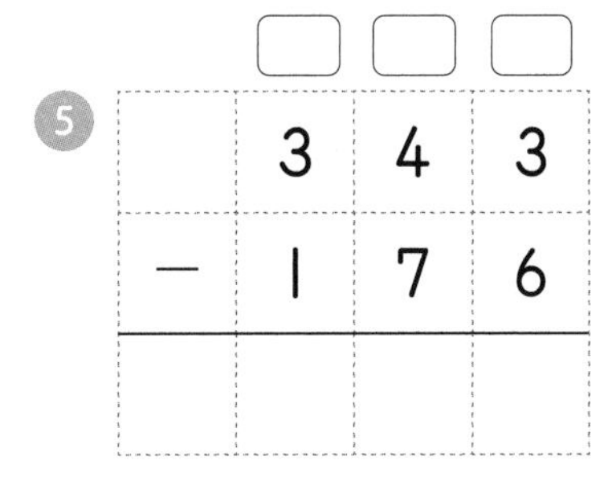

	3	4	3
−	1	7	6

❻

	4	5	1
−	2	9	3

❼

	8	3	5
−	4	7	6

❽

	2	1	3
−	1	7	8

❾

	7	2	5
−	2	3	6

❿

	5	4	1
−	3	2	7

⓫

	9	5	7
−	3	6	4

⓬

	4	7	8
−	1	3	5

세로셈으로 나타내어 뺄셈을 하세요.

❶ 372－195

	3	7	2
－	1	9	5

❷ 512－256

❸ 657－358

❹ 723－567

❺ 941－362

❻ 443－287

❼ 864－575

❽ 256－177

❾ 333－197

❿ 532－456

⓫ 650－152

⓬ 741－436

⓭ 904－167＝

⓮ 472－399＝

⓯ 304－298＝

계산 결과가 같은 것끼리 선으로 이어 보세요.

656−198	•	•	312+121
912−357	•	•	672−117
565−132	•	•	299+159
753−369	•	•	521−137

도전해 보세요

서울, 대전, 여수, 부산 네 도시 사이의 거리를 보고 물음에 답하세요.

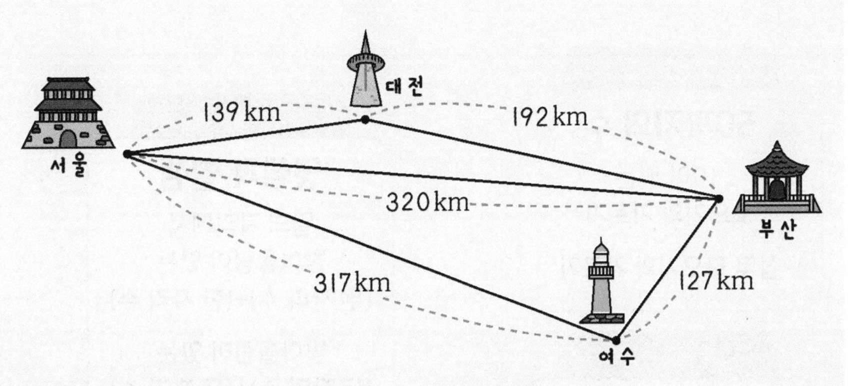

1. 서울에서 부산까지는 서울에서 대전까지보다 몇 km 더 멀까요?

   (　　　　　　) km

2. 부산에서 대전까지는 부산에서 여수까지보다 몇 km 더 멀까요?

   (　　　　　　) km

3. 서울에서 대전에 들렀다가 부산으로 가면 서울에서 바로 부산에 갈 때보다 몇 km 더 가야 할까요?

   (　　　　　　) km

4. 서울에서 여수에 들렀다가 부산으로 가면 서울에서 바로 부산에 갈 때보다 몇 km 더 가야 할까요?

   (　　　　　　) km

덧셈, 뺄셈의 응용

무엇을 배우나요?

- 여러 가지 방법으로 두 수의 합과 차를 알고 계산할 수 있어요.
- 덧셈식을 뺄셈식으로 나타낼 수 있고 뺄셈식을 덧셈식으로 나타낼 수 있어요.
- 어떤 수를 □를 사용하여 식으로 나타내고 덧셈식, 뺄셈식에서 □의 값을 구할 수 있어요.
- 세 수의 계산을 할 수 있어요.

1-1-5
50까지의 수
10이 되는 모으기와 가르기
십몇 모으기와 가르기

1-2-2
덧셈과 뺄셈 1
10이 되는 더하기와 10에서 빼기
앞뒤의 두 수로 10을 만들어 더하기

1-2-4
덧셈과 뺄셈 2
이어 세기로 두 수를 더하기
앞뒤에 있는 수를 가르기 하여 덧셈하기
앞뒤에 있는 수를 가르기 하여 뺄셈하기

2-1-3
덧셈과 뺄셈
일의 자리에서 받아올림이 있는 (두 자리 수)+(한 자리 수)
받아올림이 있는 (두 자리 수)+(두 자리 수)
십의 자리에서 받아내림이 있는 (두 자리 수)-(한 자리 수)
받아내림이 있는 (두 자리 수)-(두 자리 수)

3-1-1
덧셈과 뺄셈
받아올림이 있는 (세 자리 수)+(세 자리 수)
받아내림이 있는 (세 자리 수)-(세 자리 수)

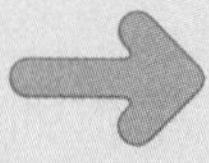

2-1-3
덧셈과 뺄셈
여러 가지 방법으로 덧셈과 뺄셈하기
덧셈과 뺄셈의 관계
덧셈식, 뺄셈식에서 □의 값 구하기
세 수의 덧셈과 뺄셈

5장

덧셈, 뺄셈의 응용

초등 1학년 (30일 진도)	초등 2학년 (25일 진도)	초등 3학년 (15일 진도)
하루 한 단계씩 공부해요.	하루 한 단계씩 공부해요.	하루 두 단계씩 공부해요.

권장 진도표에 맞춰 공부하고, 공부한 단계에 해당하는 조각에 색칠하세요.

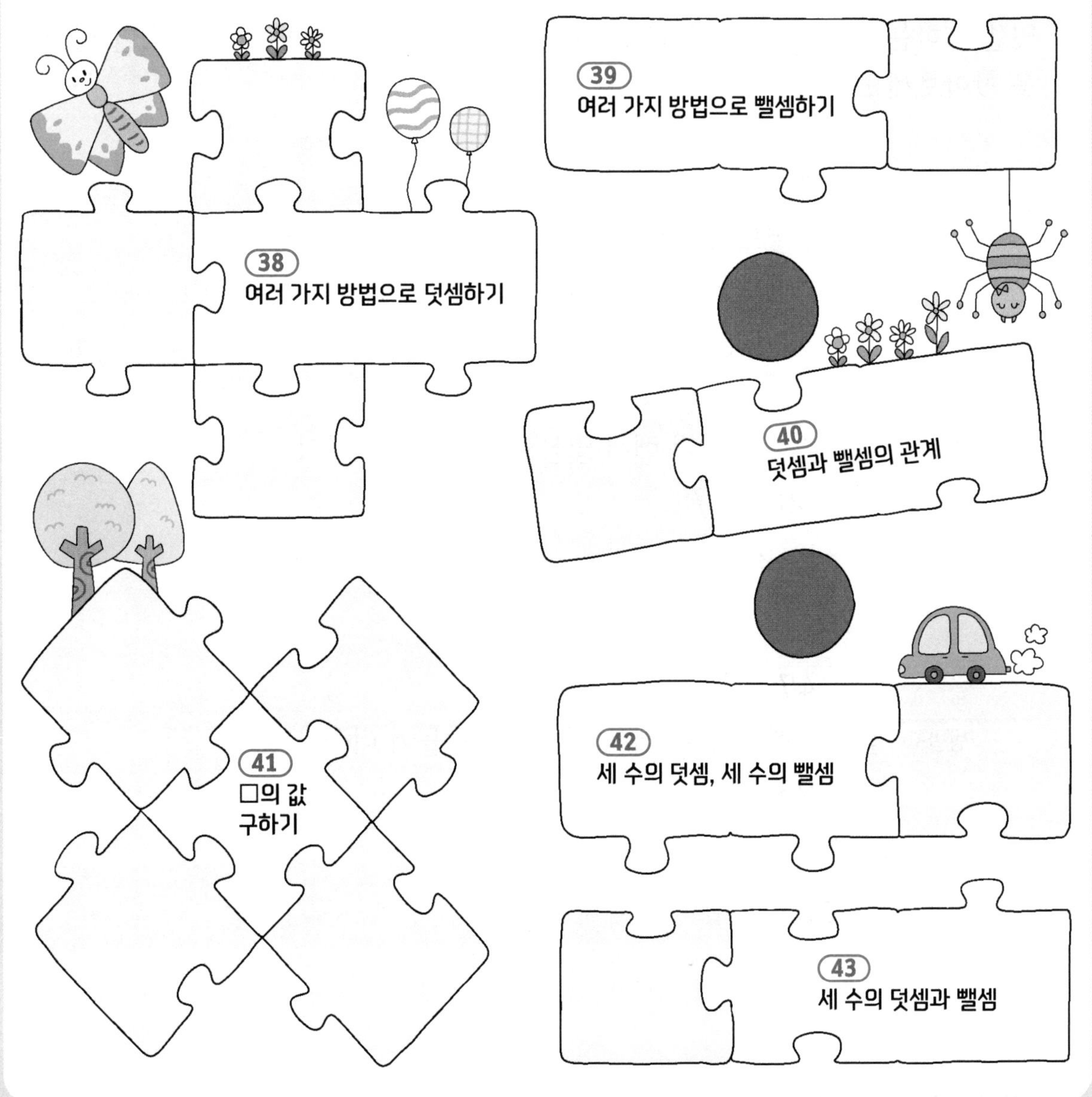

38 여러 가지 방법으로 덧셈하기

1-2-4
덧셈과 뺄셈 (2)
(가르기 하여 덧셈하기)

2-1-3
덧셈과 뺄셈
(여러 가지 방법으로 덧셈하기)

2-1-3
덧셈과 뺄셈
(세 수의 덧셈)

기억해 볼까요?

가르기 하여 10으로 만들어 계산하세요.

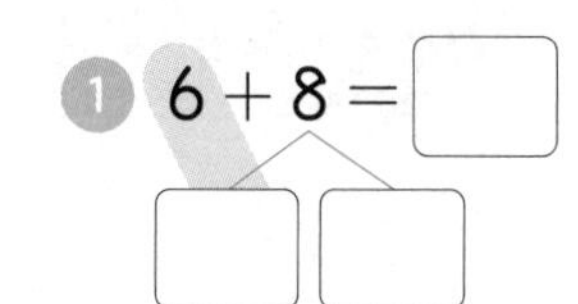

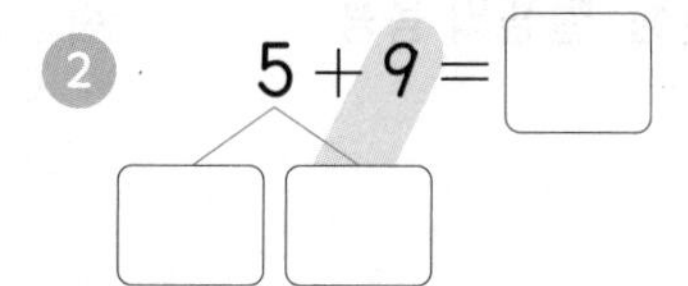

30초 개념

덧셈을 하는 방법은 여러 가지예요. 다양한 방법으로 계산해 보고 편리한 방법을 찾아보세요.

19+28의 계산

방법1 몇십과 몇으로 나누어 더하기

19+28=10+20+9+8 ← 19를 10과 9로, 28을 20과 8로 나누어요.

=30+17 ← 10과 20을 더하면 30, 9와 8을 더하면 17이 돼요.

=47

방법2 뒤의 수를 가르기 해서 몇십으로 만들어 더하기

19+28=47

1 27

20

47

방법3 앞의 수를 가르기 해서 몇십으로 만들어 더하기

19+28=47

17 2

30

47

☐ 안에 알맞은 수를 써넣으세요.

❶ $29+38=20+\boxed{30}+9+8$

$=\boxed{50}+17$

$=\boxed{}$

❷ $17+29=\boxed{}+20+7+9$

$=\boxed{}+16$

$=\boxed{}$

❸ $35+39=\boxed{}$

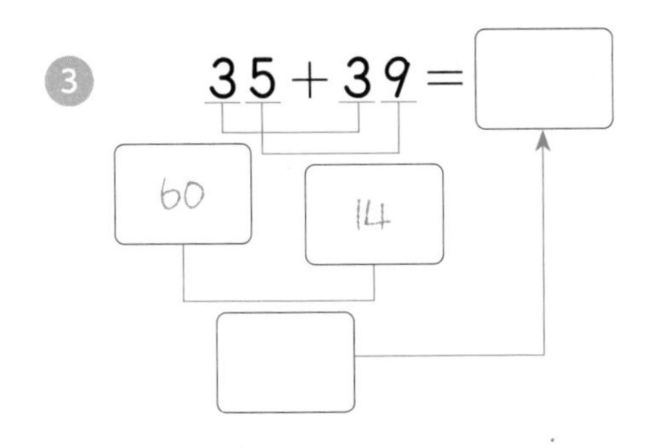

❹ $47+24=\boxed{}$

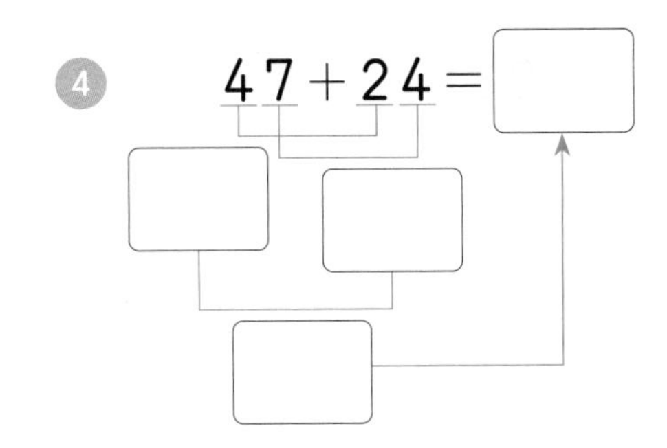

❺ $15+48=\boxed{}$

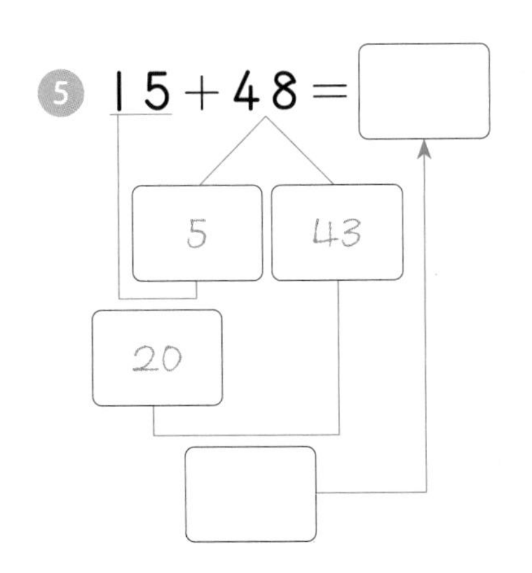

❻ $24+58=\boxed{}$

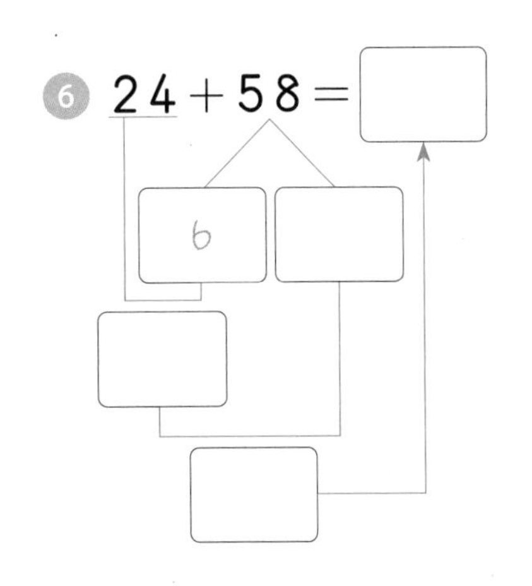

❼ $36+26=\boxed{}$

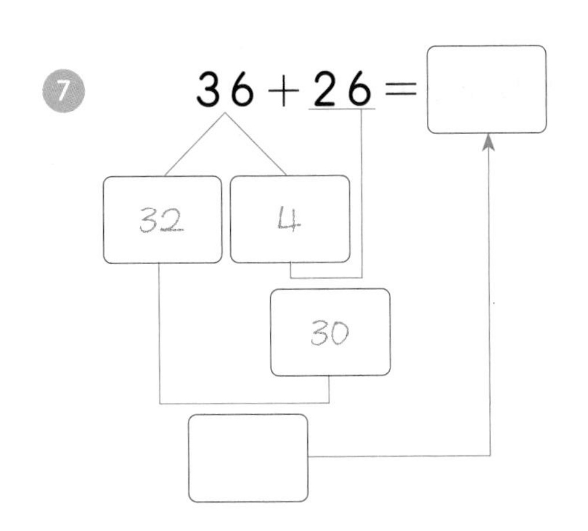

❽ $55+37=\boxed{}$

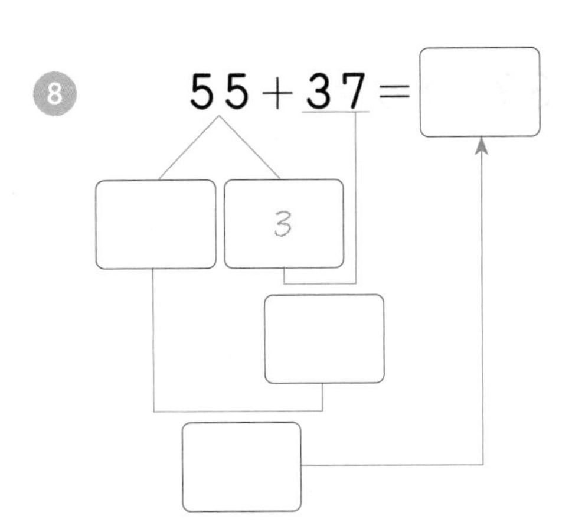

□ 안에 알맞은 수를 써넣으세요.

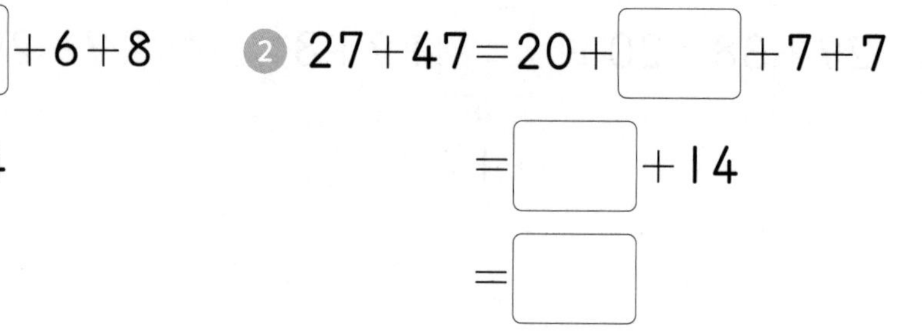

❶ $16+48=10+\square+6+8$
$=\square+14$
$=\square$

❷ $27+47=20+\square+7+7$
$=\square+14$
$=\square$

❸ $46+25=\square$

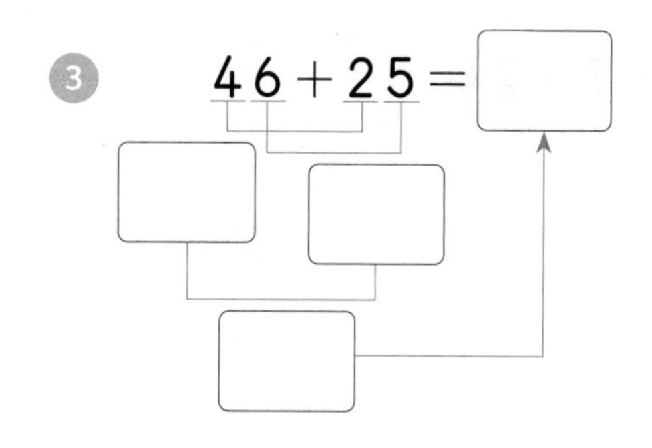

❹ $32+49=\square$

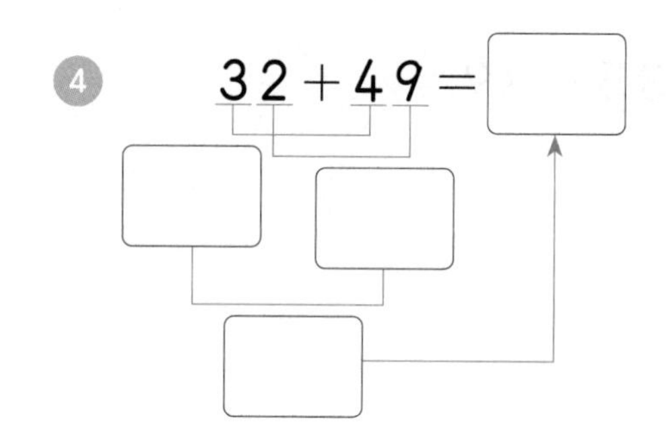

❺ $29+53=\square$

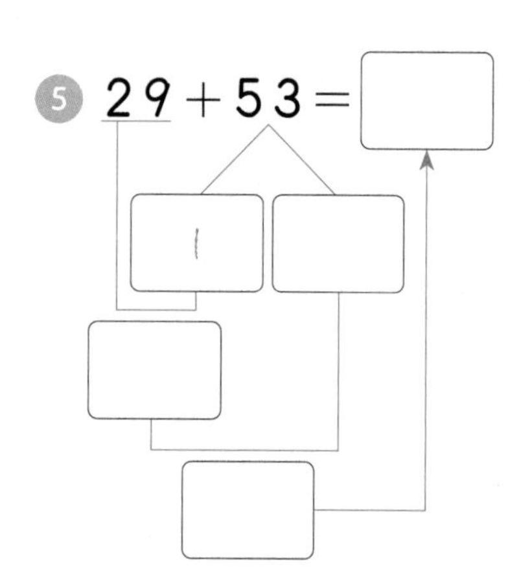

❻ $71+29=\square$

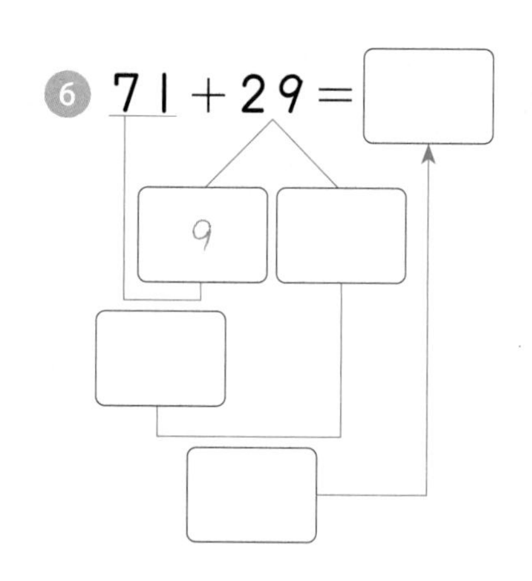

❼ $39+56=\square$

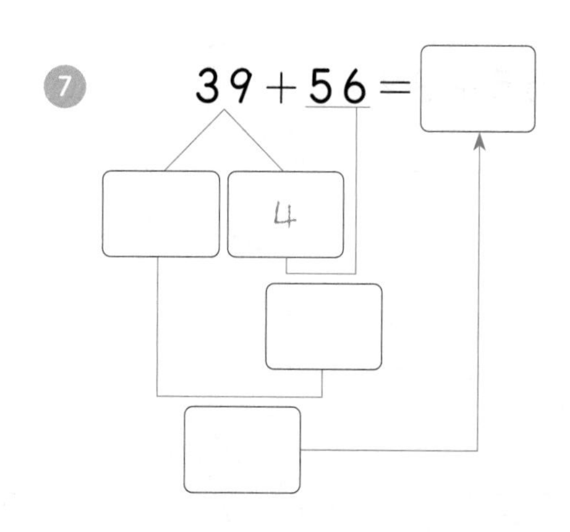

❽ $86+36=\square$

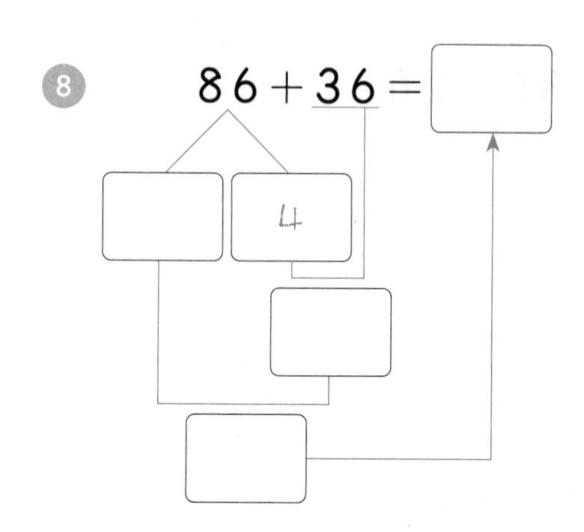

개념 키우기

보기 와 같은 방법으로 덧셈을 하세요.

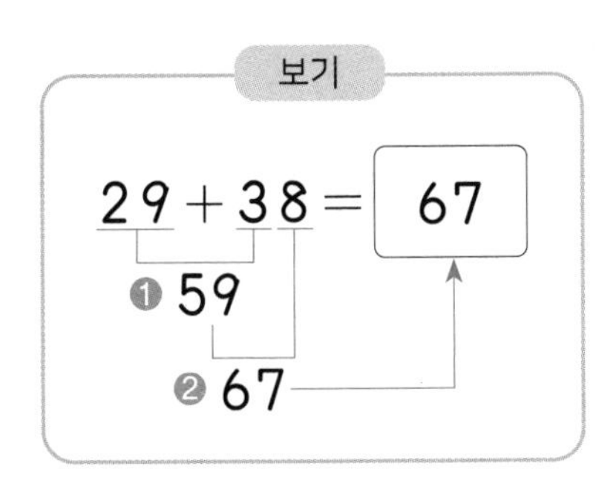

❶ 26+18=

❷ 39+26=

❸ 48+32=

❹ 67+36=

❺ 75+46=

도전해 보세요

❶ □ 안에 알맞은 수를 써넣으세요.

48+7□=□

□ 11

□

❷ 26+49를 2가지 방법으로 계산하세요.

방법1	방법2

39 여러 가지 방법으로 뺄셈하기

- 1-2-4
  덧셈과 뺄셈(2)
  (뒤에 있는 수를 가르기 하여 뺄셈하기)
- 1-2-4
  덧셈과 뺄셈(2)
  (앞에 있는 수를 가르기 하여 뺄셈하기)
- 2-1-3
  덧셈과 뺄셈
  (여러 가지 방법으로 뺄셈하기)

?! 기억해 볼까요?

가르기 하여 뺄셈을 하세요.

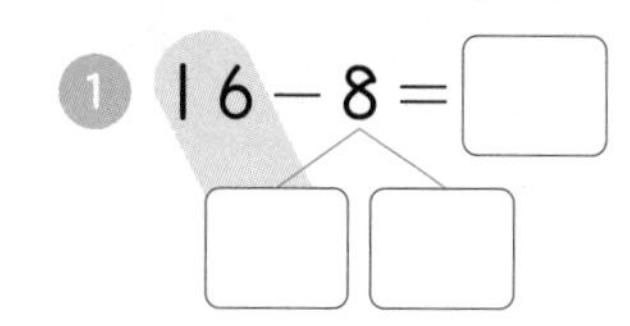

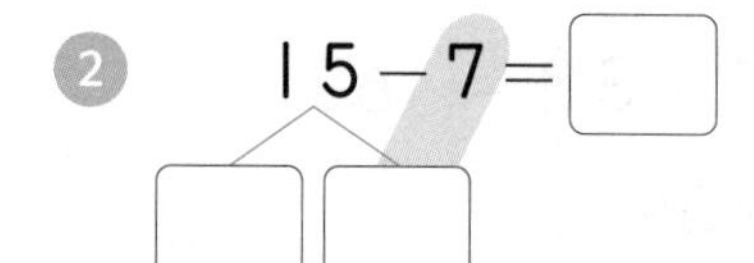

30초 개념

뺄셈을 하는 방법은 여러 가지예요. 다양한 방법으로 계산해 보고 편리한 방법을 찾아보세요.

45−27의 계산

방법1 몇십과 몇으로 나누어 빼기

45−27=18
①20 7
②25
③18

① 빼는 수 27을 20과 7로 나누어요.
② 45에서 20을 빼요.
③ 25에서 7을 빼요.

방법2 몇십이 되게 해서 빼기

45−27=18
①5 22
②40
③18

① 빼는 수 27을 5와 22로 나누어요.
② 45에서 5를 빼요.
③ 40에서 22를 빼요.

방법3 일의 자리 수를 같게 해서 빼기

45−27=18
①25 2
②20
③18

① 빼는 수 27을 25와 2로 나누어요.
② 45에서 25를 빼요.
③ 20에서 2를 빼요.

월 일 ☆☆☆☆☆

몇십과 몇으로 나누어 뺄셈을 하세요.

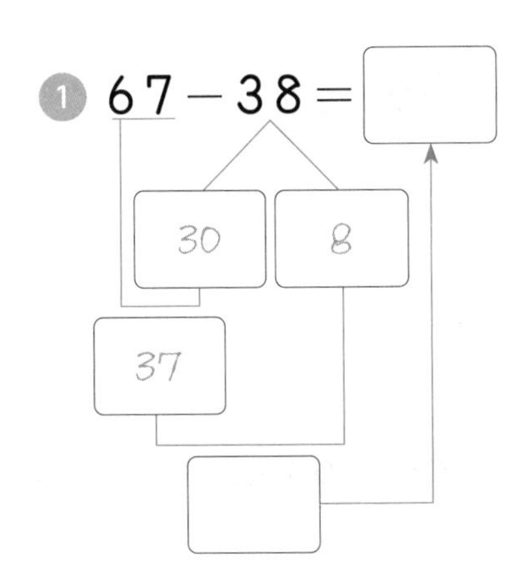

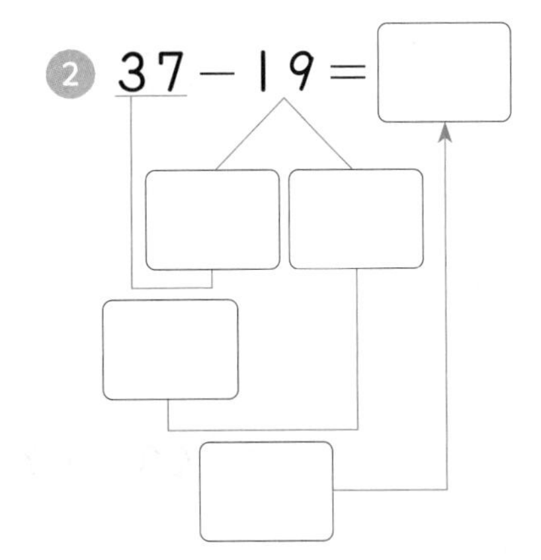

몇십이 되게 하여 뺄셈을 하세요.

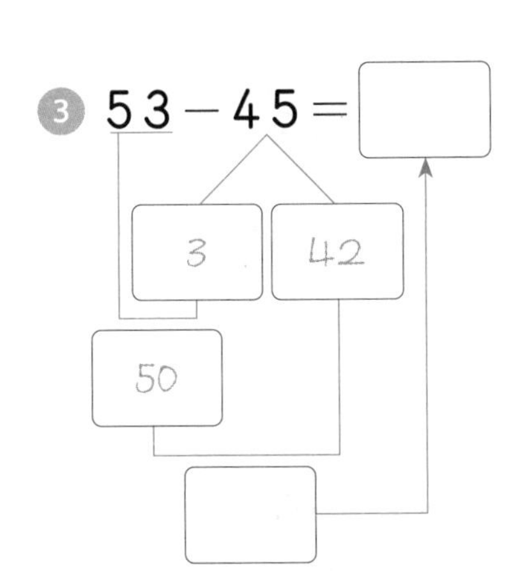

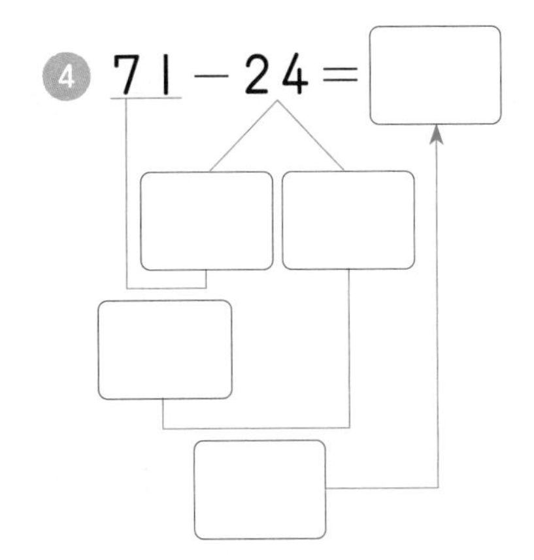

일의 자리 수를 같게 하여 뺄셈을 하세요.

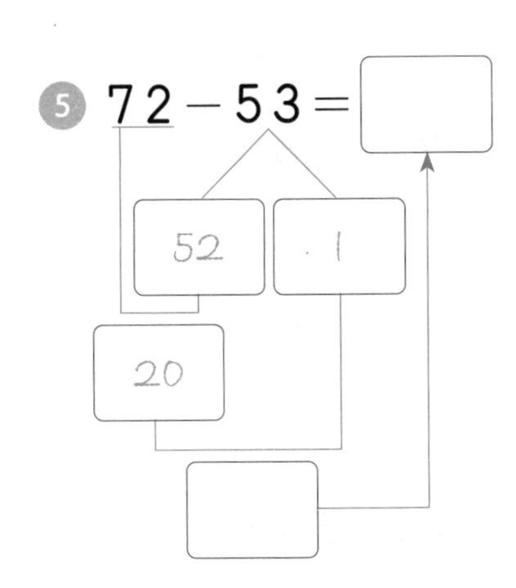

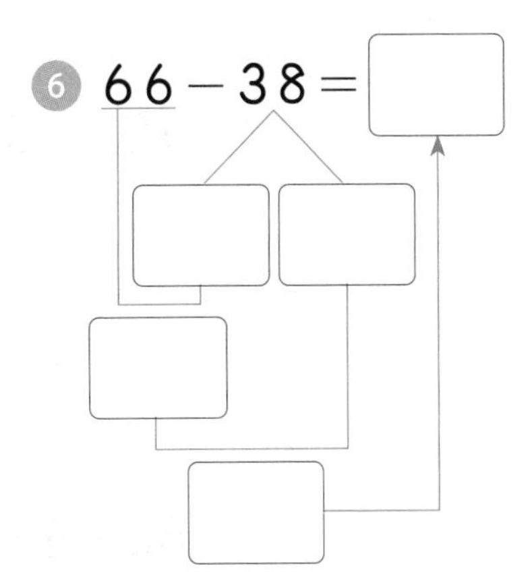

개념 다지기

몇십과 몇으로 나누어 뺄셈을 하세요.

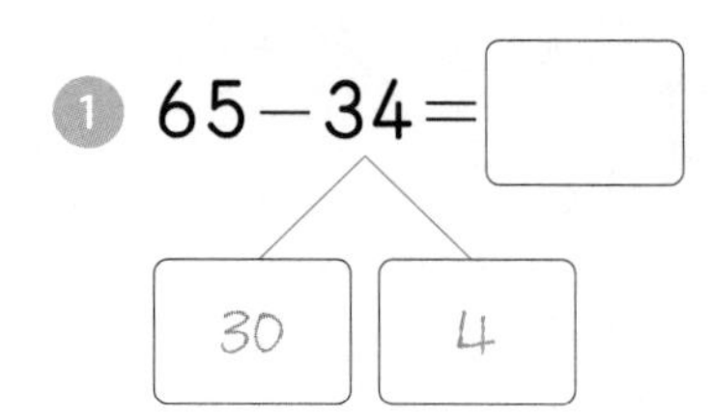

① 65−34=□ (30, 4)

② 32−16=□

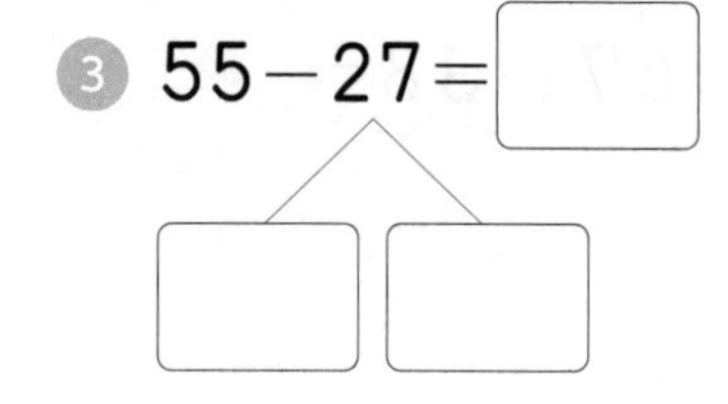

③ 55−27=□

④ 71−53=

⑤ 43−17=

⑥ 29−21=

몇십이 되게 하여 뺄셈을 하세요.

⑦ 35−17=□ (5, 12)

⑧ 92−56=□

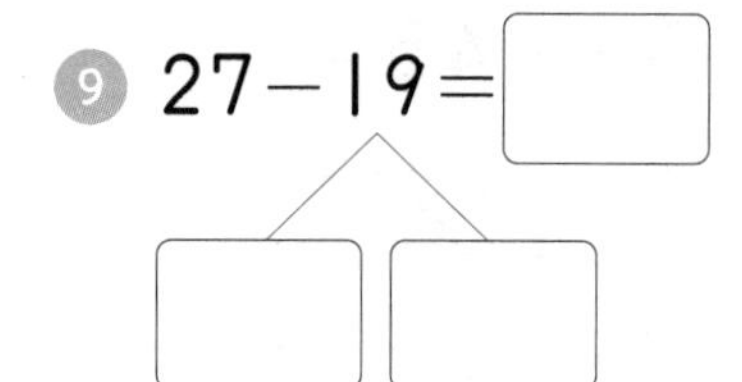

⑨ 27−19=□

⑩ 58−29=

⑪ 41−25=

⑫ 62−36=

일의 자리 수를 같게 하여 뺄셈을 하세요.

⑬ 56−38=□ (36, 2)

⑭ 72−45=□

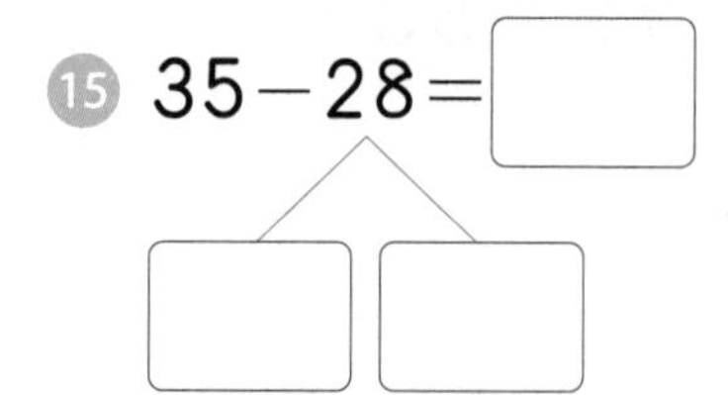

⑮ 35−28=□

⑯ 51−27=

⑰ 63−47=

⑱ 84−59=

여러 가지 방법으로 뺄셈을 하세요.

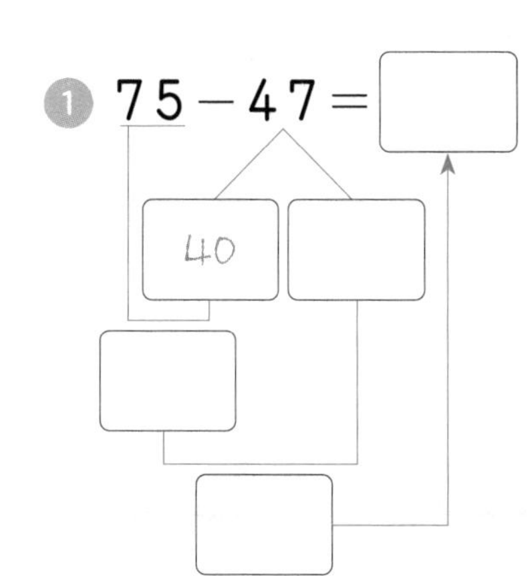

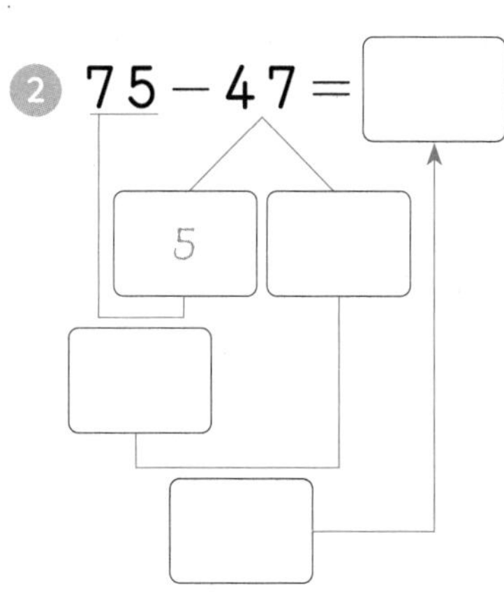

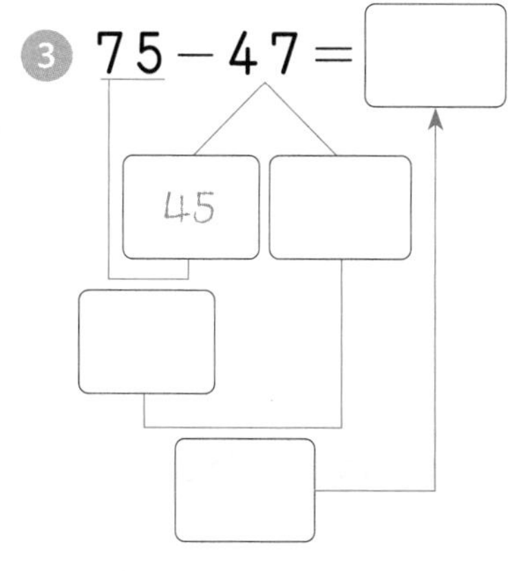

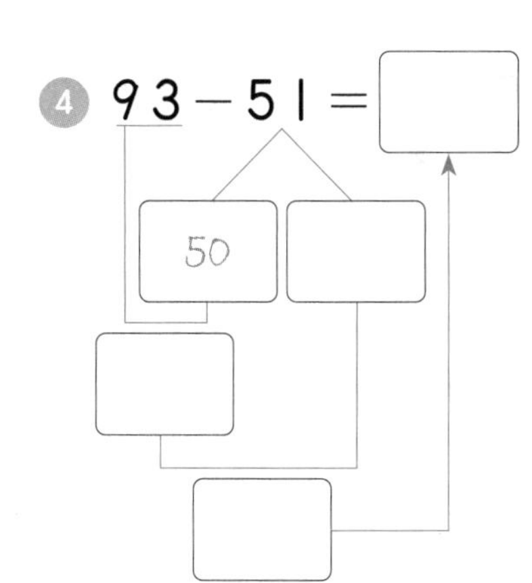

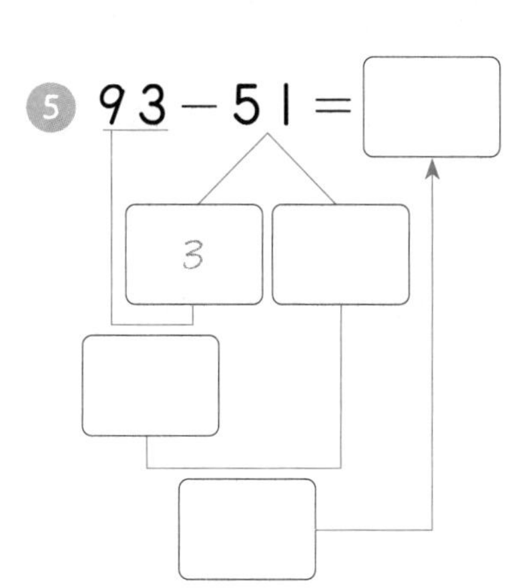

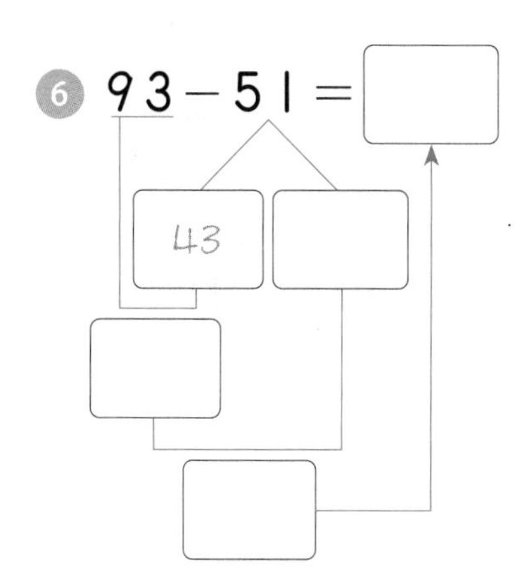

도전해 보세요

□ 안에 알맞은 수를 써넣으세요.

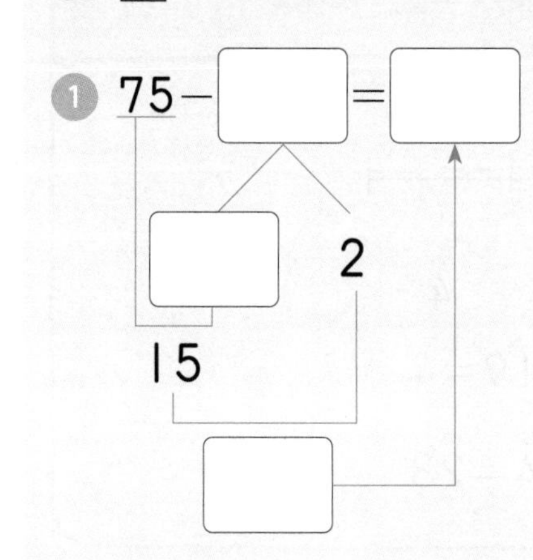

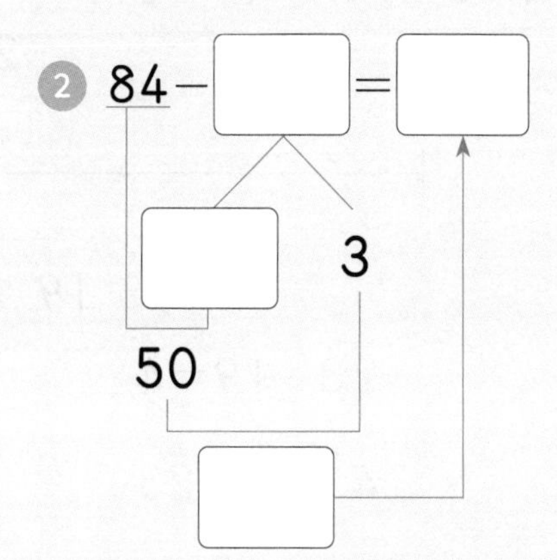

40 덧셈과 뺄셈의 관계

기억해 볼까요?

세 수를 이용하여 알맞은 덧셈식과 뺄셈식을 만드세요.

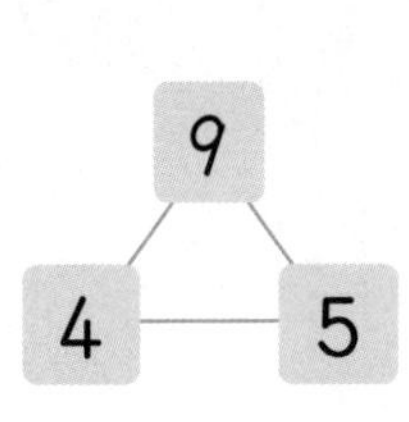

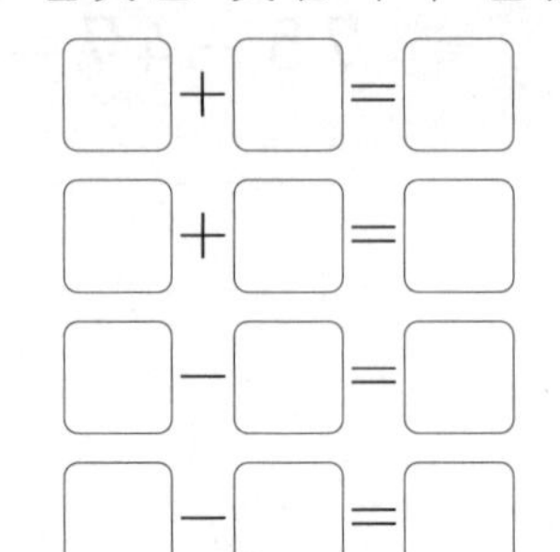

30초 개념

덧셈식을 뺄셈식으로, 뺄셈식을 덧셈식으로 나타낼 수 있어요.

●+▲=■ → ■−●=▲, ■−▲=●

■−●=▲ → ▲+●=■, ●+▲=■

덧셈식 19+4=23을 뺄셈식으로 나타내기

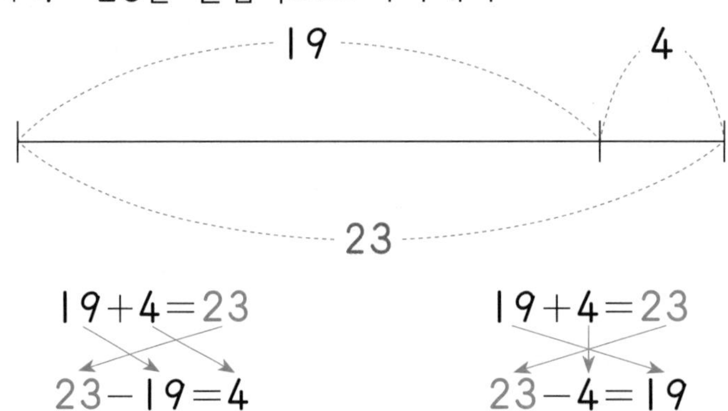

19+4=23 → 23−19=4

19+4=23 → 23−4=19

뺄셈식 23−19=4를 덧셈식으로 나타내기

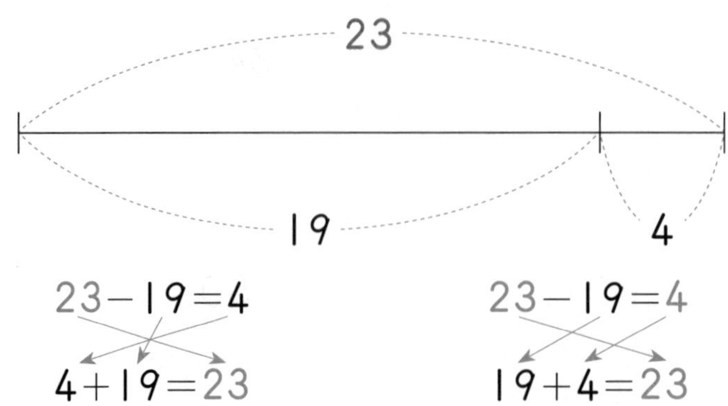

23−19=4 → 4+19=23

23−19=4 → 19+4=23

덧셈식을 보고 뺄셈식으로 나타내세요.

1 $29+16=45$

뺄셈식1 $45-29=16$

뺄셈식2

2 $39+26=65$

뺄셈식1

뺄셈식2

3 $19+64=83$

뺄셈식1

뺄셈식2

4 $72+83=155$

뺄셈식1

뺄셈식2

뺄셈식을 보고 덧셈식으로 나타내세요.

5 $42-33=9$

덧셈식1 $9+33=42$

덧셈식2

6 $75-46=29$

덧셈식1

덧셈식2

7 $82-26=56$

덧셈식1

덧셈식2

8 $121-48=73$

덧셈식1

덧셈식2

개념 다지기

□ 안에 알맞은 수를 써넣고, 덧셈식은 뺄셈식으로 뺄셈식은 덧셈식으로 나타내세요.

❶ 32+29=61

6	1	−	3	2	=	2	9

❷ 73−54=19

1	9	+	5	4	=	7	3

❸ 37+47=□

❹ 53−47=□

❺ 64+19=□

❻ 83−67=□

❼ 72+18=□

❽ 91−22=□

개념 키우기

❶ 그림을 보고 덧셈식을 만들고, 덧셈식을 뺄셈식으로 나타내세요.

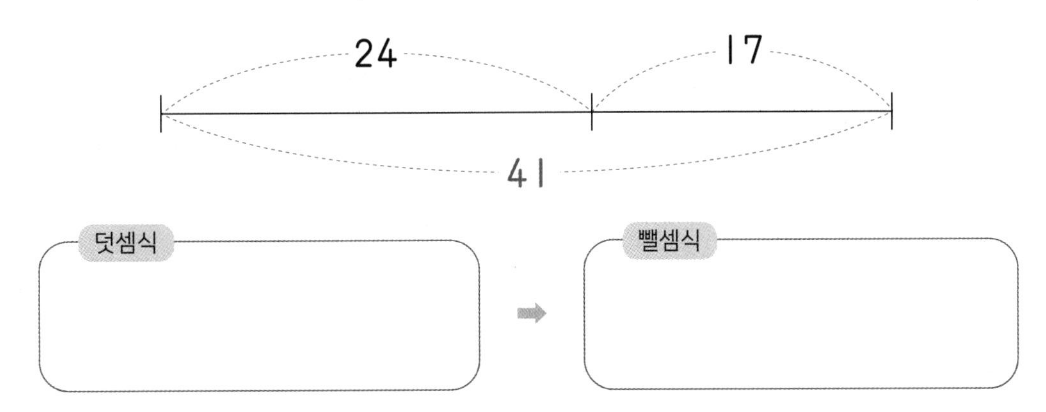

❷ 그림을 보고 뺄셈식을 만들고, 뺄셈식을 덧셈식으로 나타내세요.

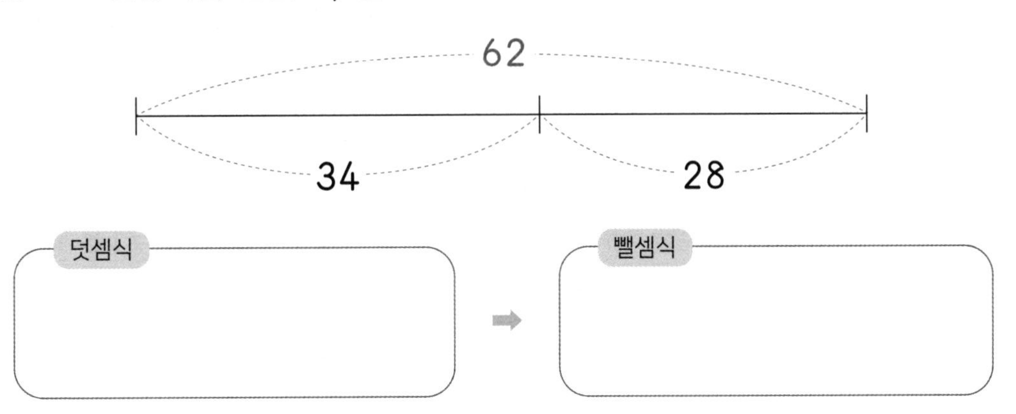

도전해 보세요

❶ 주어진 식을 덧셈식 또는 뺄셈식으로 나타내고 □ 안에 알맞은 수를 구하세요.

(1) 19+□=33

뺄셈식 ________________

□= ____________

(2) □−29=45

덧셈식 ________________

□= ____________

❷ 봄이는 책을 어제까지 25쪽 읽고 오늘 몇 쪽 더 읽었더니 모두 92쪽을 읽었습니다. 봄이가 오늘 몇 쪽을 읽었는지 □를 사용하여 식을 만들고 답을 구하세요.

식 ________________

답 ____________ 쪽

41 □의 값 구하기

○ 2-1-3
덧셈과 뺄셈
(덧셈과 뺄셈의 관계)

○ 2-1-3
덧셈과 뺄셈
(□의 값 구하기)

○ 중1
문자와 식
(문자의 사용과 식의 값)

기억해 볼까요?

□ 안에 알맞은 수를 써넣으세요.

❶ $15+32=47$

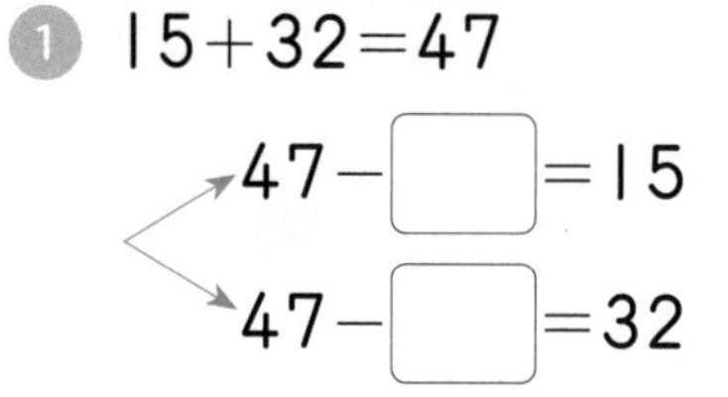

$47-\square=15$

$47-\square=32$

❷ $63-18=45$

$45+\square=63$

$18+\square=63$

30초 개념

모르는 어떤 수를 □로 나타내어 덧셈식과 뺄셈식을 만들고 □의 값을 구할 수 있어요.

어떤 수에 5를 더해 18이 된 경우

① 어떤 수를 □로 나타내어 덧셈식을 만들어요. → $\square+5=18$

② 만들어진 덧셈식을 뺄셈식으로 바꾸어요. → $18-5=\square$

③ 뺄셈식을 계산해 □의 값을 구해요. → $\square=13$

어떤 수에서 7을 빼어 9가 된 경우

① 어떤 수를 □로 나타내어 뺄셈식을 만들어요. → $\square-7=9$

② 만들어진 뺄셈식을 덧셈식으로 바꾸어요. → $9+7=\square$

③ 덧셈식을 계산해 □의 값을 구해요. → $\square=16$

12에서 어떤 수를 빼어 3이 된 경우

① 어떤 수를 □로 나타내어 뺄셈식을 만들어요. → $12-\square=3$

② 만들어진 뺄셈식의 모양을 바꾸어요. → $12-3=\square$

③ 뺄셈식을 계산해 □의 값을 구해요. → $\square=9$

어떤 수를 □로 나타내어 식을 만들고 어떤 수를 구하세요.

① 18에 어떤 수를 더하면 56입니다.

식 $18+\square=56$

➡ $\square=56-18=38$

② 27에서 어떤 수를 빼면 11입니다.

식

➡

③ 어떤 수에 25를 더하면 42입니다.

식

➡

④ 어떤 수에서 47을 빼면 24입니다.

식

➡

⑤ 33과 어떤 수의 합은 51입니다.

식

➡

⑥ 어떤 수와 18의 차는 27입니다.

식

➡

⑦ 어떤 수와 19의 합은 46입니다.

식

➡

⑧ 31과 어떤 수의 차는 35입니다.

식

➡

⑨ 어떤 수 더하기 15는 22

식

➡

⑩ 어떤 수 빼기 26은 38

식

➡

⑪ 25 더하기 어떤 수는 91

식

➡

⑫ 42 빼기 어떤 수는 17

식

➡

개념 다지기

덧셈식은 뺄셈식으로, 뺄셈식은 덧셈식으로 바꾸어 □의 값을 구하세요.

❶ $24+\square=41$

➡ $\square=41-24=17$

❷ $\square-36=19$

➡ $\square=19+36=55$

❸ $\square+39=52$

➡

❹ $71-\square=13$

➡

❺ $16+\square=73$

➡

❻ $\square+27=71$

➡

❼ $\square-17=34$

➡

❽ $83-\square=54$

➡

❾ $\square+49=73$

➡

❿ $\square-57=25$

➡

⓫ $32-\square=25$

➡

⓬ $42+\square=71$

➡

개념 키우기

어떤 수를 □로 나타내어 식을 만들고 어떤 수를 구하세요.

① 어떤 수보다 23 큰 수는 41입니다.

식 ______

➡ □=

② 어떤 수보다 35 작은 수는 49입니다.

식 ______

➡ □=

③ 36보다 어떤 수만큼 큰 수는 72입니다.

식 ______

➡ □=

④ 68보다 어떤 수만큼 작은 수는 29입니다.

식 ______

➡ □=

⑤ 어떤 수는 17보다 35만큼 큽니다.

식 ______

➡ □=

⑥ 어떤 수는 95보다 45만큼 작습니다.

식 ______

➡ □=

⑦ 7과 어떤 수의 차는 32입니다.

식 ______

➡ □=

⑧ 어떤 수와 18의 차는 25입니다.

식 ______

➡ □=

도전해 보세요

□를 사용하여 식을 만들고 답을 구하세요.

① 은수는 구슬을 37개 가지고 있었습니다. 오늘 구슬을 몇 개 더 샀더니 63개가 되었습니다. 오늘 산 구슬은 몇 개일까요?

식 ______

답 ______ 개

② 지효는 사탕을 72개 가지고 있었습니다. 동생에게 사탕을 몇 개 주었더니 47개가 남았습니다. 동생에게 준 사탕은 몇 개일까요?

식 ______

답 ______ 개

42 세 수의 덧셈, 세 수의 뺄셈

?! 기억해 볼까요?

가르기 하여 계산하세요.

❶ $6+8=\square$

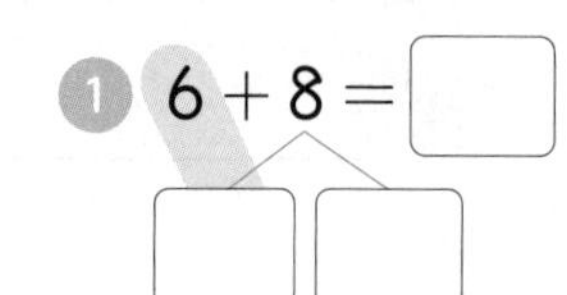

❷ $16-8=\square$

□ □

30초 개념

세 수의 덧셈은 두 수를 먼저 더한 다음, 남은 한 수를 더하고, 세 수의 뺄셈은 반드시 앞에서부터 두 수씩 순서대로 계산해요.

36+7+9의 계산

$36+7+9=52$

① 43

② 52

①	3	6
+		7
	4	3

②	4	3
+		9
	5	2

25−7−5의 계산

$25-7-5=13$

① 18

② 13

①	2	5
−		7
	1	8

②	1	8
−		5
	1	3

세 수의 덧셈은 더하는 순서를 다르게 해도 결과가 같지만
세 수의 뺄셈은 반드시 앞에서부터 두 수씩 차례로 빼야 해요.

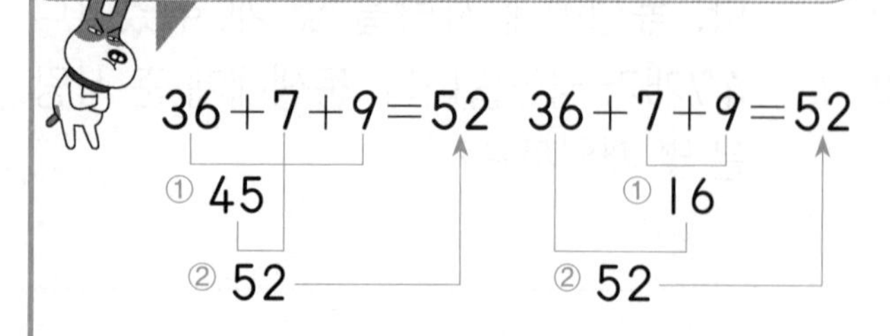

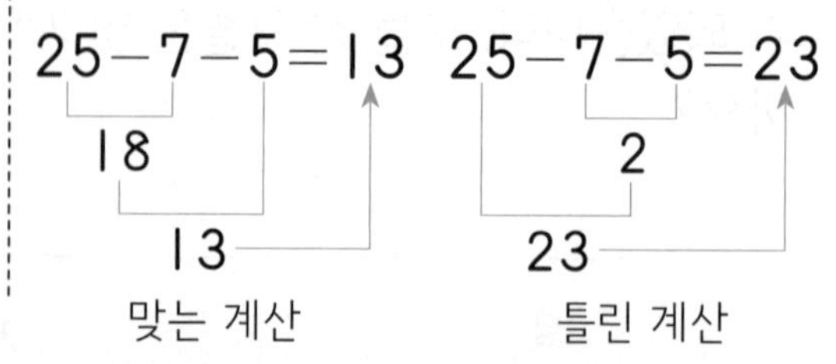

세 수의 덧셈을 하세요.

① $16+8+5=\square$

$16+8=\square$, $\square+5=\square$

② $32+9+17=\square$

$32+9=\square$, $\square+17=\square$

③ $26+14+15=\square$

$26+14=\square$, $\square+15=\square$

④ $45+17+24=\square$

$45+17=\square$, $\square+24=\square$

세 수의 뺄셈을 하세요.

⑤ $32-6-8=\square$

$32-6=\square$, $\square-8=\square$

⑥ $44-9-18=\square$

$44-9=\square$, $\square-18=\square$

⑦ $51-28-16=\square$

$51-28=\square$, $\square-16=\square$

⑧ $74-45-18=\square$

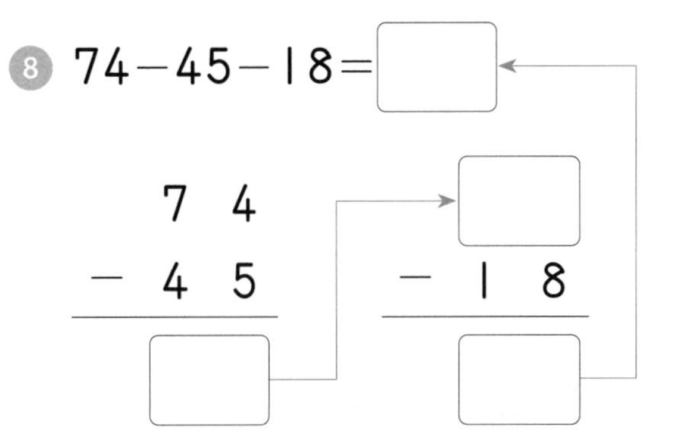

$74-45=\square$, $\square-18=\square$

세 수의 덧셈을 하세요.

1 $26+9+5=$

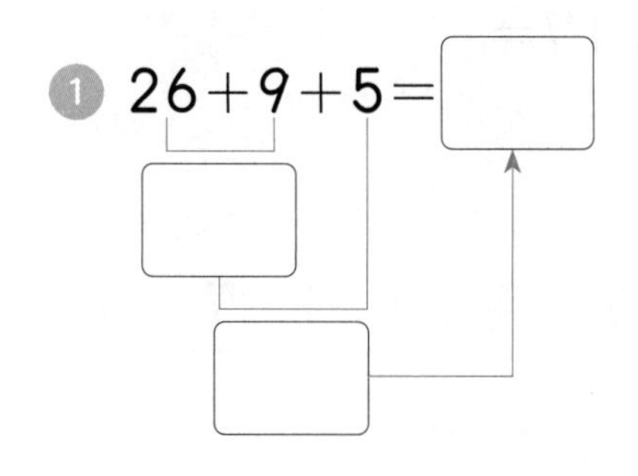

2 $19+22+9=$

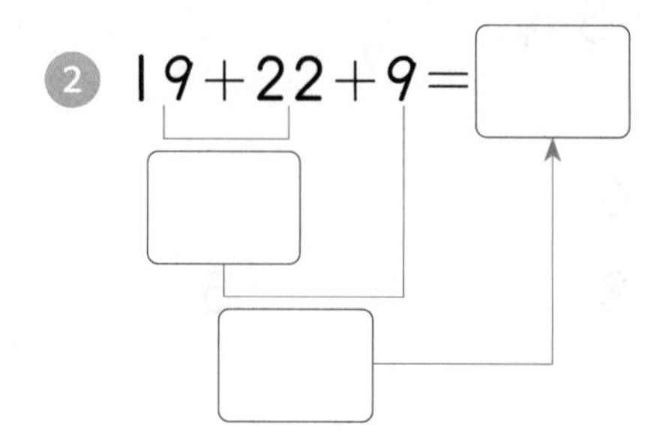

3 $15+25+21=$

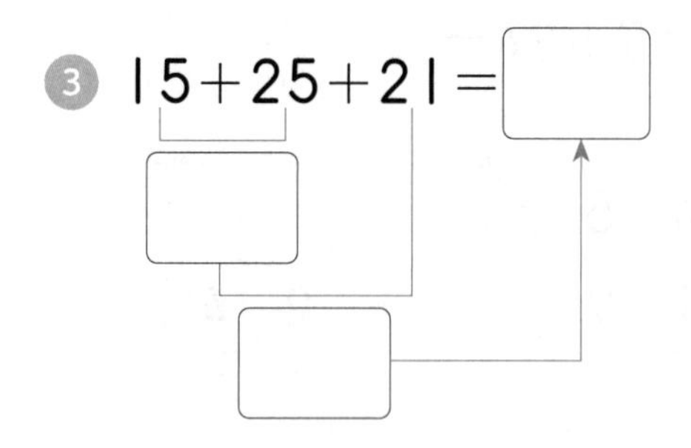

4 $9+36+17=$

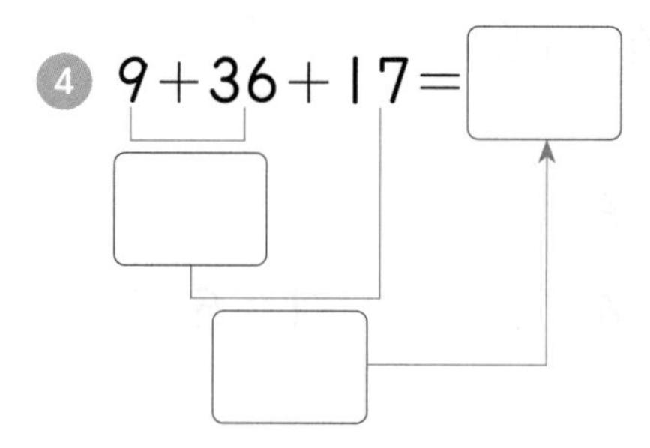

5 $39+14+26=$

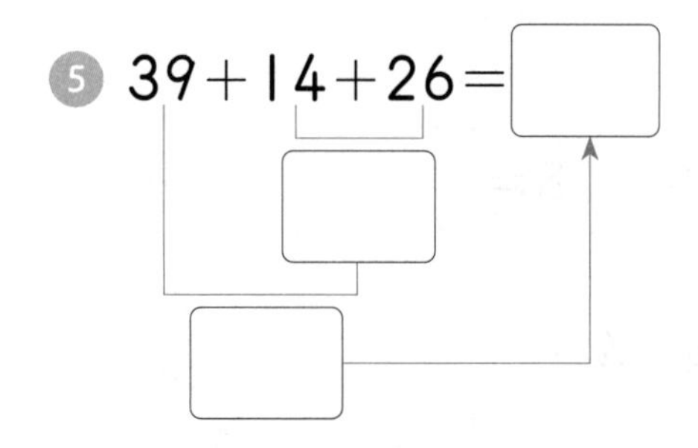

6 $29+18+22=$

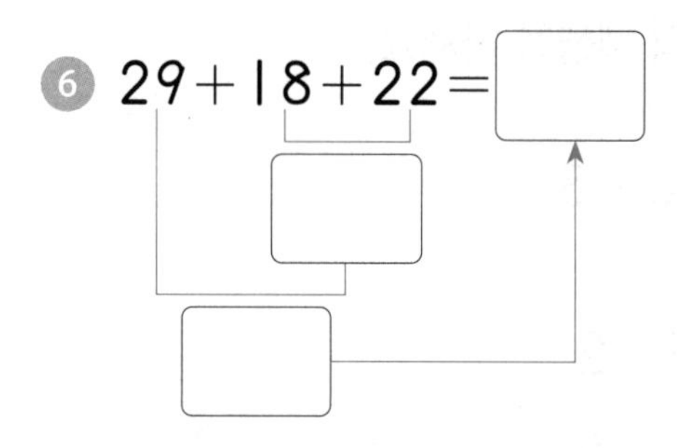

7 $46+33+18=$

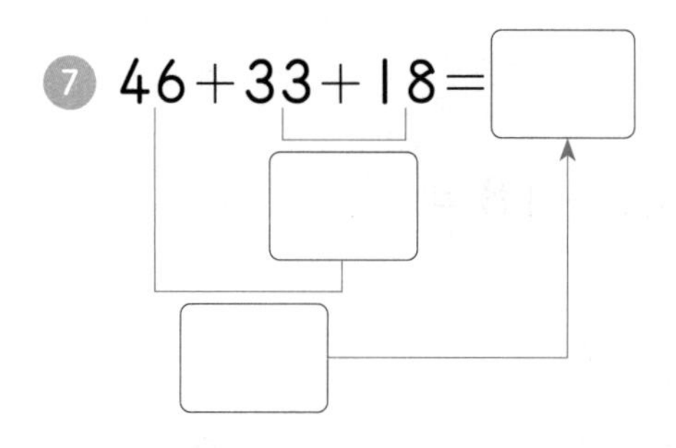

8 $8+51+28=$

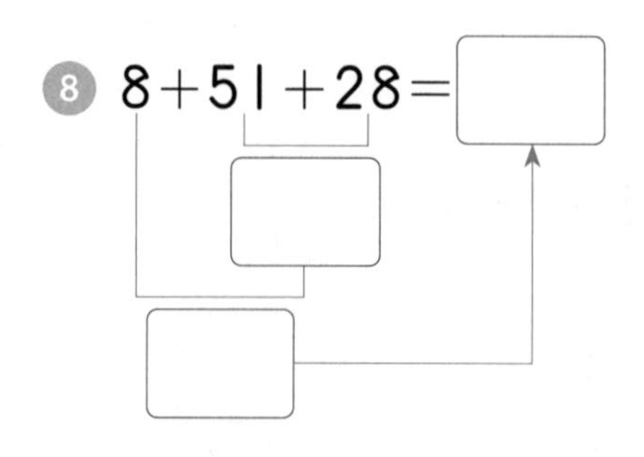

9 $43+38+17=$

10 $69+22+31=$

세 수의 뺄셈을 하세요.

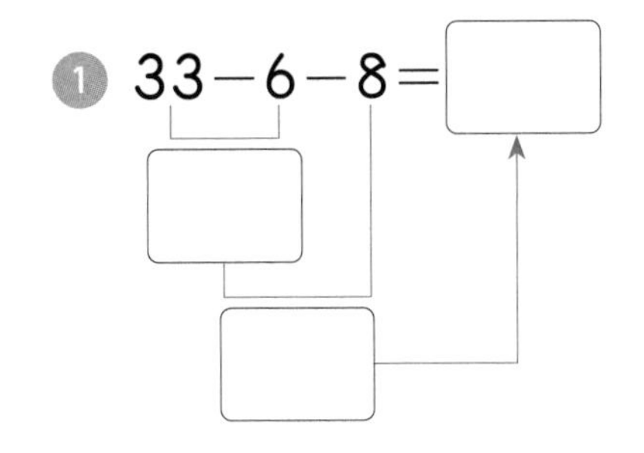

❶ $33-6-8=$ □

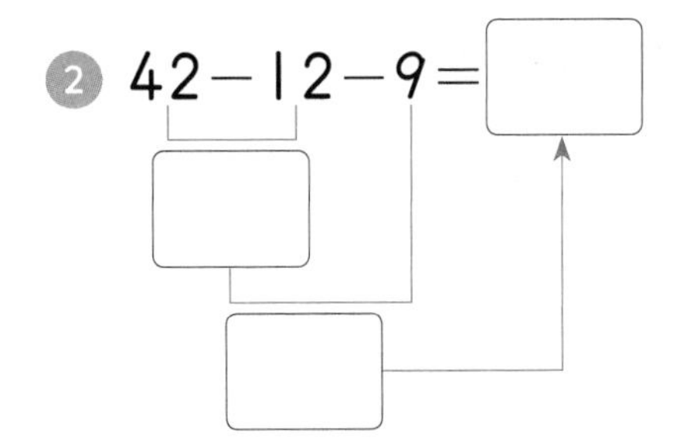

❷ $42-12-9=$ □

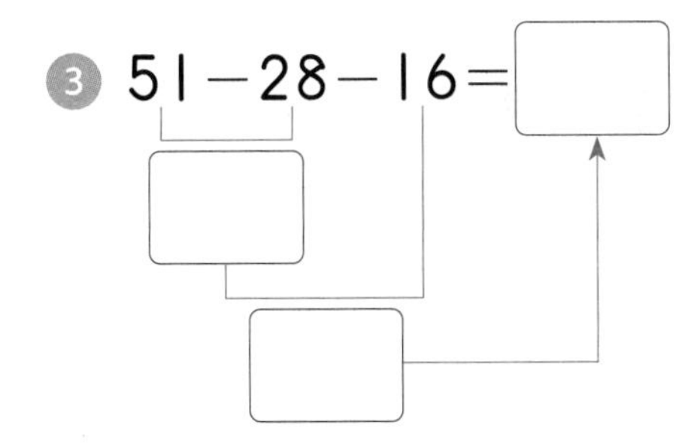

❸ $51-28-16=$ □

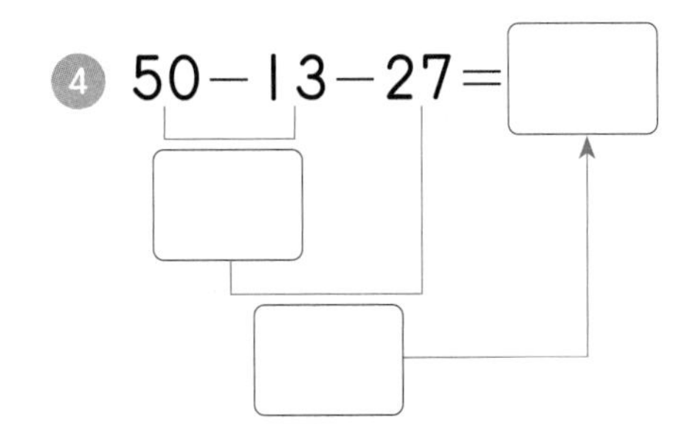

❹ $50-13-27=$ □

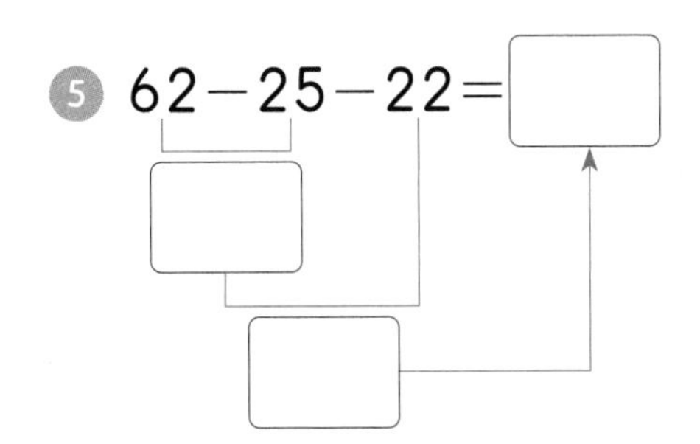

❺ $62-25-22=$ □

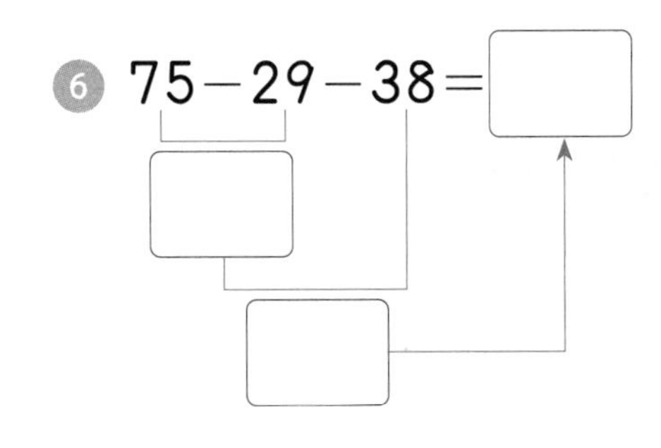

❻ $75-29-38=$ □

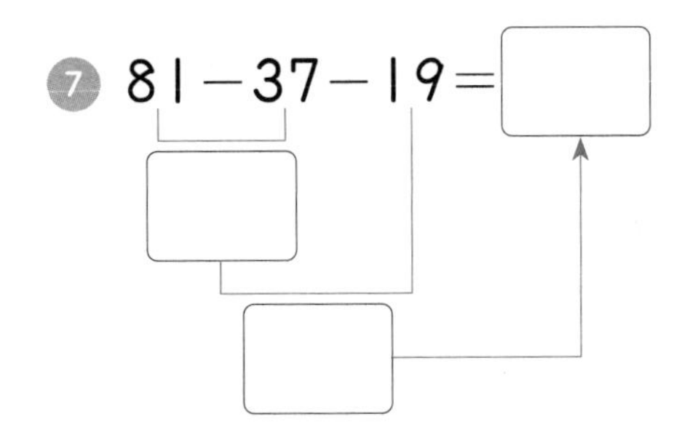

❼ $81-37-19=$ □

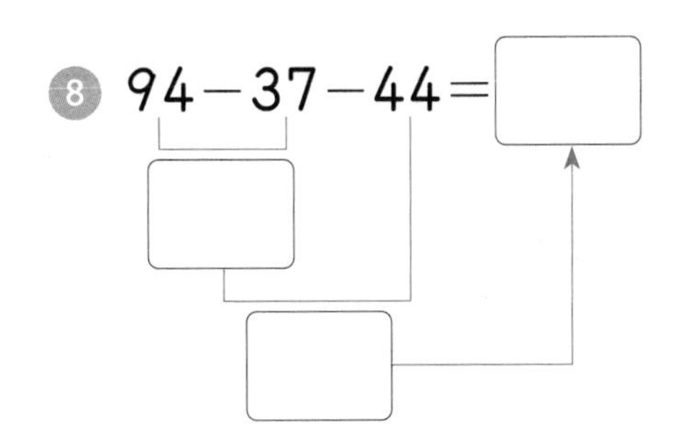

❽ $94-37-44=$ □

❾ $116-17-39=$

❿ $100-42-19=$

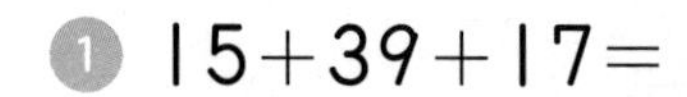

계산하세요.

❶ $15+39+17=$

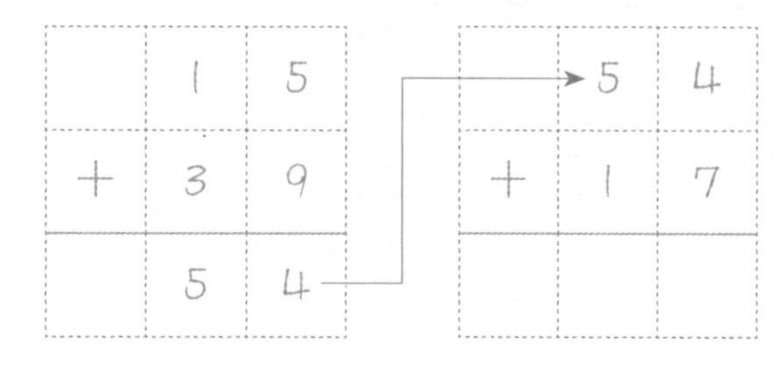

❷ $60-16-27=$

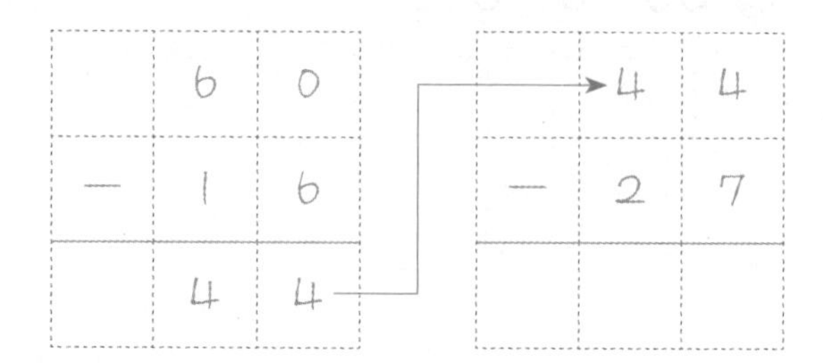

❸ $14+29+25=$

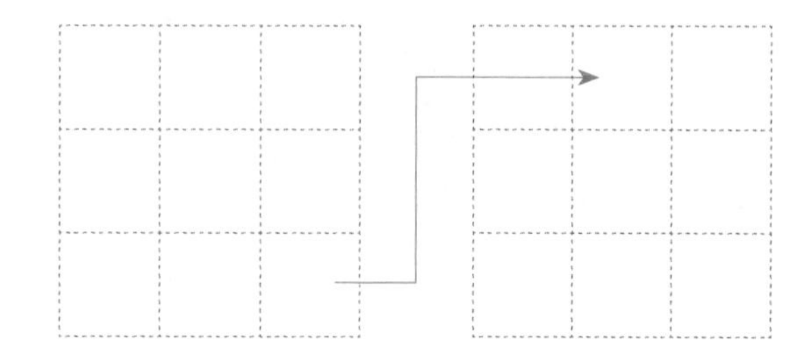

❹ $66-28-19=$

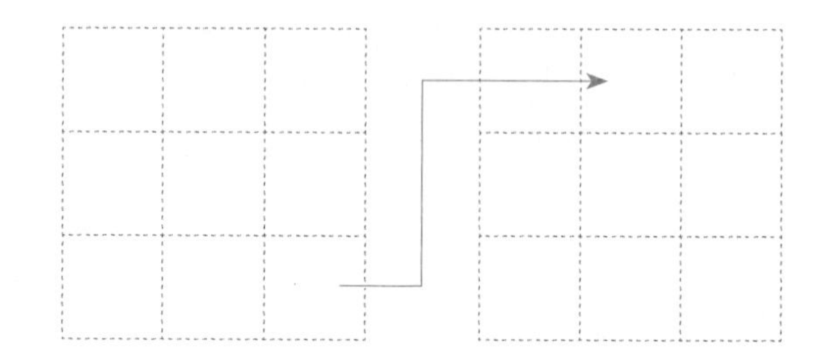

❺ $64+29+58=$

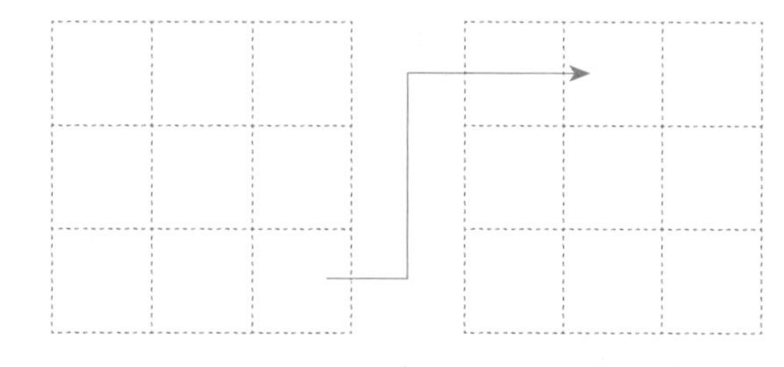

❻ $92-35-47=$

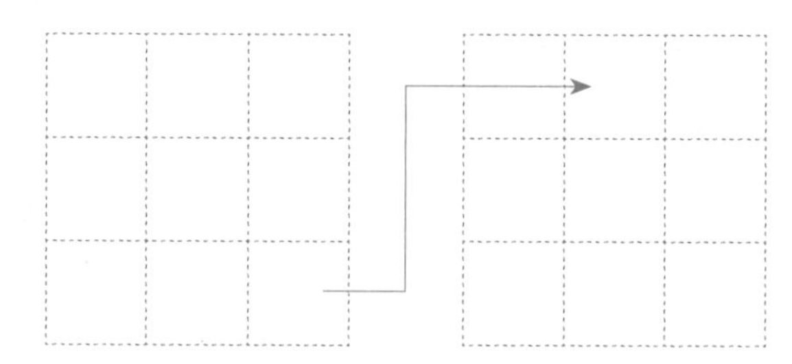

❼ $38+9+65=$

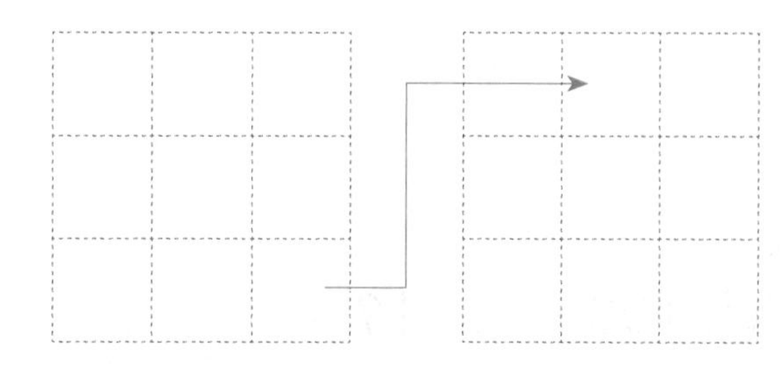

❽ $70-49-15=$

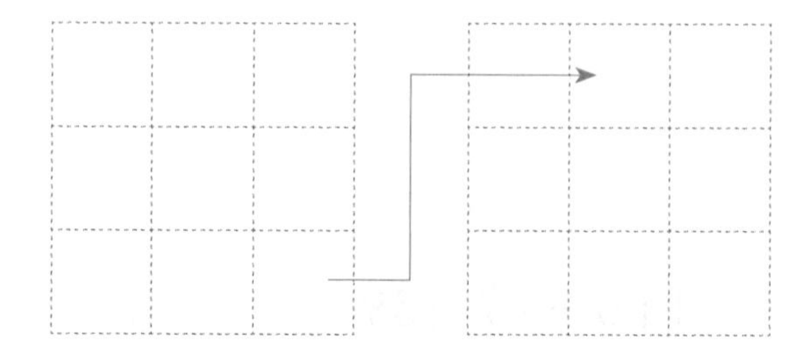

개념 키우기

계산하세요.

① $27+8+25=$

② $33+26+12=$

③ $17+33+19=$

④ $8+48+29=$

⑤ $80-29-18=$

⑥ $71-35-27=$

⑦ $85-25-36=$

⑧ $93-38-46=$

도전해 보세요

① 가을이는 스티커를 37장 모았습니다. 겨울이는 가을이보다 8장을 더 모았고 여름이 겨울이보다 15장을 더 모았습니다. 여름이가 모은 스티커는 모두 몇 장일까요?

( )장

② 봄이는 귤 25개 중에서 어제 9개, 오늘 8개를 먹었습니다. 봄이가 어제와 오늘 먹고 남은 귤은 몇 개일까요?

( )개

43 세수의 덧셈과 뺄셈

2-1-3
덧셈과 뺄셈
(세 수의 덧셈)

2-1-3
덧셈과 뺄셈
(세 수의 뺄셈)

2-1-3
덧셈과 뺄셈
(세 수의 덧셈과 뺄셈)

기억해 볼까요?

계산하세요.

① $27+15+19=$

② $62-19-28=$

30초 개념

덧셈과 뺄셈이 섞여 있는 세 수의 계산은 앞에서부터 두 수씩 차례로 해요.

65−36+17의 계산

$65-36+17=46$
(65−36=29, 29+17=46)

$$\begin{array}{r} 65 \\ -\ 36 \\ \hline 29 \end{array} \rightarrow \begin{array}{r} 29 \\ +\ 17 \\ \hline 46 \end{array}$$

72+19−38의 계산

$72+19-38=53$
(72+19=91, 91−38=53)

$$\begin{array}{r} 72 \\ +\ 19 \\ \hline 91 \end{array} \rightarrow \begin{array}{r} 91 \\ -\ 38 \\ \hline 53 \end{array}$$

덧셈과 뺄셈이 섞여 있는 세 수의 계산은 **반드시 앞에서부터** 계산해요.

월 일 ☆☆☆☆☆

□ 안에 알맞은 수를 써넣으세요.

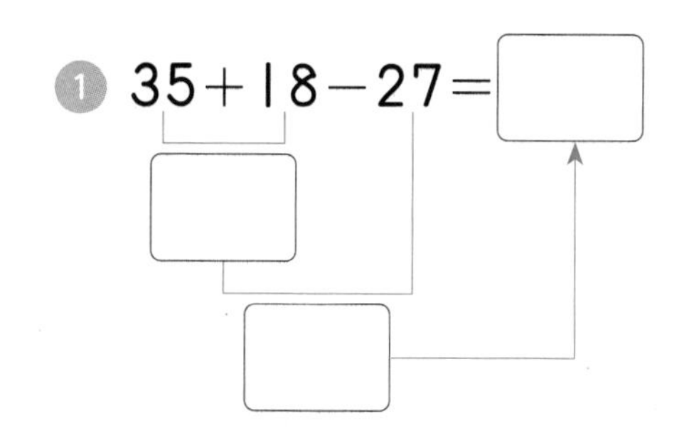

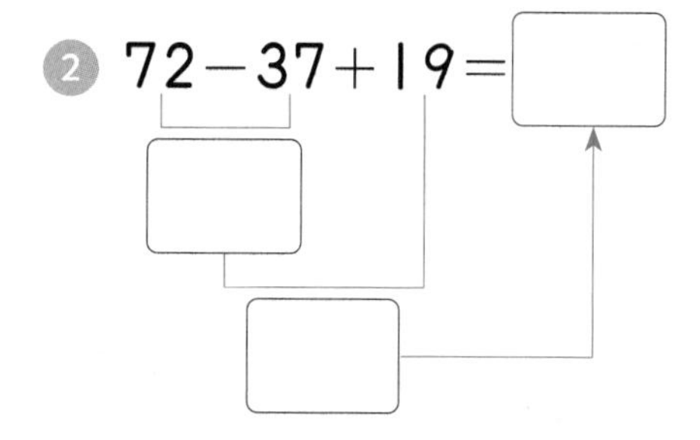

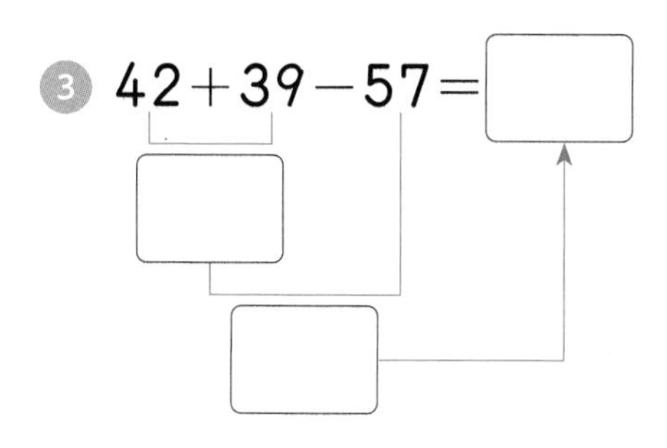

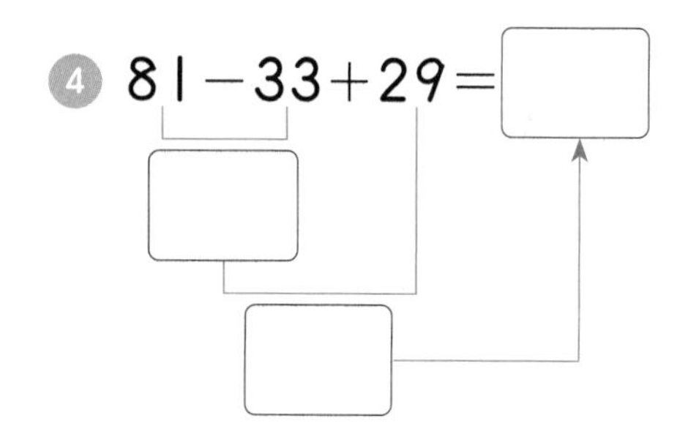

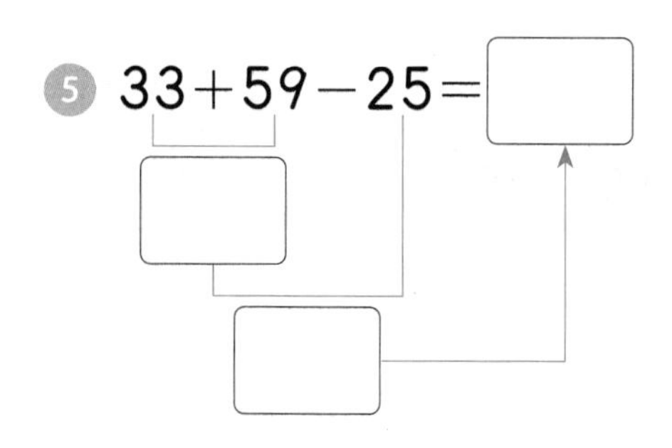

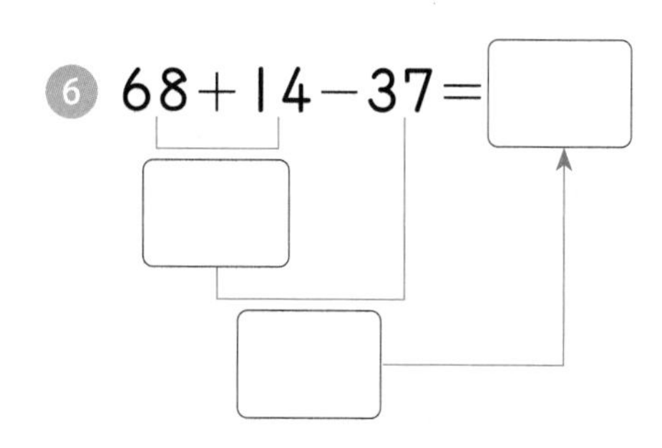

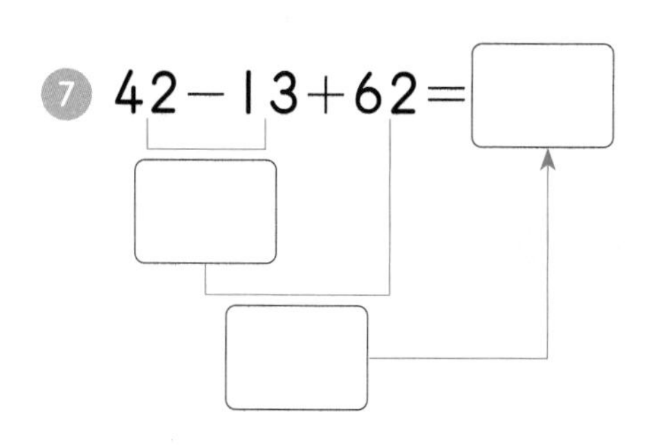

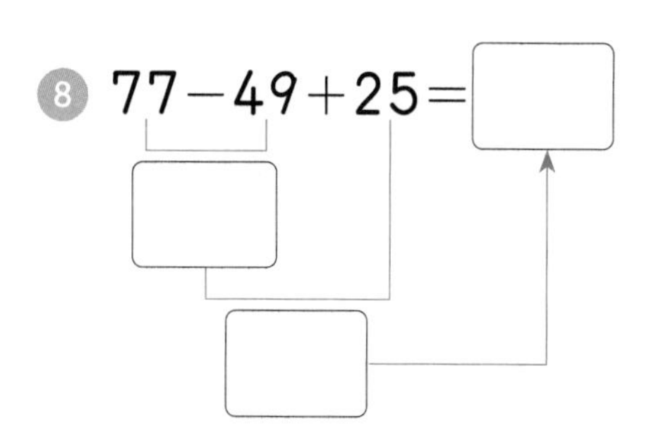

개념 다지기

계산하세요.

① $35+14-29=$

② $64+18-27=$

③ $72-35+27=$

④ $65-18+36=$

⑤ $72+19-36=$

⑥ $95-37+26=$

⑦ $33-17+59=$

⑧ $39+22-37=$

⑨ $83-45+18=$

⑩ $56+19-35=$

⑪ $357+136-219=$

⑫ $138+584-279=$

⑬ $759-362+193=$

⑭ $631-198+273=$

개념 키우기

주어진 수를 □ 안에 알맞게 넣어 식을 완성하세요.

1. 21 72 56

   □ + □ − □ = 37

2. 47 24 15

   □ + □ − □ = 38

3. 27 81 18

   □ + □ − □ = 72

4. 25 37 46

   □ − □ + □ = 58

5. 45 23 53 31

   □ + □ − □ = □

6. 52 35 74 57

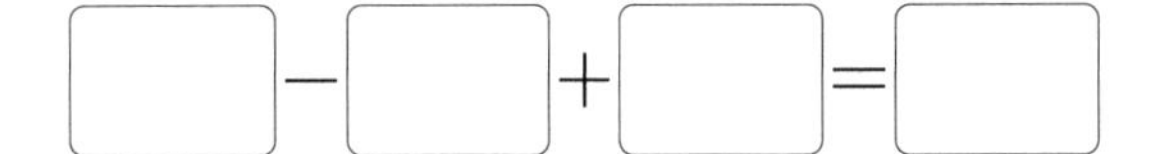

   □ − □ + □ = □

도전해 보세요

계산에서 틀린 곳을 찾아 바르게 고치세요.

1. 67 − 11 + 32 = 24 (11 + 32 = 43, 67 − 43 = 24) ➡ 67 − 11 + 32 =

2. 74 − 35 − 21 = 60 (35 − 21 = 14, 74 − 14 = 60) ➡ 74 − 35 − 21 =

1~6학년 연산 개념연결 지도

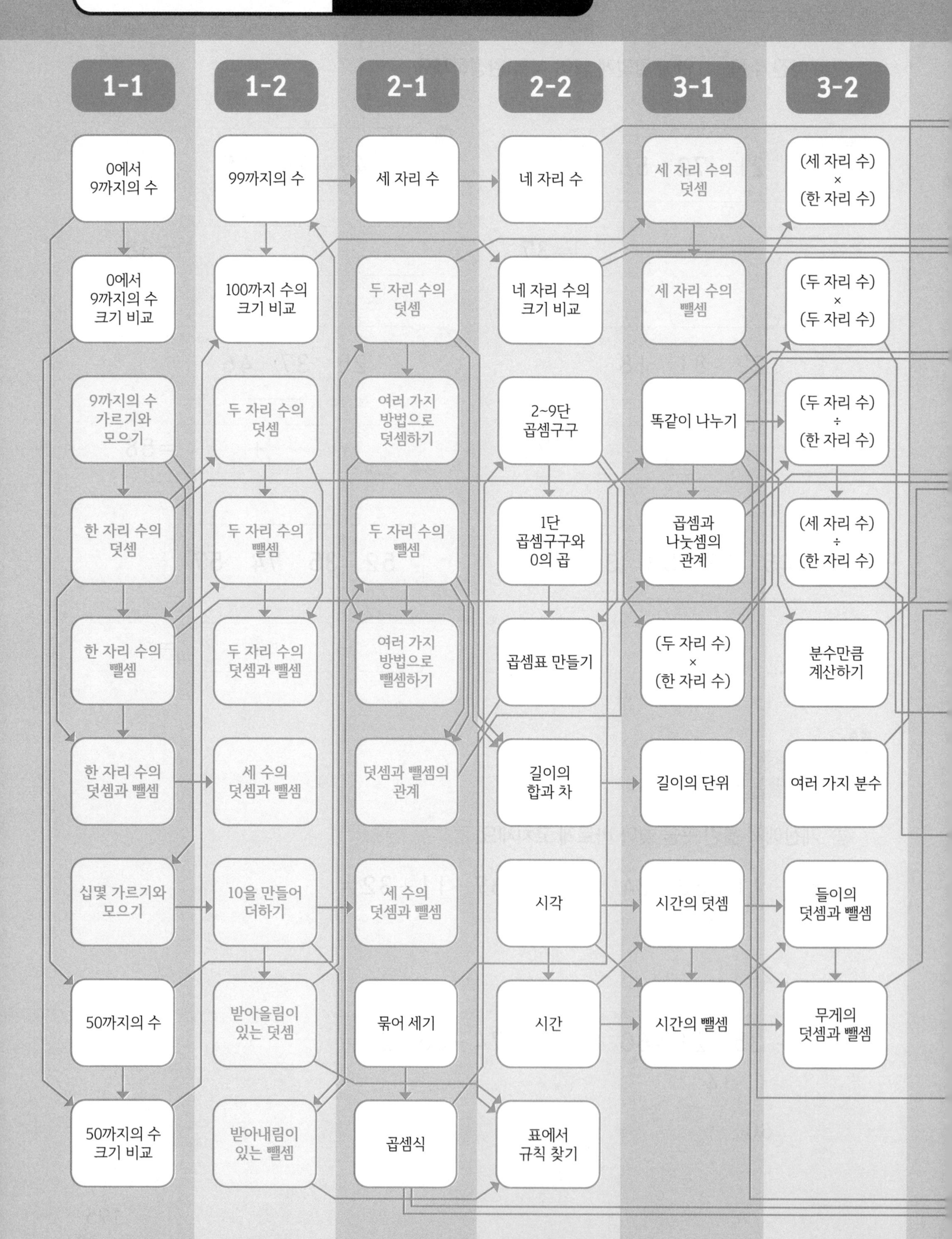

★ 연산 개념연결 지도는 비아북 블로그에서 다운로드받을 수 있습니다. blog.naver.com/viabook/221764401368 ★

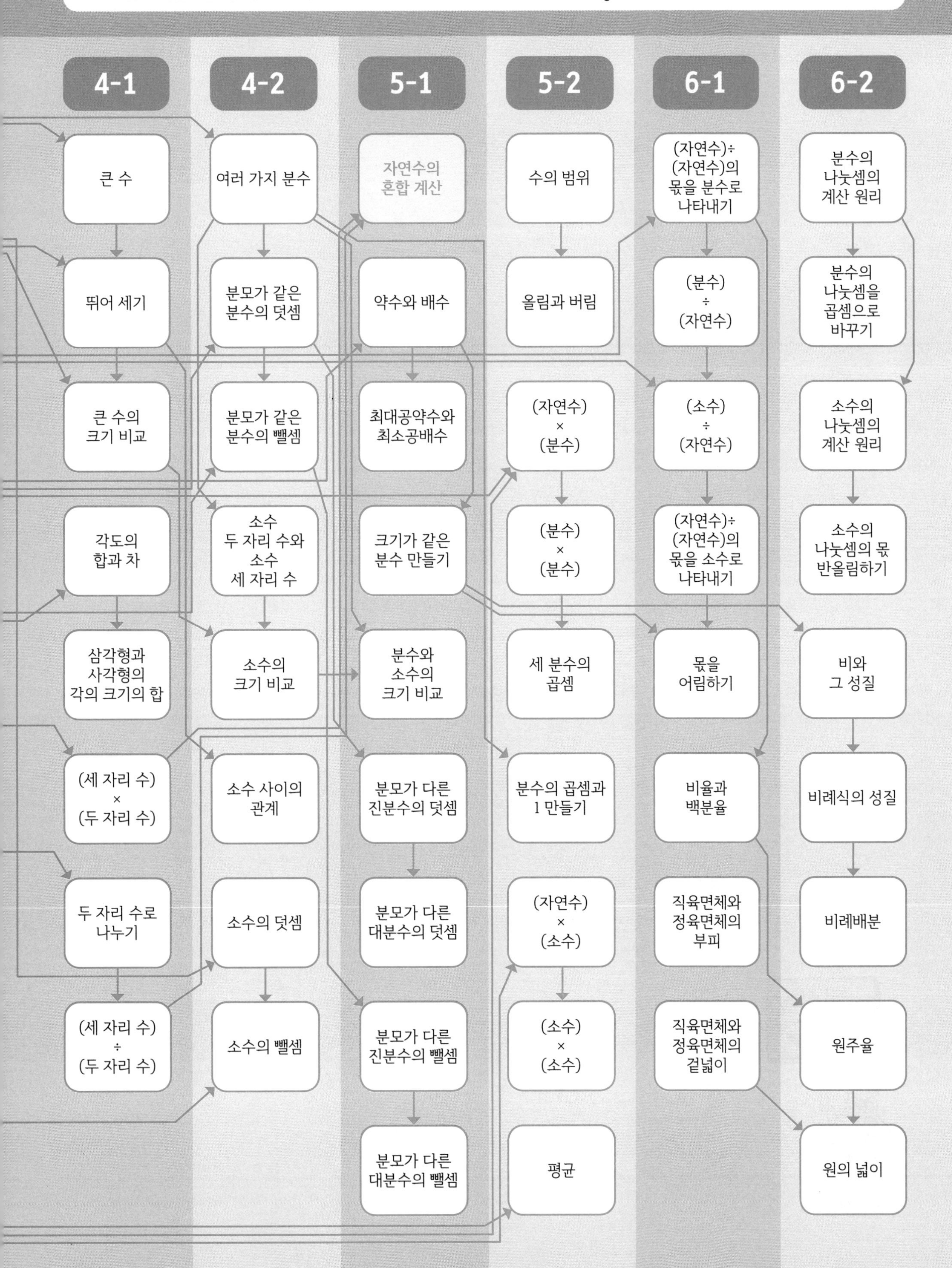

개념
연결

덧셈·뺄셈의 발견

정답과 풀이

01 모으기

기억해 볼까요? ········· 12쪽

1 3, 4, 5, 6, 8, 9

2 4, 6

개념 익히기 ········· 13쪽

1 4

2
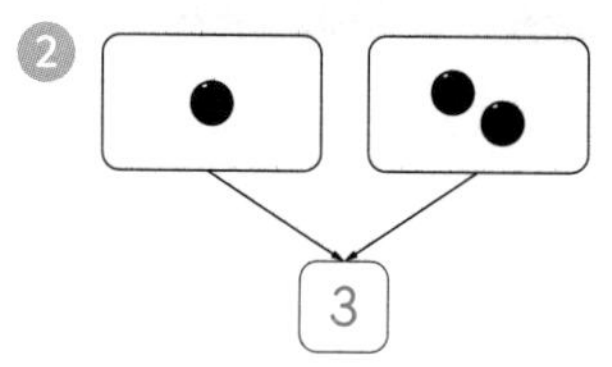

3
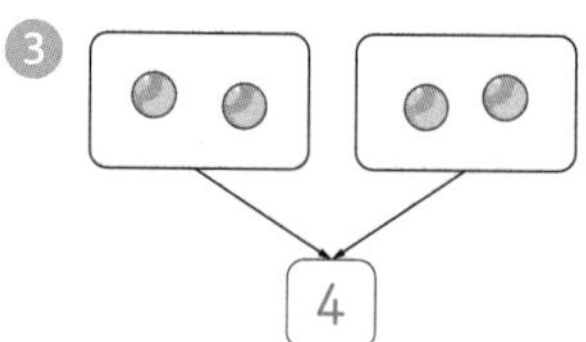

4
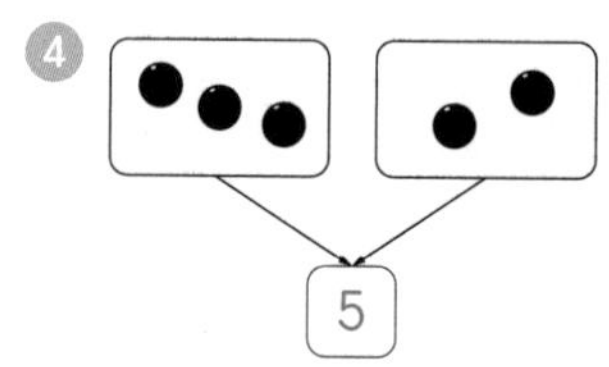

5
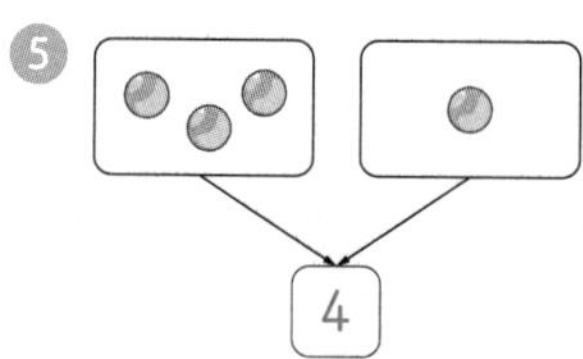

6
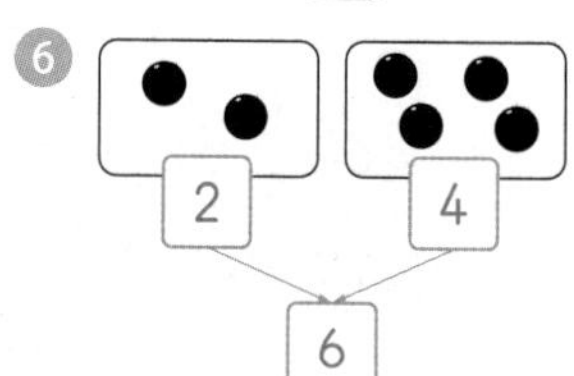

7
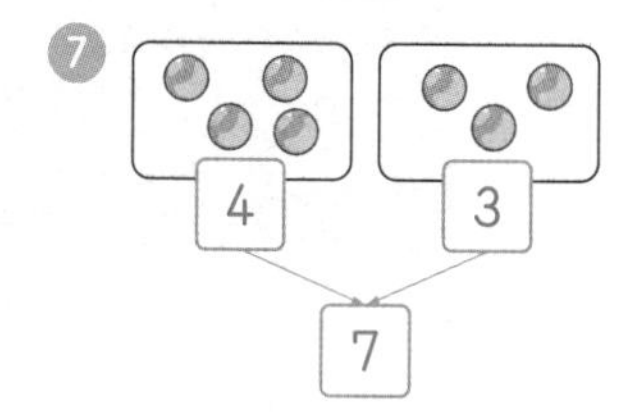

8
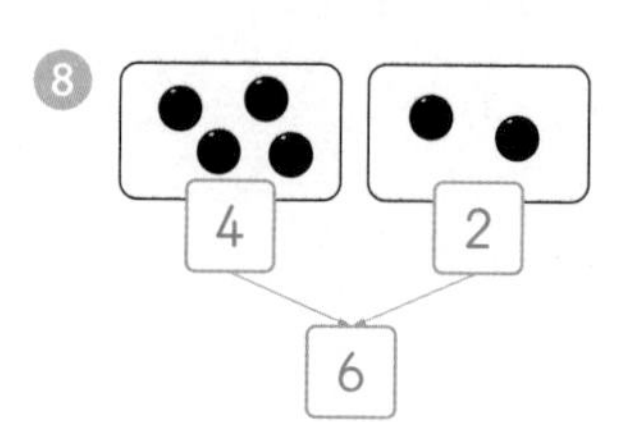

9
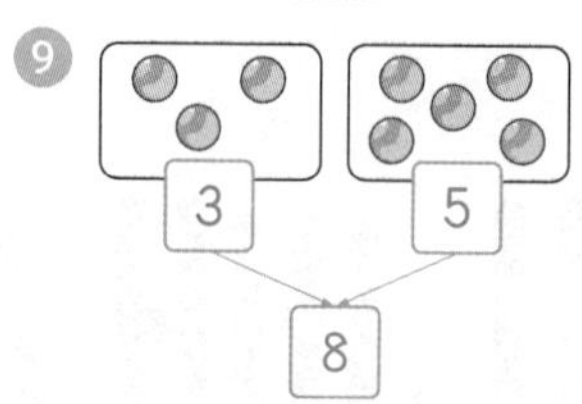

개념 다지기 ········· 14쪽

1 3　2 4　3 5

4 5　5 7　6 8

7 4　8 8　9 8

10 9　11 9　12 9

개념 키우기 ········· 15쪽

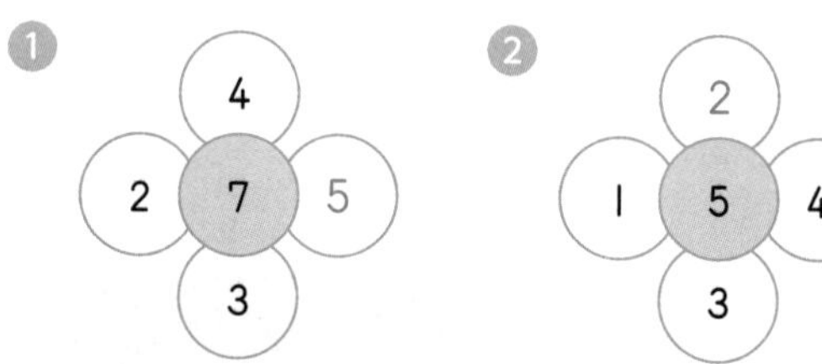

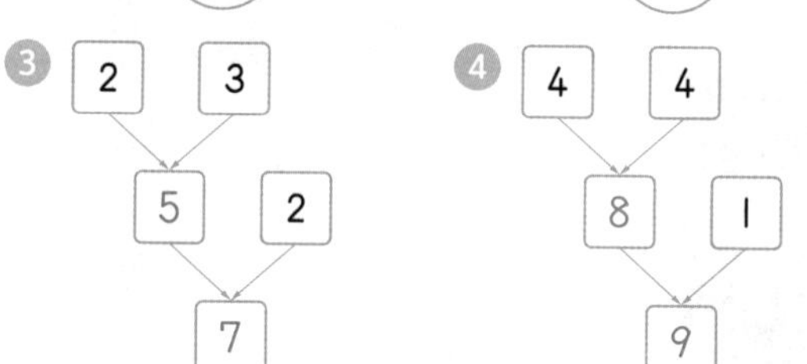

도전해 보세요 ········· 15쪽

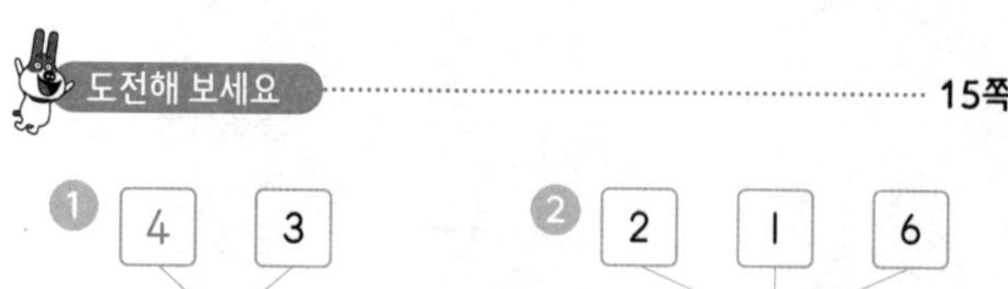

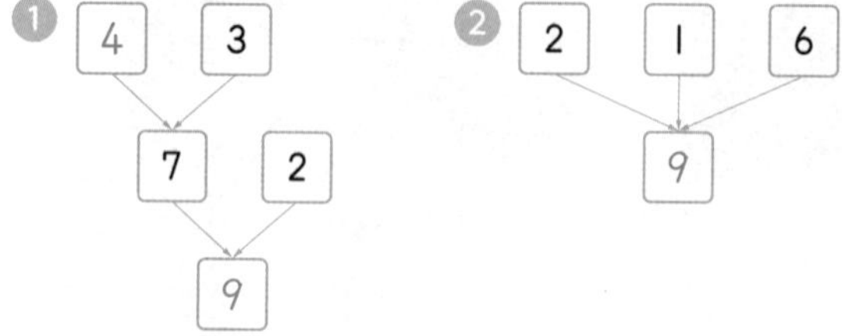

❶ 3과 모으기 하여 7이 되는 어떤 수는 4이고, 7과 2를 모으기 하면 9입니다.
❷ 2와 1을 모으기 하면 3이고, 3과 6을 모으기 하면 9이므로 2, 1, 6을 모으기 하면 9입니다.

02 덧셈식으로 나타내기

기억해 볼까요? ······ 16쪽

❶ 7 ❷ 8

개념 익히기 ······ 17쪽

❶ 3+2=5;
3 더하기 2는 5와 같습니다.
3과 2의 합은 5입니다.
❷ 2+4=6;
2 더하기 4는 6과 같습니다.
2와 4의 합은 6입니다.
❸ 1+4=5;
1 더하기 4는 5와 같습니다.
1과 4의 합은 5입니다.
❹ 3+5=8;
3 더하기 5는 8과 같습니다.
3과 5의 합은 8입니다.
❺ 4+3=7;
4 더하기 3은 7과 같습니다.
4와 3의 합은 7입니다.
❻ 4+4=8;
4 더하기 4는 8과 같습니다.
4와 4의 합은 8입니다.
❼ 2+7=9;
2 더하기 7은 9와 같습니다.
2와 7의 합은 9입니다.
❽ 3+6=9;
3 더하기 6은 9와 같습니다.
3과 6의 합은 9입니다.

개념 다지기 ······ 18쪽

❶ 2+1=3 ❷ 3+3=6
❸ 1+3=4 ❹ 3+2=5
❺ 4+3=7 ❻ 4+4=8
❼ 5+3=8 ❽ 6+2=8
❾ 4+5=9 ❿ 3+6=9

개념 키우기 ······ 19쪽

❶ 5+2=7 ❷ 4+3=7
❸ 5+4=9

도전해 보세요 ······ 19쪽

❶ 7; 5+2=7
❷ 4+3=7 또는 3+4=7

❶ 5와 2를 모으기 하면 7이고, 덧셈식으로 나타내면 5+2=7입니다.
❷ 바구니 안에 오이 4개, 당근 3개가 있으므로 4+3=7 또는 3+4=7입니다.

03 덧셈하기 1

기억해 볼까요? ······ 20쪽

❶ 3+2=5 ❷ 5+3=8

개념 익히기 ······ 21쪽

❶ 4 ❷ 5

③ 6 ④ 8
⑤ 8 ⑥ 7
⑦ 9 ⑧ 9

개념 다지기 22쪽

① 1, 3 ② 3, 4
③ 2, 6 ④ 6, 8
⑤ 1, 7 ⑥ 5, 9
⑦ 3, 3, 6 ⑧ 6, 2, 8

개념 키우기 23쪽

① 4+1=5 ② 3+2=5
③ 6+3=9

도전해 보세요 23쪽

① 7, 8, 9 ② 7; 2+7=9

① 무가 6개 심어져 있고, 무가 1개, 2개, 3개가 차례로 추가되고 있으므로 6+1=7, 6+2=8, 6+3=9입니다.
② 2와 모으기 하여 9가 되는 어떤 수는 7이므로 빈 곳에 알맞은 수는 7이고 덧셈식으로 나타내면 2+7=9입니다.

04 덧셈하기 2

기억해 볼까요? 24쪽

① 2+2=4 ② 5+3=8

개념 익히기 25쪽

① 6; 6 ② 5; 5
③ 2; 2 ④ 8; 8
⑤ 7; 3, 7 ⑥ 7; 4, 7
⑦ 7; 5, 7 ⑧ 8; 4, 8
⑨ 9; 6, 3, 9 ⑩ 9; 7, 2, 9

개념 다지기 26쪽

① 3 ② 4 ③ 5
④ 7 ⑤ 8 ⑥ 9
⑦ 7 ⑧ 6 ⑨ 6
⑩ 5 ⑪ 8 ⑫ 8
⑬ 8 ⑭ 9 ⑮ 9
⑯ 9 ⑰ 9 ⑱ 9

개념 키우기 27쪽

①

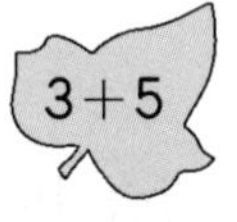

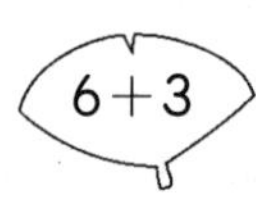

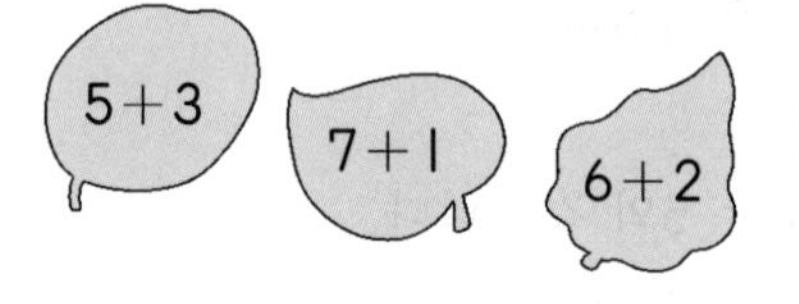

4+5

도전해 보세요 27쪽

① 5 ② 4, 7, 9

① 4와 더해서 9가 되는 어떤 수는 5이므로 4+5=9입니다.
② 4+0=4, 4+3=7, 4+5=9

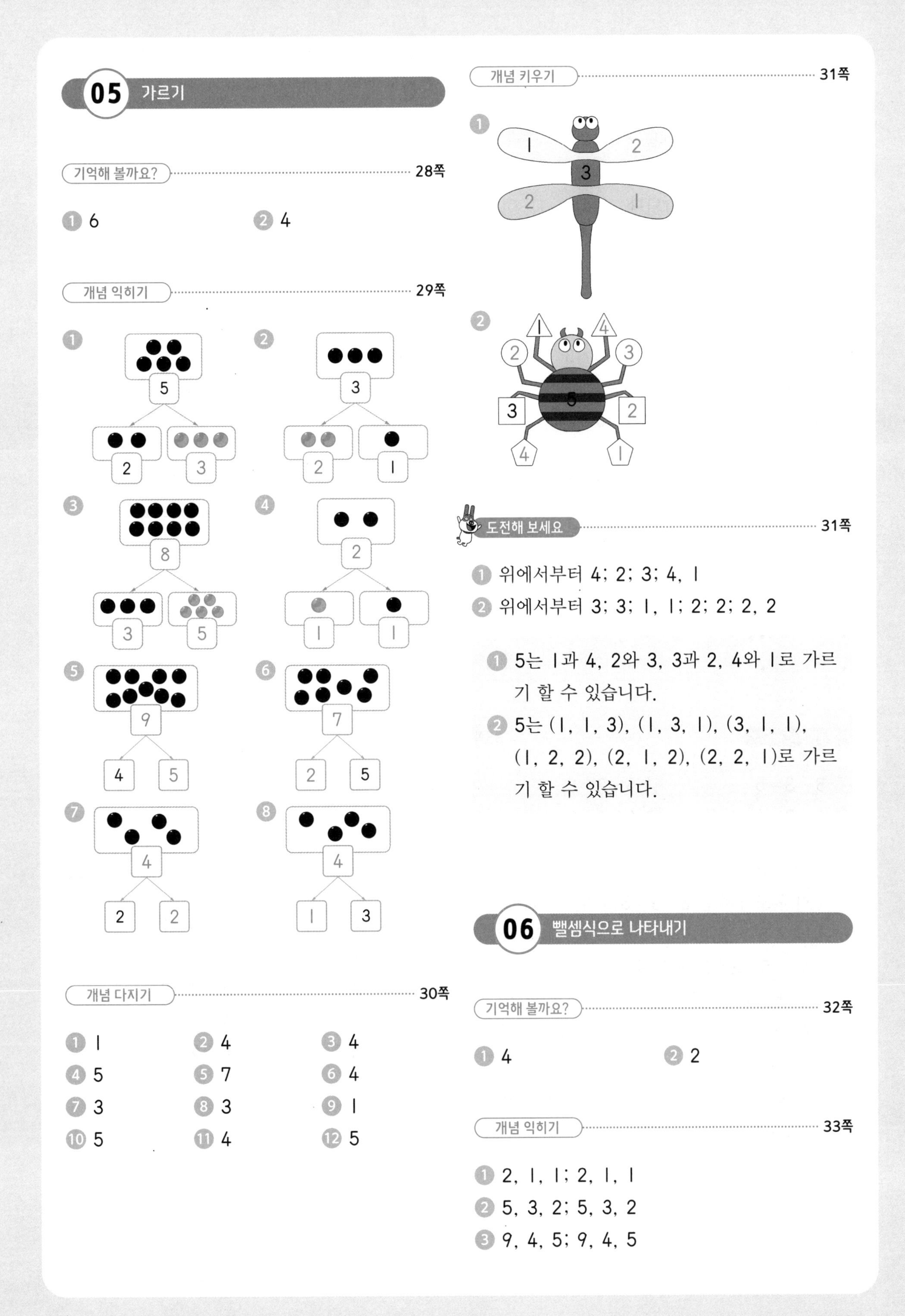

05 가르기

기억해 볼까요? ······ 28쪽

① 6　② 4

개념 익히기 ······ 29쪽

① 5 → 2, 3
② 3 → 2, 1
③ 8 → 3, 5
④ 2 → 1, 1
⑤ 9 → 4, 5
⑥ 7 → 2, 5
⑦ 4 → 2, 2
⑧ 4 → 1, 3

개념 다지기 ······ 30쪽

① 1　② 4　③ 4
④ 5　⑤ 7　⑥ 4
⑦ 3　⑧ 3　⑨ 1
⑩ 5　⑪ 4　⑫ 5

개념 키우기 ······ 31쪽

①

②

도전해 보세요 ······ 31쪽

① 위에서부터 4; 2; 3; 4, 1
② 위에서부터 3; 3; 1, 1; 2; 2; 2, 2

① 5는 1과 4, 2와 3, 3과 2, 4와 1로 가르기 할 수 있습니다.
② 5는 (1, 1, 3), (1, 3, 1), (3, 1, 1), (1, 2, 2), (2, 1, 2), (2, 2, 1)로 가르기 할 수 있습니다.

06 뺄셈식으로 나타내기

기억해 볼까요? ······ 32쪽

① 4　② 2

개념 익히기 ······ 33쪽

① 2, 1, 1; 2, 1, 1
② 5, 3, 2; 5, 3, 2
③ 9, 4, 5; 9, 4, 5

④ 8－2＝6;
8 빼기 2는 6과 같습니다.
8과 2의 차는 6입니다.
⑤ 7－3＝4;
7 빼기 3은 4와 같습니다.
7과 3의 차는 4입니다.

개념 다지기 34쪽

① 4－3＝1 ② 6－3＝3
③ 5－1＝4 ④ 5－4＝1
⑤ 3－1＝2 ⑥ 9－5＝4
⑦ 7－2＝5 ⑧ 8－4＝4
⑨ 6－4＝2 ⑩ 7－3＝4

개념 키우기 35쪽

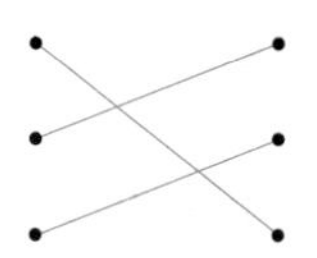

도전해 보세요 35쪽

① 8－3＝5 ② 5－2＝3
③ 6－2＝4 ④ 6－4＝2

① 피자 8조각 중 3조각을 먹었으므로 남은 피자 조각 수는 8－3＝5(조각)입니다.
② 달걀 5개 중 2개가 깨졌으므로 남은 달걀 수는 5－2＝3(개)입니다.
③ 장난감 6개 중 2개를 동생에게 주었으므로 남은 장난감 수는 6－2＝4(개)입니다.
④ 장난감 6개 중 4개를 갖고 남은 장난감 수는 6－4＝2(개)이므로 동생에게 2개를 주었습니다. 따라서 동생은 장난감 2개를 가졌습니다.

07 뺄셈하기 1

기억해 볼까요? 36쪽

① 6－4＝2 ② 8－3＝5

개념 익히기 37쪽

① ○ ○ ○ ∅; 4－1＝3
② ○○○○∅∅; 6－2＝4
③ ○ ○ ○ ∅ ∅; 5－2＝3
④ ○○○○○○∅∅∅; 9－3＝6
⑤ ; 5－3＝2
⑥ ; 3－2＝1
⑦ ; 4－3＝1
⑧ ; 6－3＝3

개념 다지기 38쪽

① 7－3＝4 ② 4－3＝1
③ 2－1＝1 ④ 3－2＝1
⑤ 6－4＝2 ⑥ 5－2＝3
⑦ 4－2＝2 ⑧ 7－3＝4
⑨ 8－5＝3 ⑩ 6－2＝4

개념 키우기 ········· 39쪽

(선 잇기 답)

도전해 보세요 ········· 15쪽

① 4－3＝1; 1 ② 3－2＝1; 1

① 파란색 구슬이 4개, 검은색 구슬이 3개이므로 파란색 구슬은 검은색 구슬보다 4－3＝1(개) 더 많습니다.
② 검은색 구슬 3개 중에서 2개를 동생에게 주었으므로 남아 있는 검은색 구슬의 수는 3－2＝1(개)입니다.

08 뺄셈하기 2

기억해 볼까요? ········· 40쪽

① 4－2＝2 ② 3－1＝2

개념 익히기 ········· 41쪽

① 2; 2 ② 2; 2
③ 3; 3 ④ 4; 4
⑤ 5, 4; 4 ⑥ 2, 4; 4
⑦ 2; 3, 2 ⑧ 3; 5, 3
⑨ 5; 5 ⑩ 2; 2

개념 다지기 ········· 42쪽

① 2 ② 5 ③ 2
④ 2 ⑤ 2 ⑥ 3
⑦ 1 ⑧ 2 ⑨ 1
⑩ 3 ⑪ 6 ⑫ 3
⑬ 5 ⑭ 2 ⑮ 1
⑯ 5 ⑰ 1 ⑱ 3

개념 키우기 ········· 43쪽

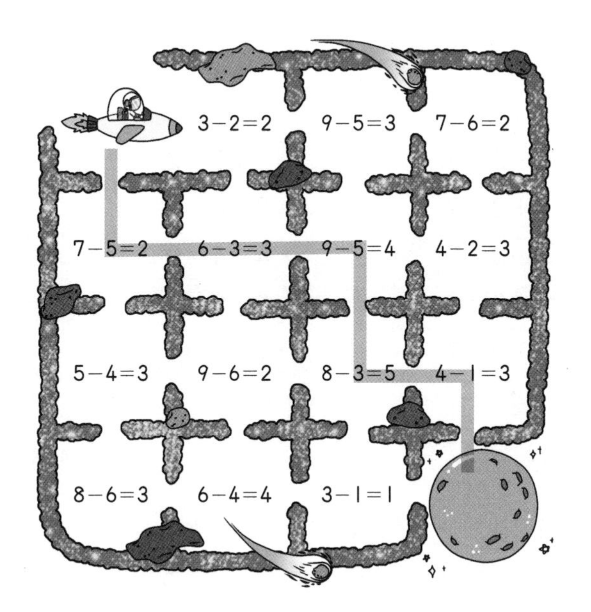

도전해 보세요 ········· 43쪽

① 위에서부터 7, 5, 2, 6, 4, 1
② 9－5＝4, 9－4＝5

①

－	1	3	6
8	8－1＝7	8－3＝5	8－6＝2
7	7－1＝6	7－3＝4	7－6＝1

② 주어진 수 카드는 4, 5, 9입니다. 만들 수 있는 뺄셈식은 9－5＝4, 9－4＝5입니다. 5－4＝1은 주어진 수 카드에 1이 없으므로 만들 수 없습니다.

09 0을 더하거나 빼기

기억해 볼까요? …… 44쪽

❶ 6, 9 ❷ 5, 2

개념 익히기 …… 45쪽

❶ $0+3=3$ ❷ $2+0=2$
❸ $9+0=9$ ❹ $0+4=4$
❺ $5-0=5$ ❻ $4-4=0$
❼ $3+0=3$ ❽ $0+0=0$
❾ $9-0=9$ ❿ $1-0=1$

개념 다지기 …… 46쪽

❶ 4 ❷ 4 ❸ 6
❹ 3 ❺ 0 ❻ 5
❼ 7 ❽ 6 ❾ 2
❿ 0 ⓫ 1 ⓬ 1
⓭ 1 ⓮ 4 ⓯ 8
⓰ 0 ⓱ 6 ⓲ 3

개념 키우기 …… 47쪽

❶ 1; 1, 1 ❷ 4; 4, 0
❸ 3; 3, 3 ❹ 6; 6, 0
❺ 0; 7, 7 ❻ 0; 0, 9

도전해 보세요 …… 47쪽

❶ $5+0=5$, $0+5=5$; $5-0=5$, $5-5=0$
❷ $7-7=0$

❶ 주어진 수 카드는 0, 5, 5입니다. 만들 수 있는 덧셈식은 $5+0=5$, $0+5=5$이고 만들 수 있는 뺄셈식은 $5-0=5$, $5-5=0$입니다.
❷ 그림에 있는 빵의 수는 7개입니다. 7명이 1개씩 먹으면 남는 빵의 수는 $7-7=0$(개)입니다.

10 덧셈과 뺄셈

기억해 볼까요? …… 48쪽

❶ 5 ❷ 1
❸ 8 ❹ 4

개념 익히기 …… 49쪽

❶ 5, 6, 7 ❷ 7, 8, 9 ❸ 6, 7, 8
❹ 5, 6, 7 ❺ 7, 8, 9 ❻ 5, 6, 7
❼ 7, 6, 5 ❽ 3, 2, 1 ❾ 5, 4, 3
❿ 3, 4, 5 ⓫ 3, 4, 5 ⓬ 4, 3, 2

개념 다지기 …… 50쪽

❶ 6 ❷ 5 ❸ 8
❹ 4 ❺ 6 ❻ 5
❼ 7 ❽ 4 ❾ 7
❿ + ⓫ − ⓬ +
⓭ − ⓮ + 또는 − ⓯ −
⓰ + ⓱ + ⓲ +

개념 키우기 …… 51쪽

❶ $4+5=9$, $5+4=9$, $9-5=4$, $9-4=5$
❷ $2+3=5$, $3+2=5$, $5-2=3$, $5-3=2$

③ 6+2=8, 2+6=8, 8−2=6, 8−6=2

④ 5+2=7, 2+5=7, 7−2=5, 7−5=2

도전해 보세요 ········ 51쪽

① 7+2=9

② 9−2=7

① 성냥개비 숫자 5에 성냥개비를 하나 더 붙이면 9가 됩니다. 따라서 7+2=9를 만들 수 있습니다.

② 성냥개비 숫자 3에 성냥개비를 하나 더 붙이면 9가 됩니다. 따라서 9−2=7을 만들 수 있습니다.

11 (몇십몇)+(몇)

기억해 볼까요? ········ 54쪽

① 8; 8, 8　② 9; 9, 9

개념 익히기 ········ 55쪽

① 12　② 17　③ 25

④ 15　⑤ 39　⑥ 48

⑦ 59　⑧ 68　⑨ 78

⑩ 33　⑪ 56　⑫ 57

⑬ 69　⑭ 89　⑮ 99

개념 다지기 ········ 56쪽

① $\begin{array}{r} 21 \\ +\ 6 \\ \hline 27 \end{array}$　② $\begin{array}{r} 13 \\ +\ 4 \\ \hline 17 \end{array}$　③ $\begin{array}{r} 20 \\ +\ 2 \\ \hline 22 \end{array}$

④ $\begin{array}{r} 33 \\ +\ 5 \\ \hline 38 \end{array}$　⑤ $\begin{array}{r} 18 \\ +\ 1 \\ \hline 19 \end{array}$　⑥ $\begin{array}{r} 44 \\ +\ 5 \\ \hline 49 \end{array}$

⑦ $\begin{array}{r} 6 \\ +\ 32 \\ \hline 38 \end{array}$　⑧ $\begin{array}{r} 3 \\ +\ 42 \\ \hline 45 \end{array}$　⑨ $\begin{array}{r} 4 \\ +\ 30 \\ \hline 34 \end{array}$

⑩ $\begin{array}{r} 5 \\ +\ 52 \\ \hline 57 \end{array}$　⑪ $\begin{array}{r} 8 \\ +\ 61 \\ \hline 69 \end{array}$　⑫ $\begin{array}{r} 7 \\ +\ 72 \\ \hline 79 \end{array}$

⑬ $\begin{array}{r} 34 \\ +\ 4 \\ \hline 38 \end{array}$　⑭ $\begin{array}{r} 95 \\ +\ 3 \\ \hline 98 \end{array}$　⑮ $\begin{array}{r} 3 \\ +\ 86 \\ \hline 89 \end{array}$

개념 키우기 ········ 57쪽

①

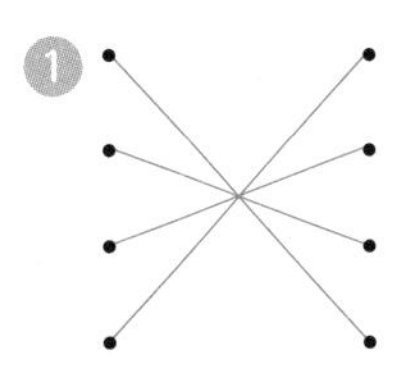

② 29　③ 56

④ 35　⑤ 75

⑥ 69　⑦ 39

도전해 보세요 ········ 57쪽

① 68　② 48

① 하늘이가 가지고 있는 구슬의 수는 63개이고, 바다는 5개를 가지고 있으므로 하늘이와 바다가 가지고 있는 구슬의 수는 63+5=68(개)입니다.

② 40+6=46, 46+2=48

12 (몇십)+(몇십), (몇십몇)+(몇십몇)

기억해 볼까요? ······ 58쪽

① 39 ② 68
③ 58 ④ 87

개념 익히기 ······ 59쪽

① 35 ② 39 ③ 40
④ 67 ⑤ 68 ⑥ 68
⑦ 70 ⑧ 95 ⑨ 99
⑩ 98 ⑪ 87 ⑫ 90
⑬ 99 ⑭ 87 ⑮ 88

개념 다지기 ······ 60쪽

① 20 + 60 = 80
② 24 + 15 = 39
③ 26 + 22 = 48
④ 17 + 32 = 49
⑤ 34 + 25 = 59
⑥ 43 + 35 = 78
⑦ 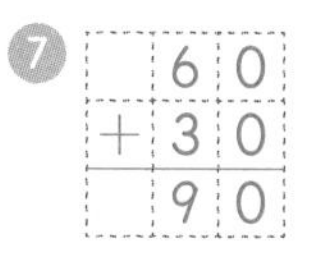
60 + 30 = 90
⑧ 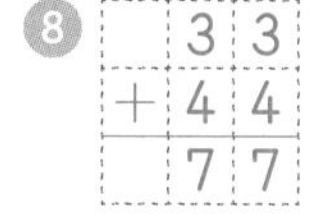
33 + 44 = 77
⑨ 46 + 43 = 89
⑩ 50 + 48 = 98
⑪ 81 + 17 = 98
⑫ 72 + 24 = 96
⑬ 40 + 50 = 90
⑭ 82 + 16 = 98
⑮ 63 + 14 = 77

개념 키우기 ······ 61쪽

①

+	10	20	30	40
20	30	40	50	60
30	40	50	60	70
40	50	60	70	80
50	60	70	80	90

②

+	51	52	53	54
30	81	82	83	84
35	86	87	88	89
40	91	92	93	94
45	96	97	98	99

③

+	50	60	70	80
16	66	76	86	96
17	67	77	87	97
18	68	78	88	98
19	69	79	89	99

④

+	12	24	31	33
65	77	89	96	98
50	62	74	81	83
45	57	69	76	78
40	52	64	71	73

도전해 보세요 ······ 61쪽

① 99 ② 29

① 가장 큰 수는 82, 가장 작은 수는 17이므로 두 수의 합은 82+17=99입니다.
② 하늘이네 반 남학생의 수는 16명, 여학생의 수는 13명이므로 하늘이네 반 학생 수는 16+13=29(명)입니다.

13 (몇십몇)-(몇)

기억해 볼까요? ······ 62쪽

① 5 ② 3
③ 3 ④ 5

개념 익히기 ······ 63쪽

① 15	② 25	③ 51
④ 33	⑤ 73	⑥ 65
⑦ 43	⑧ 92	⑨ 81
⑩ 66	⑪ 72	⑫ 30
⑬ 51	⑭ 36	⑮ 90

개념 다지기 ······ 64쪽

① 34 − 2 = 32

②
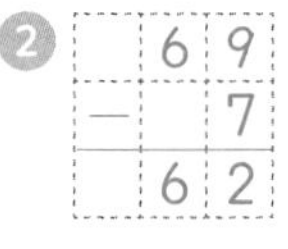

③ 76 − 5 = 71

④ 45 − 3 = 42

⑤ 57 − 2 = 55

⑥ 82 − 1 = 81

⑦ 97 − 3 = 94

⑧ 16 − 2 = 14

⑨ 27 − 6 = 21

⑩ 68 − 5 = 63

⑪ 73 − 3 = 70

⑫ 57 − 1 = 56

⑬ 47 − 5 = 42

⑭ 25 − 4 = 21

⑮ 19 − 4 = 15

개념 키우기 ······ 65쪽

①
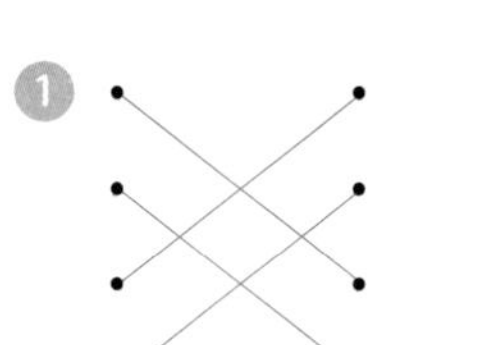

② 31 ③ 73

④ 57 ⑤ 61

도전해 보세요 ······ 65쪽

① 34 ② 73

① 수현이가 어제 주운 쓰레기는 39개, 오늘은 어제보다 5개 덜 주웠으므로 오늘 주운 쓰레기는 39−5=34(개)입니다.

② 수현이가 어제 주운 쓰레기는 39개, 오늘 주운 쓰레기는 34개이므로 수현이가 어제와 오늘 주운 쓰레기는 39+34=73(개)입니다.

14 (몇십)-(몇십), (몇십몇)-(몇십몇)

기억해 볼까요? ······ 66쪽

① 43 ② 74
③ 30 ④ 52

개념 익히기 ······ 67쪽

① 15	② 52	③ 25
④ 15	⑤ 60	⑥ 20
⑦ 14	⑧ 46	⑨ 33
⑩ 50	⑪ 32	⑫ 5
⑬ 42	⑭ 30	⑮ 2

개념 다지기 ······ 68쪽

① 45 − 23 = 22

② 27 − 15 = 12

③
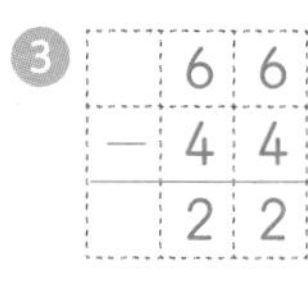

④
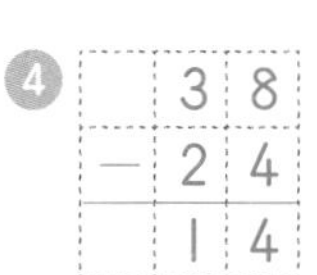

⑤
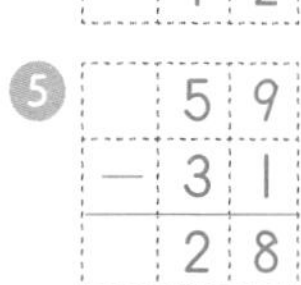

⑥
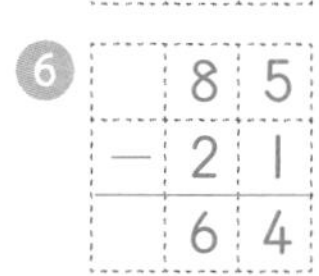

7. 73 − 23 = 50
8. 19 − 12 = 7
9. 48 − 28 = 20
10. 90 − 70 = 20
11. 32 − 10 = 22
12. 74 − 61 = 13
13. 52 − 21 = 31
14. 64 − 13 = 51
15. 98 − 25 = 73

개념 키우기 ······ 69쪽

1. 위에서부터 68; 14; 54
2. 위에서부터 42; 32; 10

도전해 보세요 ······ 69쪽

1. 27
2. 16

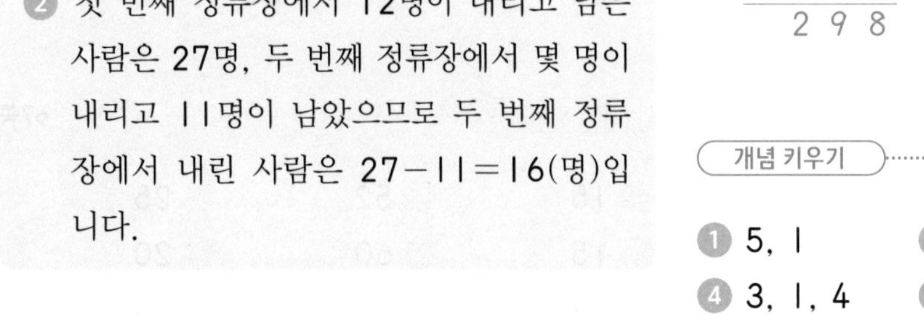

1. 버스에 39명이 타고 있었는데 첫 번째 정류장에서 12명이 내렸으므로 지금 버스에 타고 있는 사람은 39−12=27(명)입니다.
2. 첫 번째 정류장에서 12명이 내리고 남은 사람은 27명, 두 번째 정류장에서 몇 명이 내리고 11명이 남았으므로 두 번째 정류장에서 내린 사람은 27−11=16(명)입니다.

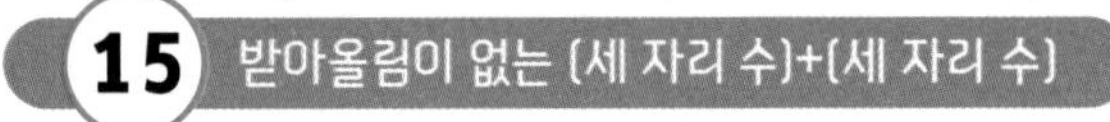

15 받아올림이 없는 (세 자리 수)+(세 자리 수)

기억해 볼까요? ······ 70쪽

1. 48
2. 90
3. 79
4. 59

개념 익히기 ······ 71쪽

1. 353
2. 488
3. 818
4. 498
5. 769
6. 537
7. 395
8. 789
9. 799
10. 900
11. 968
12. 997
13. 999
14. 896
15. 969

개념 다지기 ······ 72쪽

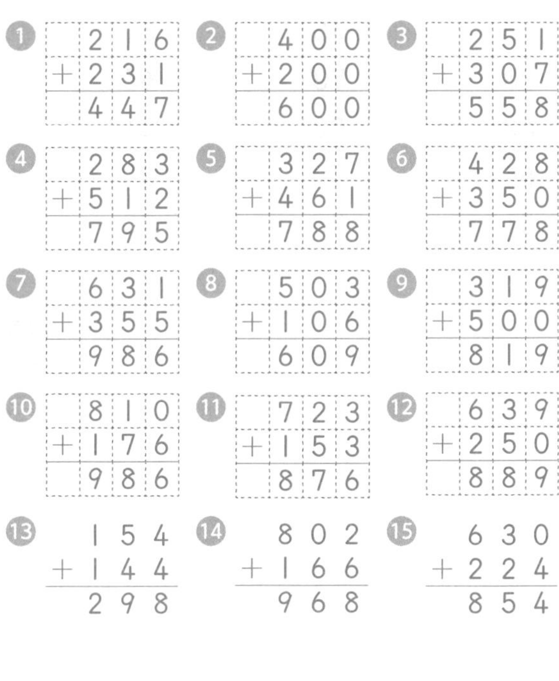

1. 216 + 231 = 447
2. 400 + 200 = 600
3. 251 + 307 = 558
4. 283 + 512 = 795
5. 327 + 461 = 788
6. 428 + 350 = 778
7. 631 + 355 = 986
8. 503 + 106 = 609
9. 319 + 500 = 819
10. 810 + 176 = 986
11. 723 + 153 = 876
12. 639 + 250 = 889
13. 154 + 144 = 298
14. 802 + 166 = 968
15. 630 + 224 = 854

개념 키우기 ······ 73쪽

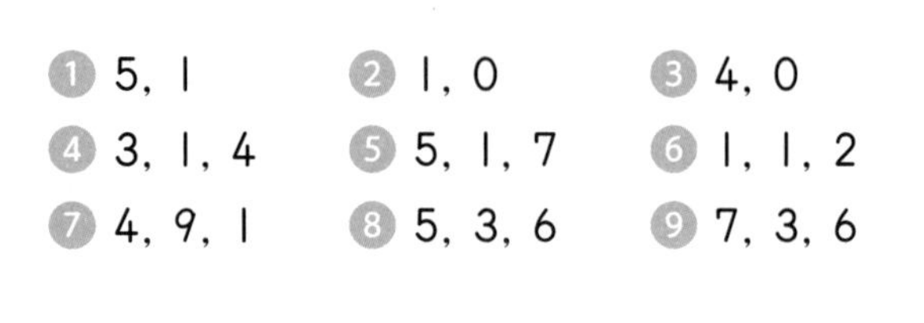

1. 5, 1
2. 1, 0
3. 4, 0
4. 3, 1, 4
5. 5, 1, 7
6. 1, 1, 2
7. 4, 9, 1
8. 5, 3, 6
9. 7, 3, 6

도전해 보세요 ······ 73쪽

1. 1, 2 또는 2, 1
2. 239

① 더해서 3이 되는 수는 1+2 또는 2+1입니다. 같은 모양은 같은 숫자를 나타내므로
●=1, ▲=2일 때

$$\begin{array}{r} 111 \\ +\,222 \\ \hline 333 \end{array}$$

●=2, ▲=1일 때

$$\begin{array}{r} 222 \\ +\,111 \\ \hline 333 \end{array}$$ 입니다.

② 바다의 키는 117 cm, 강이의 키는 122 cm이므로 바다와 강이의 키의 합은 117+122=239(cm)입니다.

16 받아내림이 없는 (세 자리 수)-(세 자리 수)

기억해 볼까요? ····· 74쪽

① 30 ② 26
③ 32 ④ 52

개념 익히기 ····· 75쪽

① 265 ② 251 ③ 231
④ 241 ⑤ 211 ⑥ 142
⑦ 524 ⑧ 422 ⑨ 412
⑩ 363 ⑪ 110 ⑫ 401
⑬ 400 ⑭ 72 ⑮ 3

개념 다지기 ····· 76쪽

① $\begin{array}{r} 357 \\ -\,142 \\ \hline 215 \end{array}$ ② $\begin{array}{r} 639 \\ -\,517 \\ \hline 122 \end{array}$ ③ $\begin{array}{r} 758 \\ -\,333 \\ \hline 425 \end{array}$

④ $\begin{array}{r} 524 \\ -\,113 \\ \hline 411 \end{array}$ ⑤ $\begin{array}{r} 428 \\ -\,17 \\ \hline 411 \end{array}$ ⑥ $\begin{array}{r} 972 \\ -\,51 \\ \hline 921 \end{array}$

⑦ $\begin{array}{r} 251 \\ -\,120 \\ \hline 131 \end{array}$ ⑧ $\begin{array}{r} 862 \\ -\,402 \\ \hline 460 \end{array}$ ⑨ $\begin{array}{r} 518 \\ -\,418 \\ \hline 100 \end{array}$

⑩ $\begin{array}{r} 136 \\ -\,124 \\ \hline 12 \end{array}$ ⑪ $\begin{array}{r} 357 \\ -\,2 \\ \hline 355 \end{array}$ ⑫ $\begin{array}{r} 618 \\ -\,4 \\ \hline 614 \end{array}$

⑬ $\begin{array}{r} 738 \\ -\,216 \\ \hline 522 \end{array}$ ⑭ $\begin{array}{r} 374 \\ -\,134 \\ \hline 240 \end{array}$ ⑮ $\begin{array}{r} 946 \\ -\,35 \\ \hline 911 \end{array}$

개념 키우기 ····· 77쪽

①

② 612 ③ 273
④ 420 ⑤ 822

도전해 보세요 ····· 77쪽

① 243 ② 303

① 1년은 365일입니다. 1년 중 휴일이 122일이므로 휴일이 아닌 날은 365−122=243(일)입니다.
② 1년은 365일입니다. 1년 중 방학이 62일이므로 방학이 아닌 날은 365−62=303(일)입니다.

17 세 수의 덧셈

기억해 볼까요? ····· 78쪽

① 60 ② 80
③ 82 ④ 79

개념 익히기 ······ 79쪽

① 3+4+1=8 (3+4=7, 7+1=8)

② 2+3+3=8 (3+3=6, 2+6=8)

③ 3+2+1=6 (3+2=5, 5+1=6)

④ 2+2+4=8 (2+4=6, 2+6=8)

⑤ 3+4=7, 7+2=9 ; 9

⑥ 3+2=5, 5+3=8 ; 8

⑦ 2+1=3, 3+2=5 ; 5

⑧ 6+2=8, 8+1=9 ; 9

개념 다지기 ······ 80쪽

① 6 ② 8
③ 8 ④ 9
⑤ 8 ⑥ 8
⑦ 6 ⑧ 8
⑨ 9 ⑩ 9
⑪ 9 ⑫ 7

개념 키우기 ······ 81쪽

① 2+5+1=8 (2+5=7, 7+1=8)

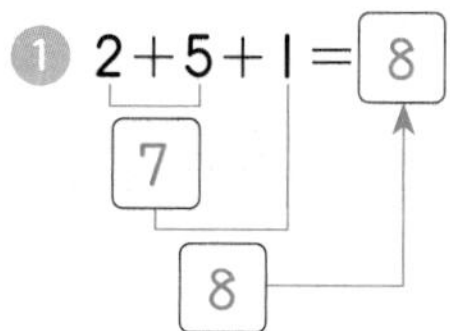

② 2+5+1=8 (5+1=6, 2+6=8)

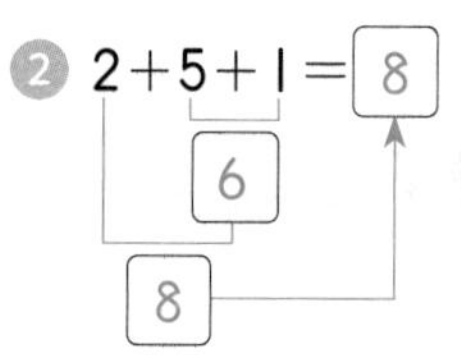

③ 2+5+1=8 (2+1=3, 3+5=8)

④ 4+2+3=9 (4+2=6, 6+3=9)

⑤ 4+2+3=9 (2+3=5, 4+5=9)

⑥ 4+2+3=9 (4+3=7, 7+2=9)

⑦ 5+1+3=9 (5+1=6, 6+3=9)

⑧ 5+1+3=9 (1+3=4, 5+4=9)

⑨ 5+1+3=9 (5+3=8, 8+1=9)

도전해 보세요 ······ 81쪽

① 6 ② 4

① 장바구니에 매운라면 2개, 짜장라면 3개, 짬뽕라면 1개가 들어 있으므로 장바구니에 들어 있는 라면의 수는 2+3+1=6(개)입니다.

② 1+□+3=8에서 1+3=4이고 4와 더해서 8이 되는 어떤 수는 4이므로 □ 안에 알맞은 수는 4입니다.

18 세 수의 뺄셈

기억해 볼까요? ······ 82쪽

① 2 ② 3
③ 6 ④ 4

개념 익히기 ········· 83쪽

① $9-5-2=\boxed{2}$; $9-5=\boxed{4}$, $4-2=\boxed{2}$

② $7-1-3=\boxed{3}$; $7-1=\boxed{6}$, $6-3=\boxed{3}$

③ $8-3-4=\boxed{1}$; $8-3=\boxed{5}$, $5-4=\boxed{1}$

④ $6-2-2=\boxed{2}$; $6-2=\boxed{4}$, $4-2=\boxed{2}$

⑤ $4-1=\boxed{3}$, $\boxed{3}-1=\boxed{2}$; 2

⑥ $5-2=\boxed{3}$, $\boxed{3}-1=\boxed{2}$; 2

⑦ $8-6=\boxed{2}$, $\boxed{2}-1=\boxed{1}$; 1

⑧ $7-2=\boxed{5}$, $\boxed{5}-3=\boxed{2}$; 2

개념 다지기 ········· 84쪽

① 2 ② 1
③ 1 ④ 0
⑤ 1 ⑥ 1
⑦ 1 ⑧ 0
⑨ 3 ⑩ 0
⑪ 2 ⑫ 1

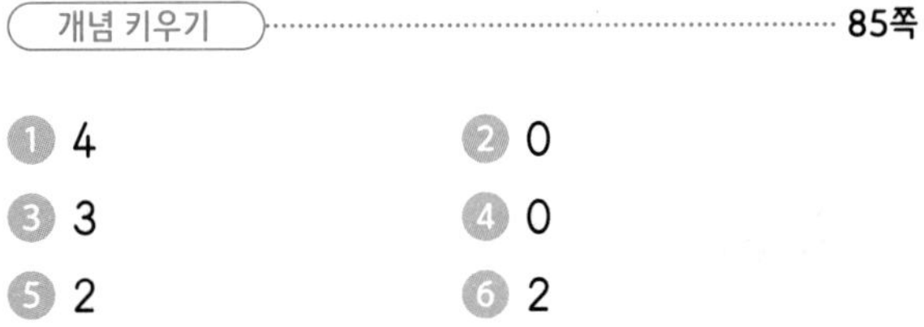

개념 키우기 ········· 85쪽

① 4 ② 0
③ 3 ④ 0
⑤ 2 ⑥ 2

도전해 보세요 ········· 85쪽

① 2 ② 6

① 1층에서 엘리베이터에 9명이 타 있었고, 2층에서 3명, 3층에서 4명이 내렸으므로 현재 엘리베이터에 남아 있는 사람은 $9-3-4=2$(명)입니다.

② 문제 ①에서 3층 엘리베이터에 남아 있는 사람이 2명이고, 4층에서 5명이 타고, 1명이 내렸으므로 현재 엘리베이터에 남아 있는 사람은 $2+5-1=6$(명)입니다.

19 10이 되는 모으기와 가르기

기억해 볼까요? ········· 88쪽

① 8 ② 6

개념 익히기 ········· 89쪽

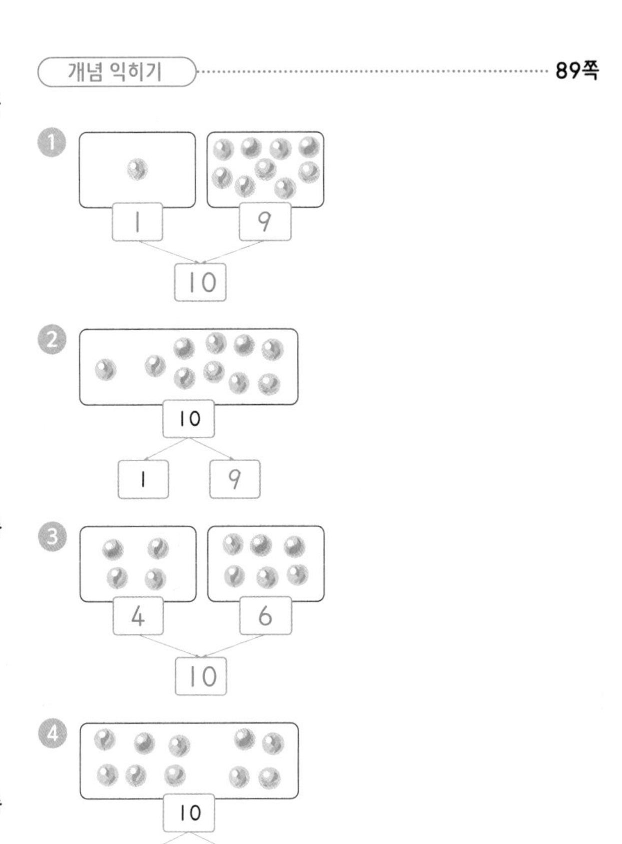

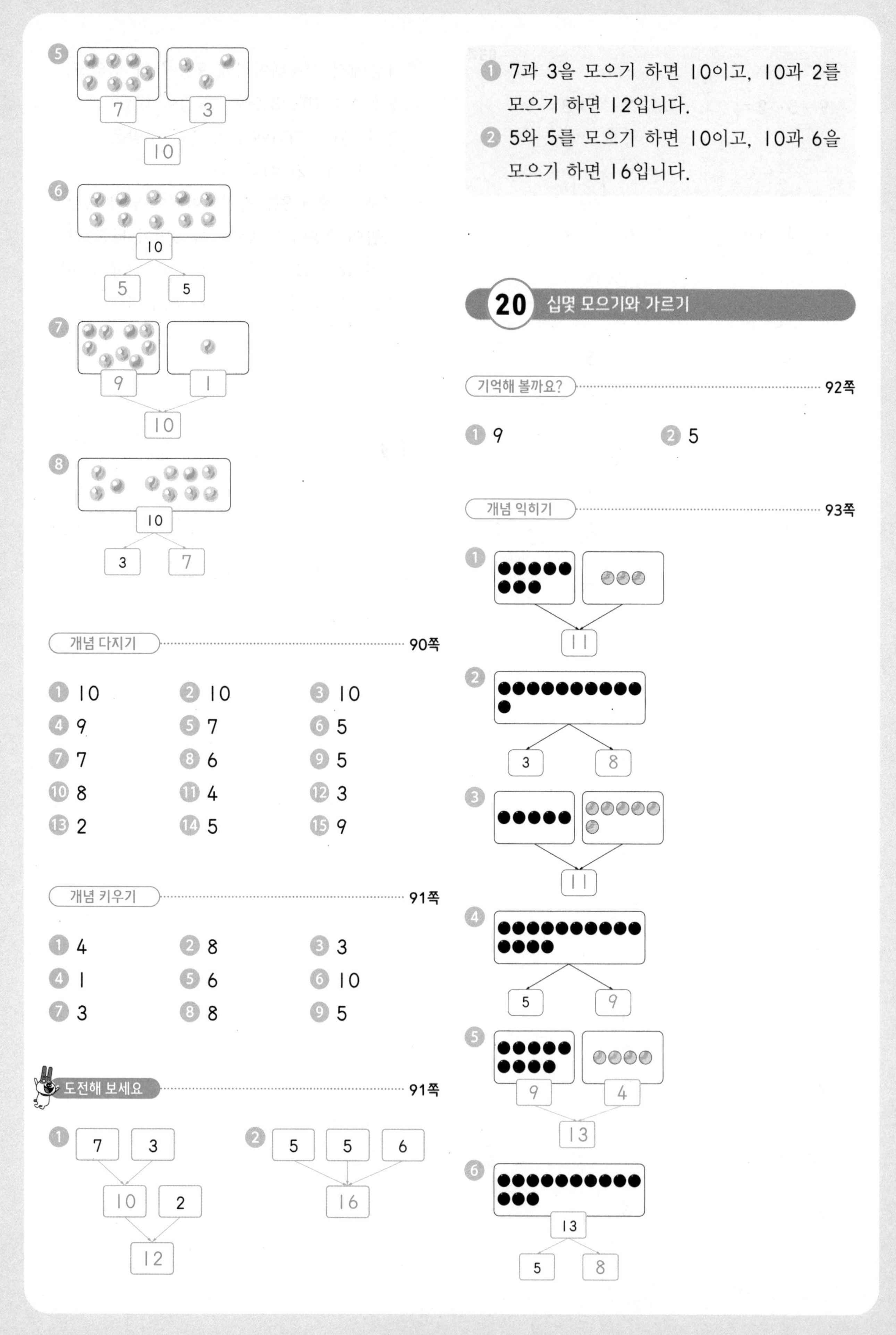

⑤ 7, 3 → 10

⑥ 10 → 5, 5

⑦ 9, 1 → 10

⑧ 10 → 3, 7

개념 다지기 …… 90쪽

① 10 ② 10 ③ 10
④ 9 ⑤ 7 ⑥ 5
⑦ 7 ⑧ 6 ⑨ 5
⑩ 8 ⑪ 4 ⑫ 3
⑬ 2 ⑭ 5 ⑮ 9

개념 키우기 …… 91쪽

① 4 ② 8 ③ 3
④ 1 ⑤ 6 ⑥ 10
⑦ 3 ⑧ 8 ⑨ 5

도전해 보세요 …… 91쪽

① 7, 3 → 10; 10, 2 → 12
② 5, 5, 6 → 16

① 7과 3을 모으기 하면 10이고, 10과 2를 모으기 하면 12입니다.
② 5와 5를 모으기 하면 10이고, 10과 6을 모으기 하면 16입니다.

20 십몇 모으기와 가르기

기억해 볼까요? …… 92쪽

① 9 ② 5

개념 익히기 …… 93쪽

① 11

② 3, 8

③ 11

④ 5, 9

⑤ 9, 4 → 13

⑥ 13 → 5, 8

⑦

⑧

개념 다지기 94쪽

① 11 ② 14 ③ 16
④ 7 ⑤ 7 ⑥ 6
⑦ 4 ⑧ 9 ⑨ 7
⑩ 7 ⑪ 9 ⑫ 12

개념 키우기 95쪽

①

4	6	8	9	10
9	7	5	4	3

②

6	8	8	9	10
9	7	7	6	5

③

3	2	6	7	10
8	9	5	4	1

도전해 보세요 95쪽

① 1, 6, 8 ② 8

① 주어진 숫자 1, 6, 9, 3, 8에서 세 수를 골라 더하여 15가 되는 수를 찾기 위해서 1+6+9=16, 1+6+3=10, 1+6+8=15, 6+9+3=18, 6+9+8=23, 9+3+8=20을 계산해 보면 더해서 15가 되는 세 수는 1, 6, 8입니다.

② 4+2=6이고 14를 6과 어떤 수로 가르기 하면 어떤 수는 8입니다.

21 (몇)+(몇)의 계산

기억해 볼까요? 96쪽

① 11 ② 7

개념 익히기 97쪽

① 11 ② 10
③ 11 ④ 11
⑤ 12 ⑥ 12
⑦ 13 ⑧ 15
⑨ 11 ⑩ 15

개념 다지기 98쪽

① 11 ② 12 ③ 13
④ 11 ⑤ 11 ⑥ 13
⑦ 12 ⑧ 15

개념 키우기 99쪽

① 7+6=13 ② 9+4=13
③ 7+5=12 ④ 6+6=12

도전해 보세요 99쪽

1

+	6	8
7	13	15
9	15	17

2 (1) 7 (2) 6

1 7+6=13, 7+8=15, 9+6=15, 9+8=17

2 (1) 3과 어떤 수를 더해서 10이 되는 수는 7입니다.

(2) 10은 4와 6으로 가르기 할 수 있습니다. 따라서 10−4=6입니다.

22 10이 되는 더하기, 10에서 빼기

기억해 볼까요? 100쪽

1 10　2 6

개념 익히기 101쪽

1 1　2 9
3 3　4 7
5 2　6 2
7 4　8 6
9 5　10 5

개념 다지기 102쪽

1 9　2 1　3 1
4 9　5 8　6 2
7 2　8 8　9 7
10 3　11 3　12 7
13 5　14 5　15 6
16 4　17 4　18 6

개념 키우기 103쪽

1 3+7=10, 7+3=10
2 10−4=6, 10−6=4
3 1+9=10, 9+1=10
4 10−2=8, 10−8=2
5 5+5=10
6 10−5=5

도전해 보세요 103쪽

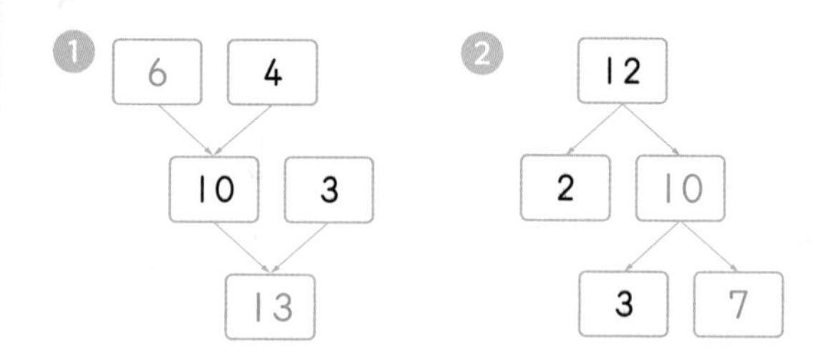

1 4와 모으기 하여 10이 되는 어떤 수는 6입니다. 10과 3을 모으기 하면 13입니다.

2 12는 2와 10으로 가르기 할 수 있고, 10은 3과 7로 가르기 할 수 있습니다.

23 두 수의 합이 10인 세 수의 덧셈

기억해 볼까요? 104쪽

1 9　2 7
3 1　4 3

개념 익히기 105쪽

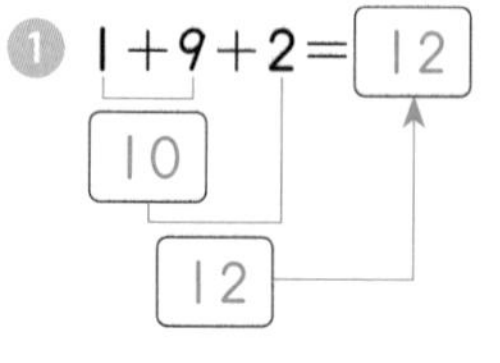

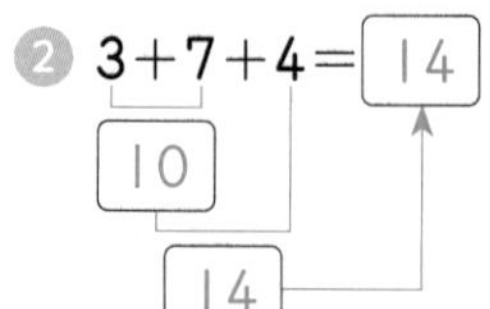

③ 4+6+6=16

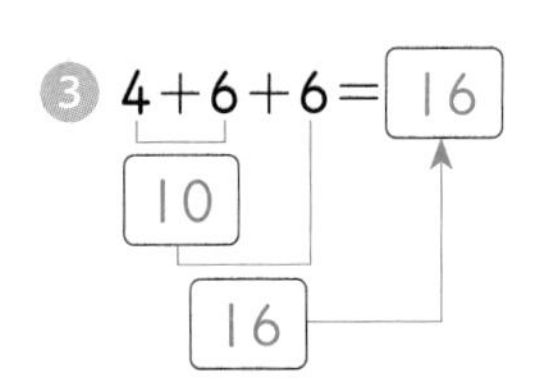

④ 2+8+7=17

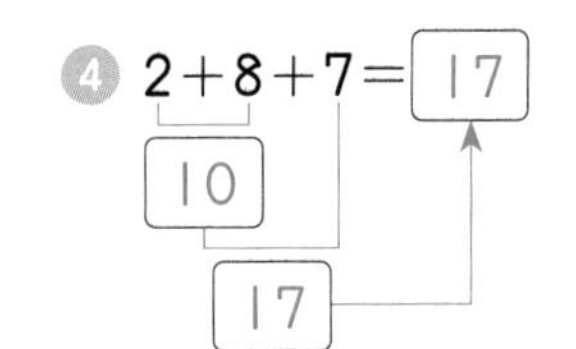

⑤ 6+5+5=16

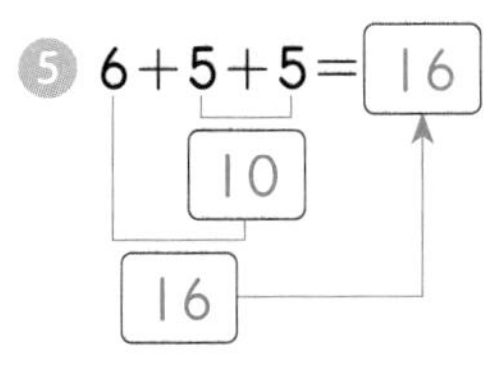

⑥ 2+3+7=12 (10, 12)

⑦ 4+9+1=14

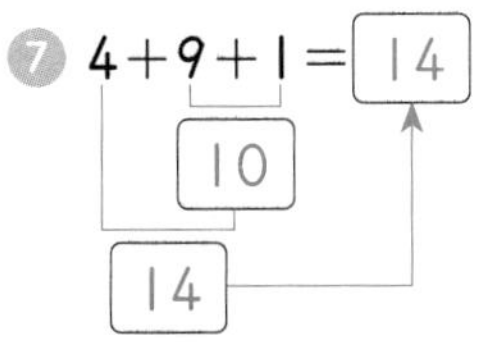

⑧ 5+8+2=15 (10, 15)

개념 다지기 ······ 106쪽

① 1+9+4=14

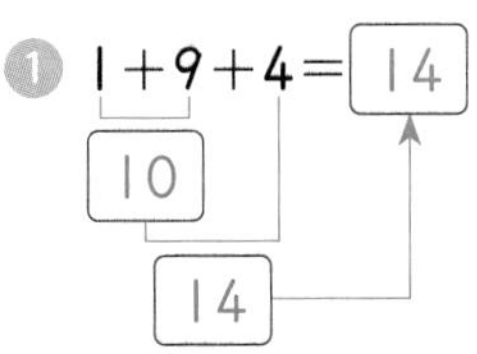

② 2+8+3=13

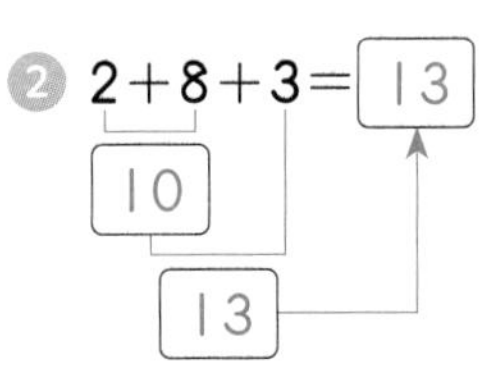

③ 3+7+6=16

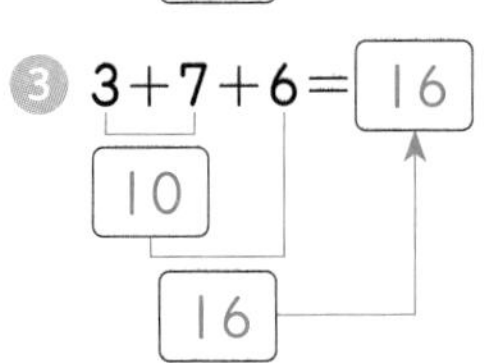

④ 6+4+5=15 (10, 15)

⑤ 15 ⑥ 12
⑦ 15 ⑧ 16
⑨ 17 ⑩ 18
⑪ 18 ⑫ 19

개념 다지기 ······ 107쪽

① 5+3+7=15

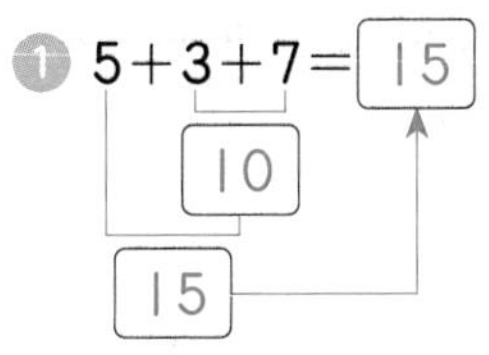

② 2+5+5=12

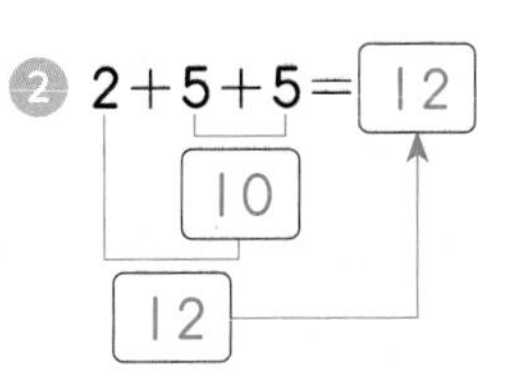

③ 4+2+8=14

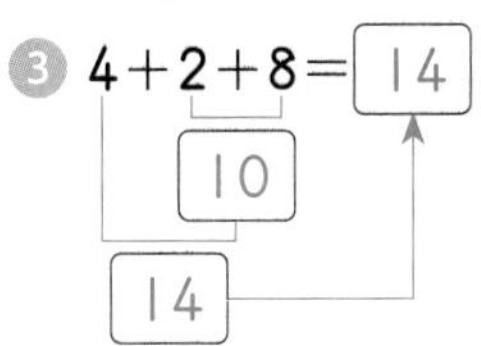

④ 3+1+9=13

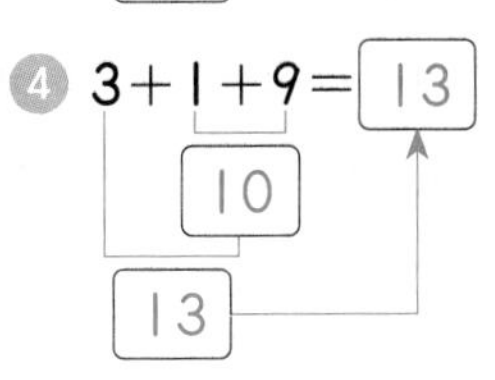

⑤ 17 ⑥ 11
⑦ 16 ⑧ 18
⑨ 15 ⑩ 16
⑪ 17 ⑫ 19

개념 다지기 ······ 108쪽

① 예 9+1+2=12
② 예 7+3+5=15
③ 예 6+4+9=19
④ 예 8+2+5=15
⑤ 예 8+6+4=18
⑥ 5+5+5=15
⑦ 예 8+9+1=18
⑧ 예 8+3+7=18

개념 키우기 ······ 109쪽

① 15 ② 18
③ 17 ④ 13
⑤ 17 ⑥ 16
⑦ 18 ⑧ 12
⑨ 19 ⑩ 13

도전해 보세요 ······ 109쪽

① 15 ② 18

① 장미 2송이, 튤립 5송이, 민들레 8송이를 모두 더하면 2+5+8=15(송이)입니다.
② 하늘이가 과자를 어제는 3개, 오늘은 7개 먹고, 8개가 남았으므로 처음에 있던 과자 수는 3+7+8=18(개)입니다.

24 가르기 하여 덧셈하기

기억해 볼까요? 110쪽

① 10　② 3

개념 익히기 111쪽

① 6+8=14 (8 → 4, 4)

② 3+9=12 (9 → 7, 2)

③ 8+5=13 (5 → 2, 3)

④ 5+9=14 (5 → 4, 1)

⑤ 7+8=15 (7 → 5, 2)

⑥ 4+7=11 (4 → 1, 3)

⑦ 6+9=15 (9 → 4, 5)

⑧ 5+7=12 (7 → 5, 2)

⑨ 2+9=11 (9 → 8, 1)

⑩ 4+8=12 (8 → 6, 2)

⑪ 3+8=11 (3 → 7... ; 8 → 7, 1)

⑫ 5+6=11 (5 → 1, 4)

⑬ 8+8=16 (8 → 6, 2)

⑭ 6+7=13 (6 → 3, 3)

⑮ 4+9=13 (4 → 3, 1)

개념 다지기 112쪽

① 5+8=13 (8 → 5, 3)

② 7+6=13 (6 → 3, 3)

③ 9+3=12 (3 → 1, 2)

④ 2+9=11 (9 → 8, 1)

⑤ 4+7=11 (7 → 6, 1)

⑥ 6+8=14 (8 → 4, 4)

⑦ 8+7=15 (8 → 5, 3)

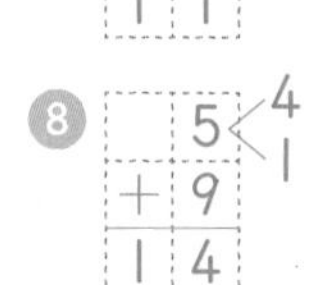

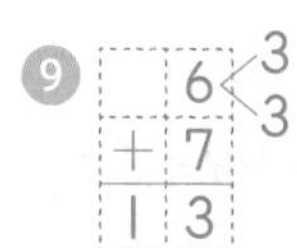

⑩ 7+5=12 (7 → 2, 5)

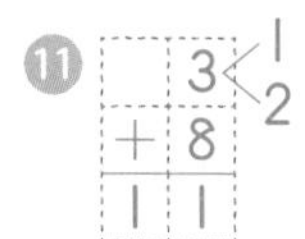

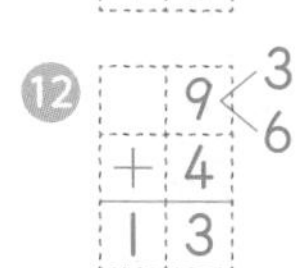

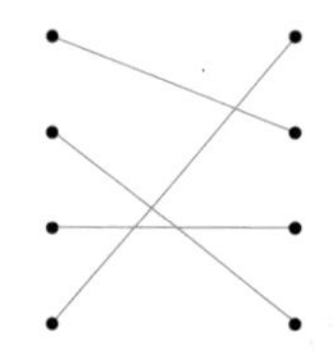

.... 113쪽

① 12　② 12

③ 11　④ 13

① 청팀은 남학생이 5명, 여학생이 7명이므로 청팀은 모두 5+7=12(명)입니다.

② 백팀은 남학생이 6명, 여학생이 6명이므로 백팀은 모두 6+6=12(명)입니다.

③ 청팀의 남학생은 5명, 백팀의 남학생은 6명이므로 두 팀의 남학생은 모두 5+6=11(명)입니다.

④ 청팀의 여학생은 7명, 백팀의 여학생은 6명이므로 두 팀의 여학생은 모두 7+6=13(명)입니다.

25 뒤에 있는 수를 가르기 하여 뺄셈하기

기억해 볼까요? ······ 114쪽

① 5 ② 4 ③ 10

개념 익히기 ······ 115쪽

① $16-8=\boxed{8}$, $\boxed{6}\ \boxed{2}$

② $15-7=\boxed{8}$, $\boxed{5}\ \boxed{2}$

③ $11-4=\boxed{7}$, $\boxed{1}\ \boxed{3}$

④ $18-9=\boxed{9}$, $\boxed{8}\ \boxed{1}$

⑤ $13-6=\boxed{7}$, $\boxed{3}\ \boxed{3}$

⑥ $14-9=\boxed{5}$, $\boxed{4}\ \boxed{5}$

⑦ $16-9=\boxed{7}$ (9를 $\boxed{6}$, $\boxed{3}$으로 가르기)

⑧ $13-7=\boxed{6}$ (7을 $\boxed{3}$, $\boxed{4}$로 가르기)

⑨ $12-6=\boxed{6}$ (6을 $\boxed{2}$, $\boxed{4}$로 가르기)

⑩ $14-7=\boxed{7}$ (7을 $\boxed{4}$, $\boxed{3}$으로 가르기)

⑪ $13-4=\boxed{9}$ (4를 $\boxed{3}$, $\boxed{1}$로 가르기)

⑫ $11-9=\boxed{2}$ (9를 $\boxed{1}$, $\boxed{8}$로 가르기)

⑬ $15-8=\boxed{7}$ (8을 $\boxed{5}$, $\boxed{3}$으로 가르기)

⑭ $12-9=\boxed{3}$ (9를 $\boxed{2}$, $\boxed{7}$로 가르기)

⑮ $17-8=\boxed{9}$ (8을 $\boxed{7}$, $\boxed{1}$로 가르기)

개념 다지기 ······ 116쪽

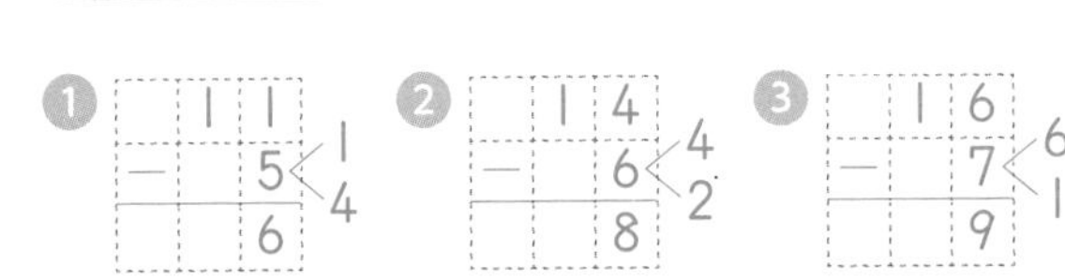

① $11-5=6$ (5를 1, 4로 가르기)

② $14-6=8$ (6을 4, 2로 가르기)

③ $16-7=9$ (7을 6, 1로 가르기)

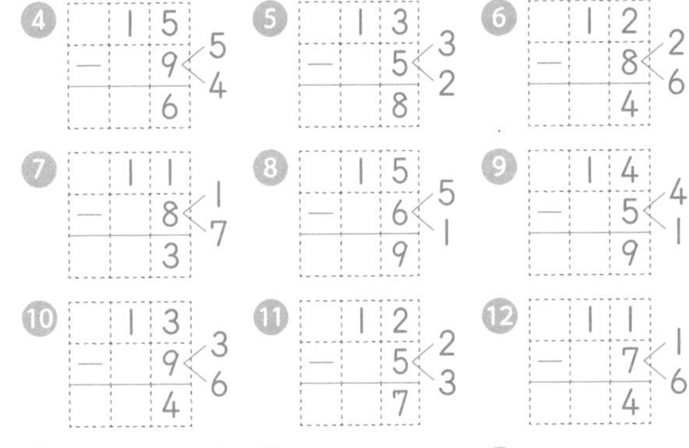

④ $15-9=6$ (9를 5, 4로 가르기)

⑤ $13-5=8$ (5를 3, 2로 가르기)

⑥ $12-8=4$ (8을 2, 6으로 가르기)

⑦ $11-8=3$ (8을 1, 7로 가르기)

⑧ $15-6=9$ (6을 5, 1로 가르기)

⑨ $14-5=9$ (5를 4, 1로 가르기)

⑩ $13-9=4$ (9를 3, 6으로 가르기)

⑪ $12-5=7$ (5를 2, 3으로 가르기)

⑫ $11-7=4$ (7을 1, 6으로 가르기)

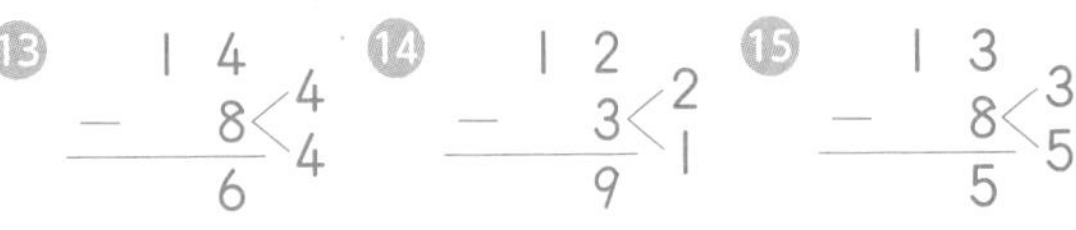

⑬ $14-8=6$ (8을 4, 4로 가르기)

⑭ $12-3=9$ (3을 2, 1로 가르기)

⑮ $13-8=5$ (8을 3, 5로 가르기)

개념 키우기 ······ 117쪽

①

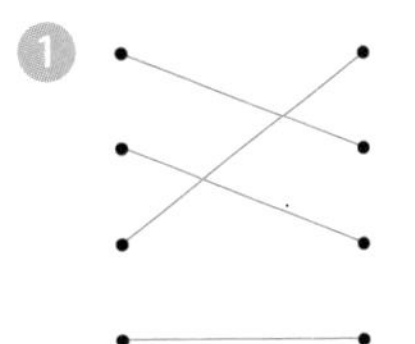

② 9 ③ 4

④ 7 ⑤ 8

······ 117쪽

① $11-4=7$, $12-5=7$, $13-6=7$, $14-7=7$, $15-8=7$, $16-9=7$

② 7, 8, 9

① 차가 7이 되는 (십몇)−(몇)은 십몇 중에서 가장 작은 수인 11부터 하나씩 찾으면 됩니다. 따라서 $11-4=7$, $12-5=7$, $13-6=7$, $14-7=7$, $15-8=7$, $16-9=7$입니다.
$17-10=7$은 (십몇)−(십)이므로 찾는 뺄셈식이 아닙니다.

② $14-\square=8$에서 □ 안에 알맞은 수는 6입니다. $14-\square$가 8보다 작으려면 6보다 큰 한 자리 수를 빼야 하므로 7, 8, 9입니다.

26 앞에 있는 수를 가르기 하여 뺄셈하기

기억해 볼까요? 118쪽

① 3 ② 3
③ 6

개념 익히기 119쪽

① $11-8=3$ (1, 10)
② $16-7=9$ (6, 10)
③ $14-5=9$ (4, 10)
④ $13-6=7$ (3, 10)
⑤ $18-9=9$ (8, 10)
⑥ $15-7=8$ (5, 10)
⑦ $12-4=8$ (2, 10)
⑧ $17-9=8$ (7, 10)
⑨ $15-9=6$ (5, 10)
⑩ $14-6=8$ (4, 10)
⑪ $13-7=6$ (3, 10)
⑫ $16-8=8$ (6, 10)
⑬ $11-3=8$ (1, 10)
⑭ $12-7=5$ (2, 10)
⑮ $14-8=6$ (4, 10)

개념 다지기 120쪽

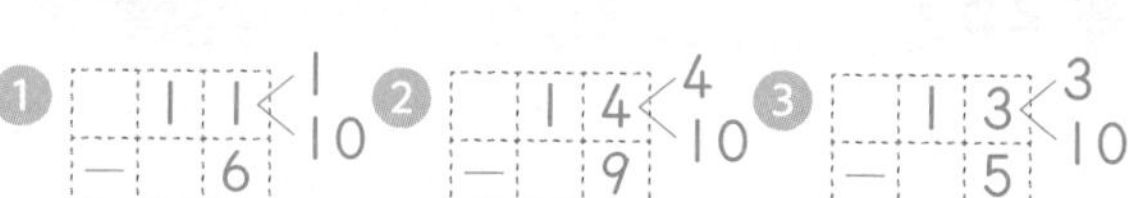

① $11-6=5$ (1, 10)
② $14-9=5$ (4, 10)
③ $13-5=8$ (3, 10)
④ $12-6=6$ (2, 10)
⑤ $16-9=7$ (6, 10)
⑥ $15-8=7$ (5, 10)
⑦ $12-9=3$ (2, 10)
⑧ $14-7=7$ (4, 10)
⑨ $11-2=9$ (1, 10)
⑩ $13-8=5$ (3, 10)
⑪ $15-6=9$ (5, 10)
⑫ $11-4=7$ (1, 10)
⑬ $12-5=7$ (2, 10)
⑭ $13-4=9$ (3, 10)
⑮ $11-7=4$ (1, 10)

개념 키우기 121쪽

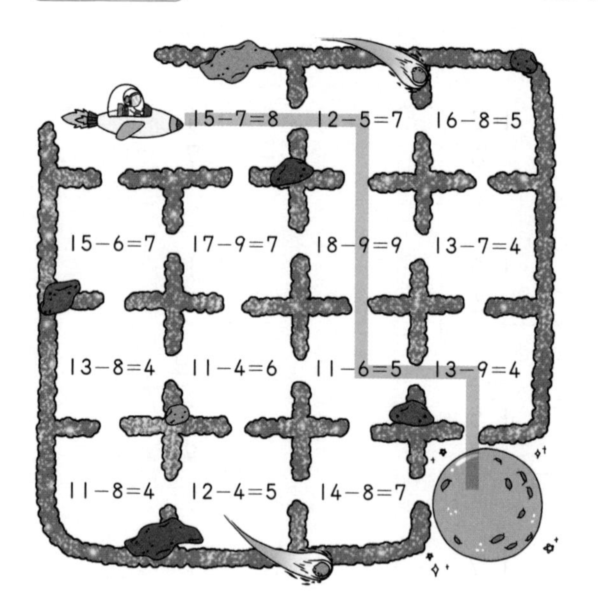

도전해 보세요 121쪽

① 5 ② 5

① 지현이 나이는 12살, 수현이 나이는 7살이므로 나이 차이는 12−7=5(살)입니다.
② 내년에 지현이 나이는 13살, 수현이 나이는 8살이므로 나이 차이는 13−8=5(살)입니다.

27 받아올림, 받아내림이 있는 덧셈과 뺄셈

기억해 볼까요? ······ 122쪽

① 5+8=13 (5, 3)
② 11−5=6 (1, 10)

개념 익히기 ······ 123쪽

① 3+8=11
② 7+6=13
③ 5+9=14
④ 16−8=8
⑤ 11−7=4
⑥ 13−5=8
⑦ 9+2=11
⑧ 6+5=11
⑨ 4+7=11
⑩ 17−8=9
⑪ 15−7=8
⑫ 18−9=9
⑬ 8+5=13
⑭ 12−7=5
⑮ 14−9=5

개념 다지기 ······ 124쪽

① 4 ② 11 ③ 9
④ 15 ⑤ 7 ⑥ 11
⑦ 7 ⑧ 11 ⑨ 9
⑩ 12 ⑪ 9 ⑫ 11
⑬ 7 ⑭ 15 ⑮ 9
⑯ 11 ⑰ 3 ⑱ 13

개념 키우기 ······ 125쪽

① 4+7=11, 7+4=11, 11−7=4, 11−4=7
② 9+6=15, 6+9=15, 15−9=6, 15−6=9

도전해 보세요 ······ 125쪽

① 8 ② 11
③ 12 ④ 16

① 1층에서 13명이 타 있었고 2층에서 5명이 내렸으므로 현재 엘리베이터에 타고 있는 사람은 13−5=8(명)입니다.
② 2층에서 8명이 타고 올라가 3층에서 3명이 탔으므로 현재 엘리베이터에 타고 있는 사람은 8+3=11(명)입니다.
③ 3층에서 11명이 타고 올라가 4층에서 6명이 내리고 7명이 탔으므로 현재 엘리베이터에 타고 있는 사람은 11−6=5, 5+7=12(명)입니다.
④ 4층에서 12명이 타고 올라가 5층에서 4명이 내리고 8명이 탔으므로 현재 엘리베이터에 타고 있는 사람은 12−4=8, 8+8=16(명)입니다.

28 받아올림이 있는 (두 자리 수)+(한 자리 수)

기억해 볼까요? 128쪽

① 13 ② 12
③ 16 ④ 15

개념 익히기 129쪽

① 1; 21 ② 1; 20 ③ 1; 31
④ 1; 31 ⑤ 1; 33 ⑥ 1; 42
⑦ 1; 65 ⑧ 1; 73 ⑨ 1; 53
⑩ 1; 70 ⑪ 1; 84 ⑫ 1; 44
⑬ 1; 97 ⑭ 1; 52 ⑮ 1; 34

개념 다지기 130쪽

① $\begin{array}{r} ^{1}\ \ \\ 22 \\ +\ 9 \\ \hline 31 \end{array}$ ② $\begin{array}{r} ^{1}\ \ \\ 43 \\ +\ 7 \\ \hline 50 \end{array}$ ③ $\begin{array}{r} ^{1}\ \ \\ 18 \\ +\ 7 \\ \hline 25 \end{array}$

④ $\begin{array}{r} ^{1}\ \ \\ 34 \\ +\ 7 \\ \hline 41 \end{array}$ ⑤ $\begin{array}{r} ^{1}\ \ \\ 58 \\ +\ 3 \\ \hline 61 \end{array}$ ⑥ $\begin{array}{r} ^{1}\ \ \\ 44 \\ +\ 9 \\ \hline 53 \end{array}$

⑦ $\begin{array}{r} ^{1}\ \ \\ 67 \\ +\ 3 \\ \hline 70 \end{array}$ ⑧ $\begin{array}{r} ^{1}\ \ \\ 65 \\ +\ 8 \\ \hline 73 \end{array}$ ⑨ $\begin{array}{r} ^{1}\ \ \\ 81 \\ +\ 9 \\ \hline 90 \end{array}$

⑩ $\begin{array}{r} ^{1}\ \ \\ 76 \\ +\ 5 \\ \hline 81 \end{array}$ ⑪ $\begin{array}{r} ^{1}\ \ \\ 37 \\ +\ 6 \\ \hline 43 \end{array}$ ⑫ $\begin{array}{r} ^{1}\ \ \\ 18 \\ +\ 7 \\ \hline 25 \end{array}$

⑬ $\begin{array}{r} ^{1}\ \ \\ 46 \\ +\ 6 \\ \hline 52 \end{array}$ ⑭ $\begin{array}{r} ^{1}\ \ \\ 85 \\ +\ 8 \\ \hline 93 \end{array}$ ⑮ $\begin{array}{r} ^{1}\ \ \\ 64 \\ +\ 9 \\ \hline 73 \end{array}$

개념 키우기 131쪽

①

② 94 ③ 63 ④ 42
⑤ 36 ⑥ 82 ⑦ 82

도전해 보세요 131쪽

① 8 ② 43

① $\begin{array}{r} 3\,❶ \\ +\ \ 8 \\ \hline 4\,6 \end{array}$ 에서 일의 자리 수끼리의 덧셈을 보면 ❶+8의 일의 자리 결과가 6입니다.

어떤 수와 8을 더해서 일의 자리 결과가 6이 되는 수는 8+8=16뿐이고 10을 받아올림하면 3+1=4가 되어 46이 됩니다.
따라서 □=8입니다.

② $\begin{array}{r} 2\,7 \\ +\ 1\,6 \\ \hline 4\,3 \end{array}$

일의 자리 계산: 7+6=13(10을 받아올림)
십의 자리 계산: 1+2+1=4
따라서 결과는 43입니다.

29 일의 자리에서 받아올림이 있는 (두 자리 수)+(두 자리 수)

기억해 볼까요? 132쪽

① 82 ② 43
③ 33 ④ 71

개념 익히기 133쪽

① 1; 31 ② 1; 42 ③ 1; 52
④ 1; 71 ⑤ 1; 64 ⑥ 1; 60
⑦ 1; 91 ⑧ 1; 90 ⑨ 1; 64
⑩ 1; 80 ⑪ 1; 93 ⑫ 1; 63
⑬ 1; 52 ⑭ 1; 72 ⑮ 1; 74

개념 다지기 ······ 134쪽

① $\begin{array}{r} 1 \\ 25 \\ +38 \\ \hline 63 \end{array}$ ② $\begin{array}{r} 1 \\ 34 \\ +58 \\ \hline 92 \end{array}$ ③ $\begin{array}{r} 1 \\ 36 \\ +25 \\ \hline 61 \end{array}$

④ $\begin{array}{r} 1 \\ 75 \\ +17 \\ \hline 92 \end{array}$ ⑤ $\begin{array}{r} 1 \\ 54 \\ +36 \\ \hline 90 \end{array}$ ⑥ $\begin{array}{r} 1 \\ 17 \\ +29 \\ \hline 46 \end{array}$

⑦ $\begin{array}{r} 1 \\ 35 \\ +47 \\ \hline 82 \end{array}$ ⑧ $\begin{array}{r} 1 \\ 46 \\ +18 \\ \hline 64 \end{array}$ ⑨ $\begin{array}{r} 1 \\ 54 \\ +29 \\ \hline 83 \end{array}$

⑩ $\begin{array}{r} 1 \\ 32 \\ +58 \\ \hline 90 \end{array}$ ⑪ $\begin{array}{r} 1 \\ 38 \\ +23 \\ \hline 61 \end{array}$ ⑫ $\begin{array}{r} 1 \\ 63 \\ +19 \\ \hline 82 \end{array}$

⑬ $\begin{array}{r} 1 \\ 39 \\ +56 \\ \hline 95 \end{array}$ ⑭ $\begin{array}{r} 1 \\ 15 \\ +26 \\ \hline 41 \end{array}$ ⑮ $\begin{array}{r} 1 \\ 46 \\ +37 \\ \hline 83 \end{array}$

개념 키우기 ······ 135쪽

①

14	16	25	39	53
31	33	42	56	70

②

16	18	25	37	49
44	46	53	65	77

③

16	24	29	37	45
52	60	65	73	81

도전해 보세요 ······ 135쪽

① 26+36=62 ② 위에서부터 1, 7

① 수 카드 62, 36, 46, 26에서 가장 작은 수부터 2개씩 골라 덧셈을 합니다.
26+36=62, 26+46=72,
36+46=82에서 수 카드만으로 이루어진 덧셈식은 26+36=62입니다.

② $\begin{array}{r} ❷8 \\ +3❶ \\ \hline 55 \end{array}$ 에서 일의 자리 수끼리의 덧셈을 보면 8+❶의 일의 자리 결과가 5입니다.
8과 어떤 수를 더해서 일의 자리 결과가 5가 되는 수는 8+7=15입니다. 15에서 10을 받아올림하면 1+❷+3=5를 만족하는 ❷는 1입니다.
따라서 □ 안에 알맞은 수는 1, 7입니다.

30 받아올림이 두 번 있는 (두 자리 수)+(두 자리 수)

기억해 볼까요? ······ 136쪽

① 81 ② 72
③ 61 ④ 42

개념 익히기 ······ 137쪽

① 1, 1; 121 ② 1, 1; 113 ③ 1, 1; 123
④ 1, 1; 133 ⑤ 1, 1; 122 ⑥ 1, 1; 112
⑦ 1, 1; 132 ⑧ 1, 1; 100 ⑨ 1, 1; 101
⑩ 1, 1; 121 ⑪ 1, 1; 126 ⑫ 1, 1; 104
⑬ 1, 1; 111 ⑭ 1, 1; 140 ⑮ 1, 1; 120

개념 다지기 ······ 138쪽

① $\begin{array}{r} 11 \\ 45 \\ +56 \\ \hline 101 \end{array}$ ② 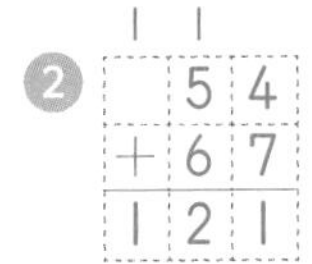
$\begin{array}{r} 11 \\ 54 \\ +67 \\ \hline 121 \end{array}$ ③ $\begin{array}{r} 11 \\ 38 \\ +83 \\ \hline 121 \end{array}$

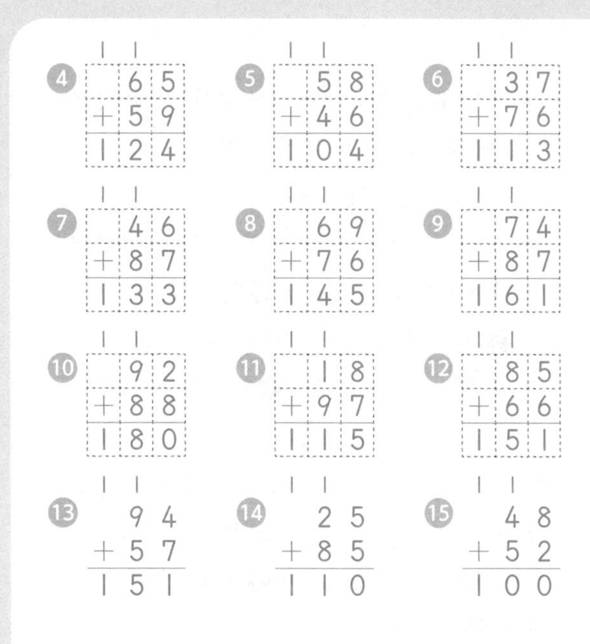

④ 65 + 59 = 124 ⑤ 58 + 46 = 104 ⑥ 37 + 76 = 113
⑦ 46 + 87 = 133 ⑧ 69 + 76 = 145 ⑨ 74 + 87 = 161
⑩ 92 + 88 = 180 ⑪ 18 + 97 = 115 ⑫ 85 + 66 = 151
⑬ 94 + 57 = 151 ⑭ 25 + 85 = 110 ⑮ 48 + 52 = 100

개념 키우기 139쪽

①

54	59	65	78	92
101	106	112	125	139

②

36	45	59	78	84
101	110	124	143	149

③

16	24	39	44	53
102	110	125	130	139

도전해 보세요 139쪽

① 100 ② 위에서부터 6, 7, 1

① 민준이가 줄넘기 2단 뛰기를 어제는 25번, 오늘은 75번 했으므로 민준이는 어제와 오늘 줄넘기 2단 뛰기를 모두 25+75=100(번) 했습니다.

② ❷4 + 3❶ = ❸01 에서 일의 자리 수끼리의 덧셈을 보면 4+❶의 일의 자리 결과가 1입니다.
4와 어떤 수를 더해서 일의 자리 결과가 1이 되는 수는 4+7=11입니다. 11에서 10을 받아올림하여 1+❷+3을 계산하면 일의 자리 숫자가 0이 되는 ❷에 알맞은 수는 6이고, 백의 자리 ❸은 1이 됩니다.
따라서 □ 안에 알맞은 수는 6, 7, 1입니다.

31 (두 자리 수)-(한 자리 수)

기억해 볼까요? 140쪽

① 9 ② 8
③ 7 ④ 3

개념 익히기 141쪽

① 1, 10; 18 ② 4, 10; 43 ③ 5, 10; 58
④ 2, 10; 29 ⑤ 8, 10; 88 ⑥ 7, 10; 78
⑦ 39 ⑧ 8 ⑨ 68
⑩ 29 ⑪ 45 ⑫ 74

개념 다지기 142쪽

① 35 − 6 = 29 (2 10)
② 42 − 7 = 35 (3 10)
③ 61 − 3 = 58 (5 10)

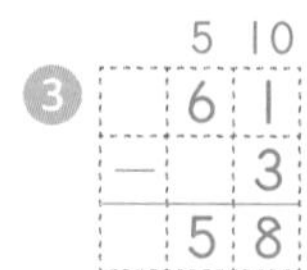

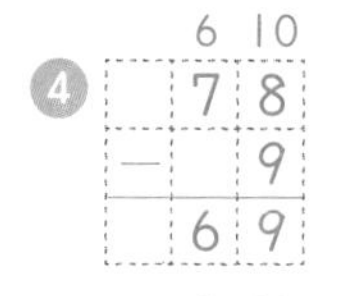

④ (6 10) 78 − 9 = 69

⑤ (8 10) 93 − 5 = 88

⑥ (1 10) 22 − 8 = 14

⑦ (4 10) 54 − 5 = 49

⑧ (7 10) 81 − 4 = 77

⑨ (0 10) 16 − 9 = 7

⑩ (2 10) 33 − 8 = 25

⑪ (0 10) 15 − 7 = 8

⑫ (6 10) 73 − 5 = 68

⑬ 56 − 3 = 53

⑭ (3 10) 43 − 7 = 36

⑮ (1 10) 25 − 6 = 19

개념 키우기 143쪽

① 13 | 6, 25 | 18, 61 | 54, −7

② 21 | 16, 43 | 38, 72 | 67, −5

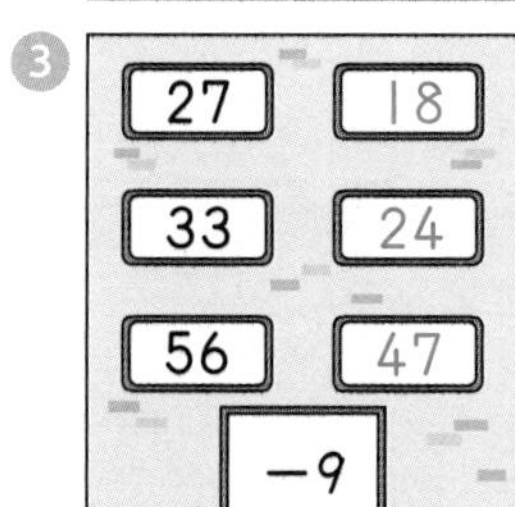

③ 27 | 18, 33 | 24, 56 | 47, −9

④ 94 | 86, 49 | 41, 87 | 79, −8

도전해 보세요 143쪽

① 위에서부터 4, 8 ② 7, 8, 9

① ❷3 − ❶ = 35 에서 일의 자리 수끼리의 뺄셈을 보면 3−❶의 일의 자리 결과가 5입니다.

십의 자리에서 받아내림하여 13에서 어떤 수를 빼서 일의 자리 결과가 5가 되는 수는 13−8=5입니다.

십의 자리에서 받아내림하였으므로 ❷−1=3이고 ❷=4입니다.

따라서 □ 안에 알맞은 수는 4, 8입니다.

② 46−□의 결과가 30보다 크고 40보다 작아야 합니다. 46−6=40이므로 6보다 큰 한 자리 수를 모두 찾으면 7, 8, 9입니다.

따라서 □ 안에 들어갈 수 있는 한 자리 수는 7, 8, 9입니다.

32 (몇십)-(몇십몇)

기억해 볼까요? 144쪽

① 25 ② 47

③ 66 ④ 76

개념 익히기 145쪽

① 2, 10; 16 ② 4, 10; 12 ③ 5, 10; 33

④ 8, 10; 55 ⑤ 6, 10; 14 ⑥ 3, 10; 2

⑦ 31 ⑧ 9 ⑨ 17

⑩ 26 ⑪ 53 ⑫ 13

개념 다지기 146쪽

① 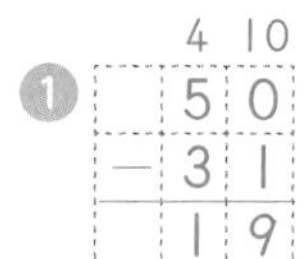

(4 10) 50 − 31 = 19

② 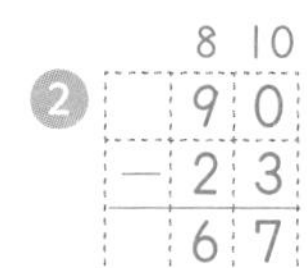

(8 10) 90 − 23 = 67

③ 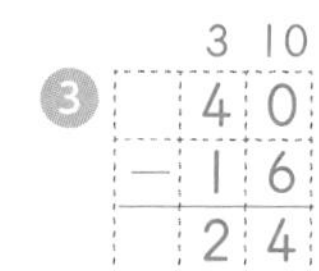

(3 10) 40 − 16 = 24

④ 2 10 / 30 / − 17 / 13

⑤ 7 10 / 80 / − 43 / 37

⑥ 6 10 / 70 / − 24 / 46

⑦ 1 10 / 20 / − 19 / 1

⑧ 5 10 / 60 / − 42 / 18

⑨ 4 10 / 50 / − 18 / 32

⑩ 2 10 / 30 / − 13 / 17

⑪ 6 10 / 70 / − 27 / 43

⑫ 8 10 / 90 / − 62 / 28

⑬ 3 10 / 40 / − 16 / 24

⑭ 6 10 / 70 / − 45 / 25

⑮ 7 10 / 80 / − 34 / 46

개념 키우기 ······ 147쪽

①

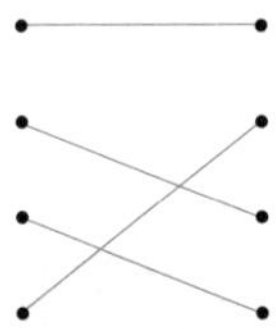

② 43 ③ 27

④ 45 ⑤ 2

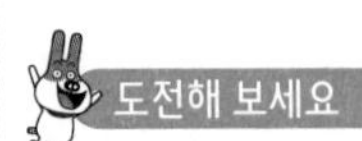

도전해 보세요 ······ 147쪽

① 13 ② 9

① 30명의 학생 중 여학생이 17명이므로 남학생의 수는 30−17=13(명)입니다.

② 30명의 학생 중 안경을 낀 학생이 21명이므로 안경을 끼지 않은 학생의 수는 30−21=9(명)입니다.

33 (두 자리 수)-(두 자리 수)

기억해 볼까요? ······ 148쪽

① 9 ② 8

③ 29 ④ 28

개념 익히기 ······ 149쪽

① 4, 10; 36 ② 2, 10; 15 ③ 6, 10; 37

④ 3, 10; 17 ⑤ 8, 10; 38 ⑥ 5, 10; 19

⑦ 18 ⑧ 9 ⑨ 6

⑩ 29 ⑪ 27 ⑫ 14

개념 다지기 ······ 150쪽

① 3 10 / 47 / − 18 / 29

② 4 10 / 53 / − 26 / 27

③ 7 10 / 82 / − 57 / 25

④ 8 10 / 91 / − 35 / 56

⑤ 6 10 / 76 / − 49 / 27

⑥ 5 10 / 63 / − 19 / 44

⑦ 2 10 / 36 / − 17 / 19

⑧ 1 10 / 25 / − 18 / 7

⑨ 4 10 / 54 / − 27 / 27

⑩ 8 10 / 93 / − 28 / 65

⑪ 3 10 / 46 / − 29 / 17

⑫ 7 10 / 82 / − 55 / 27

⑬ 39 / − 17 / 22

⑭ 1 10 / 23 / − 19 / 4

⑮ 77 / − 22 / 55

개념 키우기 151쪽

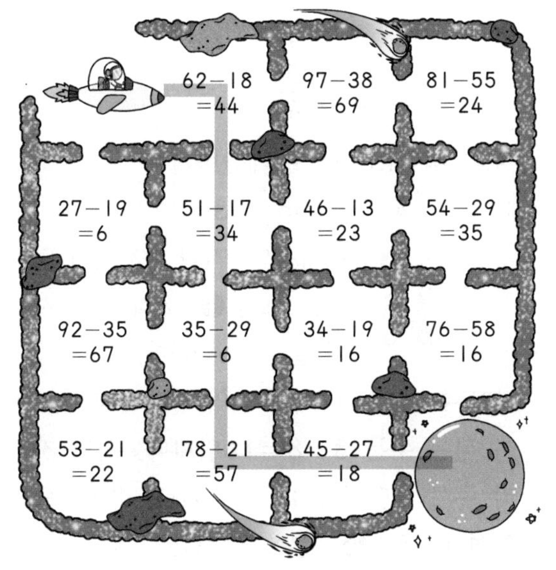

도전해 보세요 151쪽

① 위에서부터 6, 8

② 28, 29, 30, 31, 32, 33, 34, 35, 36

① $\begin{array}{r} ❷\,6 \\ -\;2\,❶ \\ \hline 3\,8 \end{array}$ 에서 일의 자리 수끼리의 뺄셈을 보면 6−❶의 일의 자리 결과가 8입니다.

십의 자리에서 받아내림하여 16에서 어떤 수를 빼서 일의 자리 결과가 8이 되는 수는 16−8=8입니다.

십의 자리에서 받아내림하였으므로 ❷−1−2=3이고 ❷=6입니다.

따라서 □ 안에 알맞은 수는 6, 8입니다.

② 57−□의 결과가 20보다 크고 30보다 작아야 합니다. 57−27=30이고, 57−37=20이므로 27보다 크고 37보다 작은 두 자리 수를 모두 찾으면 28, 29, 30, 31, 32, 33, 34, 35, 36입니다.

따라서 □ 안에 들어갈 수 있는 자연수는 28, 29, 30, 31, 32, 33, 34, 35, 36입니다.

34 일의 자리에서 받아올림이 있는 (세 자리 수)+(세 자리 수)

기억해 볼까요? 152쪽

① 133 ② 120

③ 121 ④ 100

개념 익히기 153쪽

① 1; 473 ② 1; 642 ③ 1; 561

④ 1; 293 ⑤ 1; 863 ⑥ 1; 780

⑦ 1; 784 ⑧ 1; 664 ⑨ 1; 871

⑩ 1; 843 ⑪ 1; 535 ⑫ 1; 770

⑬ 1; 597 ⑭ 1; 682 ⑮ 1; 791

개념 다지기 154쪽

① $\begin{array}{r} 1\;\; \\ 348 \\ +116 \\ \hline 464 \end{array}$ ② $\begin{array}{r} 1\;\; \\ 266 \\ +217 \\ \hline 483 \end{array}$ ③ $\begin{array}{r} 1\;\; \\ 348 \\ +623 \\ \hline 971 \end{array}$

④ $\begin{array}{r} 1\;\; \\ 265 \\ +429 \\ \hline 694 \end{array}$ ⑤ $\begin{array}{r} 1\;\; \\ 507 \\ +226 \\ \hline 733 \end{array}$ ⑥ $\begin{array}{r} 1\;\; \\ 174 \\ +307 \\ \hline 481 \end{array}$

⑦ $\begin{array}{r} 1\;\; \\ 438 \\ +457 \\ \hline 895 \end{array}$ ⑧ $\begin{array}{r} 1\;\; \\ 309 \\ +102 \\ \hline 411 \end{array}$ ⑨ $\begin{array}{r} 1\;\; \\ 285 \\ +509 \\ \hline 794 \end{array}$

⑩ $\begin{array}{r} 1\;\; \\ 624 \\ +156 \\ \hline 780 \end{array}$ ⑪ $\begin{array}{r} 1\;\; \\ 529 \\ +248 \\ \hline 777 \end{array}$ ⑫ $\begin{array}{r} 1\;\; \\ 805 \\ +177 \\ \hline 982 \end{array}$

⑬ $\begin{array}{r} 1\;\; \\ 102 \\ +249 \\ \hline 351 \end{array}$ ⑭ $\begin{array}{r} 1\;\; \\ 627 \\ +148 \\ \hline 775 \end{array}$ ⑮ $\begin{array}{r} 1\;\; \\ 603 \\ +228 \\ \hline 831 \end{array}$

개념 키우기 155쪽

❶

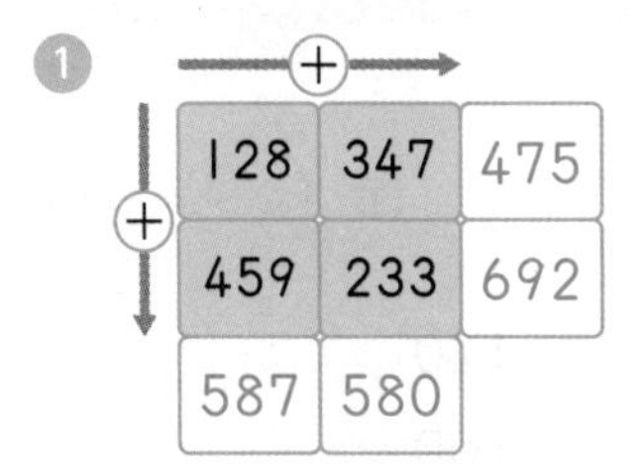

128	347	475
459	233	692
587	580	

❷

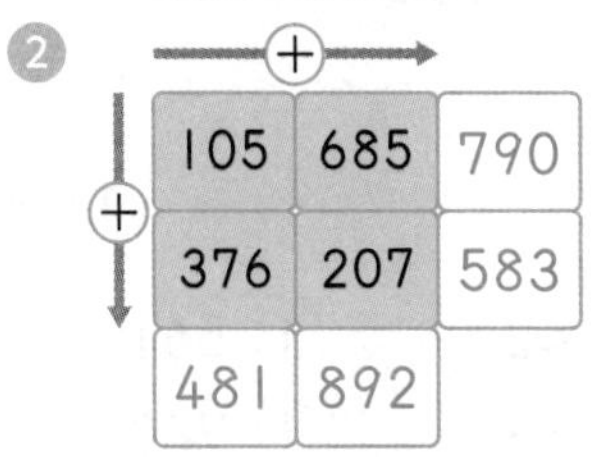

105	685	790
376	207	583
481	892	

❸

264	228	492
109	352	461
373	580	

❹

356	116	472
234	538	772
590	654	

도전해 보세요 155쪽

❶ 해설 참조　　❷ 위에서부터 8, 0, 9

❶ 방법1 예 세로셈으로 계산하기

$$\begin{array}{r} \scriptstyle 1 \\ 4\ 2\ 9 \\ +\ 1\ 0\ 5 \\ \hline 5\ 3\ 4 \end{array}$$

방법2 예 가로셈으로 계산하기

429+105=534

❷

$$\begin{array}{r} 4\ 8\ \boxed{❶} \\ +\ 3\ \boxed{❷}\ 8 \\ \hline 7\ \boxed{❸}\ 6 \end{array}$$

에서 일의 자리 수끼리의 덧셈을 보면 ❶+8의 일의 자리 결과가 6입니다.

어떤 수와 8을 더해서 일의 자리 결과가 6이 되는 수는 8+8=16입니다. 십의 자리 수끼리 덧셈은 16에서 10을 받아올림하여 1+8+❷=❸이 됩니다.

백의 자리 수끼리의 덧셈을 보면 4+3=7로 받아올림이 없으므로 십의 자리 수끼리 덧셈은 1+8+0=9입니다.

따라서 □ 안에 알맞은 수는 8, 0, 9입니다.

35 받아올림이 여러 번 있는 (세 자리 수)+(세 자리 수)

기억해 볼까요? 156쪽

❶ 353　❷ 690
❸ 587　❹ 860

개념 익히기 157쪽

❶ 1, 1; 613　❷ 1, 1; 700　❸ 1, 1; 532
❹ 1, 1; 473　❺ 1, 1; 633　❻ 1, 1; 921
❼ 1, 1; 1224　❽ 1, 1; 1204　❾ 1, 1; 1002
❿ 1; 1141　⓫ 1; 1091　⓬ 1; 1273
⓭ 1, 1; 460　⓮ 1; 1182　⓯ 1, 1; 1008

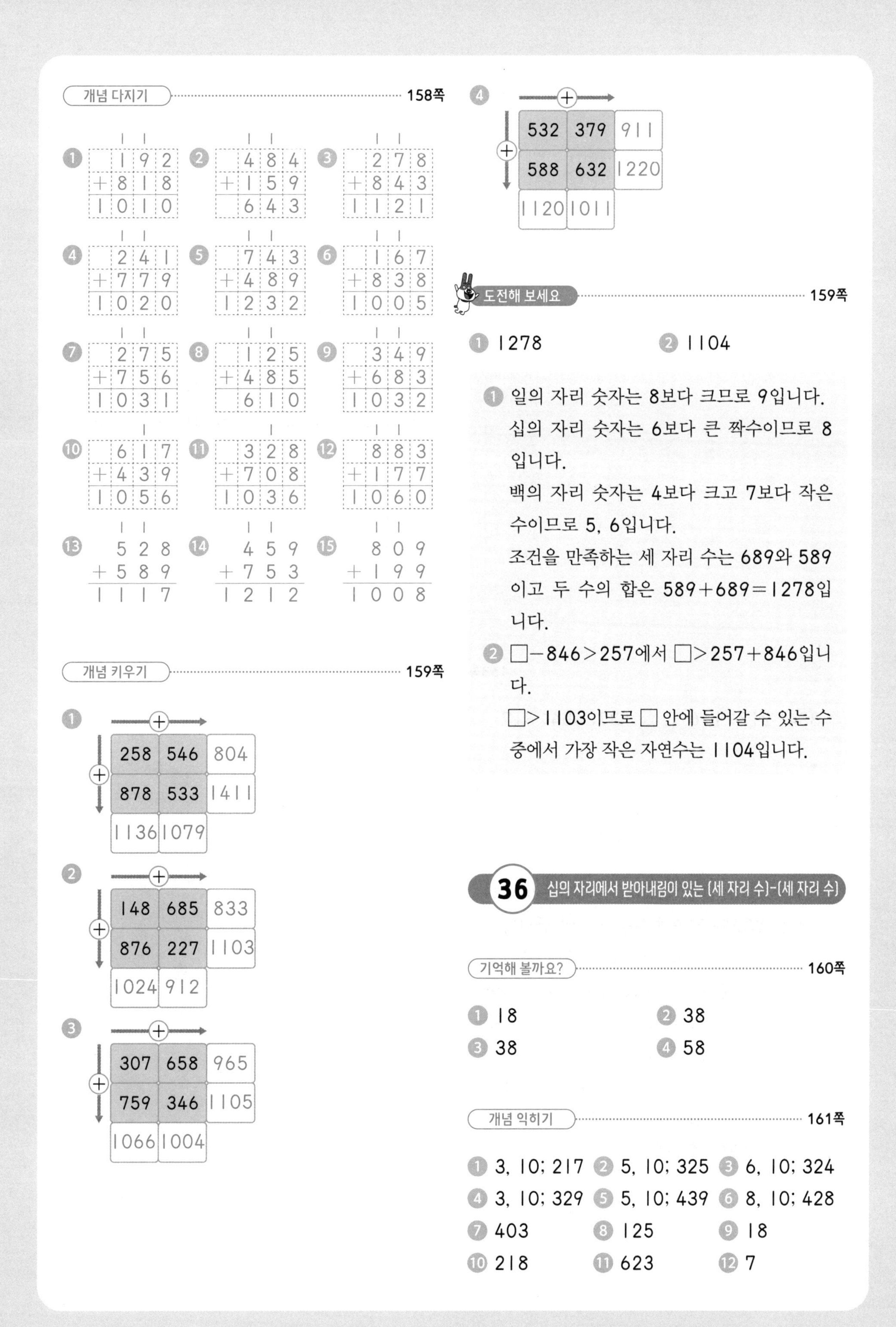

개념 다지기 ······ 158쪽

❶ 192 + 818 = 1010
❷ 484 + 159 = 643
❸ 278 + 843 = 1121
❹ 241 + 779 = 1020
❺ 743 + 489 = 1232
❻ 167 + 838 = 1005
❼ 275 + 756 = 1031
❽ 125 + 485 = 610
❾ 349 + 683 = 1032
❿ 617 + 439 = 1056
⓫ 328 + 708 = 1036
⓬ 883 + 177 = 1060
⓭ 528 + 589 = 1117
⓮ 459 + 753 = 1212
⓯ 809 + 199 = 1008

개념 키우기 ······ 159쪽

❶

258	546	804
878	533	1411
1136	1079	

❷

148	685	833
876	227	1103
1024	912	

❸

307	658	965
759	346	1105
1066	1004	

❹

532	379	911
588	632	1220
1120	1011	

도전해 보세요 ······ 159쪽

❶ 1278 ❷ 1104

❶ 일의 자리 숫자는 8보다 크므로 9입니다.
십의 자리 숫자는 6보다 큰 짝수이므로 8입니다.
백의 자리 숫자는 4보다 크고 7보다 작은 수이므로 5, 6입니다.
조건을 만족하는 세 자리 수는 689와 589이고 두 수의 합은 589+689=1278입니다.

❷ □−846>257에서 □>257+846입니다.
□>1103이므로 □ 안에 들어갈 수 있는 수 중에서 가장 작은 자연수는 1104입니다.

36 십의 자리에서 받아내림이 있는 (세 자리 수)-(세 자리 수)

기억해 볼까요? ······ 160쪽

❶ 18 ❷ 38
❸ 38 ❹ 58

개념 익히기 ······ 161쪽

❶ 3, 10; 217 ❷ 5, 10; 325 ❸ 6, 10; 324
❹ 3, 10; 329 ❺ 5, 10; 439 ❻ 8, 10; 428
❼ 403 ❽ 125 ❾ 18
❿ 218 ⓫ 623 ⓬ 7

개념 다지기 162쪽

① (2 10) 637 − 419 = 218
② (4 10) 558 − 329 = 229
③ (2 10) 732 − 515 = 217
④ (4 10) 451 − 214 = 237
⑤ (2 10) 330 − 117 = 213
⑥ (7 10) 983 − 526 = 457
⑦ (6 10) 875 − 347 = 528
⑧ (6 10) 273 − 145 = 128
⑨ (2 10) 534 − 129 = 405
⑩ (4 10) 657 − 638 = 19
⑪ (3 10) 740 − 703 = 37
⑫ (4 10) 953 − 337 = 616
⑬ (4 10) 156 − 149 = 7
⑭ 325 − 112 = 213
⑮ (2 10) 436 − 219 = 217

개념 키우기 163쪽

① 334; 218; 116 ② 137; 454; 317

도전해 보세요 163쪽

① 0, 1, 2, 3 ② 209

① $709<852-1\square3$에서 □를 구하기 위해서는 852와 709의 차를 알아야 합니다. $852-709=143$이므로 문제의 조건을 만족하기 위해서는 143보다 작은 수여야 합니다. 따라서 1□3에서 □에 알맞은 수는 3, 2, 1, 0입니다.

② 어떤 수를 □라고 하면 $\square+136=481$이고, $\square=345$입니다. 바르게 계산하면 $345-136=209$입니다.

37 받아내림이 두 번 있는 (세 자리 수)-(세 자리 수)

기억해 볼까요? 164쪽

① 228 ② 415
③ 527 ⑤ 548

개념 익히기 165쪽

① 5, 11, 10; 478 ② 4, 16, 10; 287
③ 8, 12, 10; 345 ④ 6, 10, 10; 348
⑤ 2, 13, 10; 167 ⑥ 3, 14, 10; 158
⑦ 359 ⑧ 35
⑨ 489 ⑩ 214
⑪ 593 ⑫ 343

개념 다지기 166쪽

① (2 16 10) 372 − 195 = 177
② (4 10 10) 512 − 256 = 256
③ (5 14 10) 657 − 358 = 299
④ (6 11 10) 723 − 567 = 156
⑤ (8 13 10) 941 − 362 = 579
⑥ (3 13 10) 443 − 287 = 156
⑦ (7 15 10) 864 − 575 = 289
⑧ (1 14 10) 256 − 177 = 79
⑨ (2 12 10) 333 − 197 = 136
⑩ (4 12 10) 532 − 456 = 76
⑪ (5 14 10) 650 − 152 = 498
⑫ (3 10) 741 − 436 = 305
⑬ (8 9 10) 904 − 167 = 737
⑭ (3 16 10) 472 − 399 = 73
⑮ (2 9 10) 304 − 298 = 6

개념 키우기 ····· 167쪽

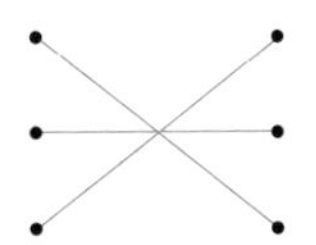

도전해 보세요 ····· 167쪽

① 181 ② 65
③ 11 ④ 124

① 서울에서 부산까지의 거리는 320 km이고, 서울에서 대전까지의 거리는 139 km이므로 서울에서 부산까지의 거리가 320−139=181(km) 더 멉니다.
② 부산에서 대전까지의 거리는 192 km이고, 부산에서 여수까지의 거리는 127 km이므로 부산에서 대전까지의 거리가 192−127=65(km) 더 멉니다.
③ 서울에서 대전에 들렀다가 부산을 가는 거리는 139+192=331(km)이고, 서울에서 바로 부산을 가는 거리는 320 km이므로 서울에서 대전에 들렀다가 부산을 가는 거리가 331−320=11(km) 더 멉니다.
④ 서울에서 여수에 들렀다가 부산을 가는 거리는 317+127=444(km)이고, 서울에서 바로 부산을 가는 거리는 320 km이므로 서울에서 여수에 들렀다가 부산을 가는 거리가 444−320=124(km) 더 멉니다.

38 여러 가지 방법으로 덧셈하기

기억해 볼까요? ····· 170쪽

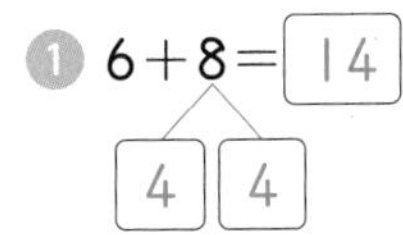
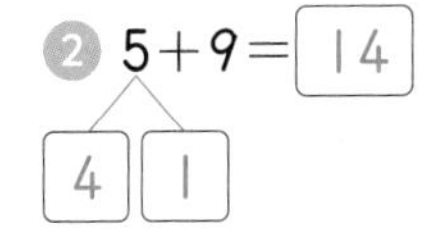

① 6+8=14 (4, 4)
② 5+9=14 (4, 1)

개념 익히기 ····· 171쪽

① 30, 50, 67
② 10, 30, 46

③ 35+39=74
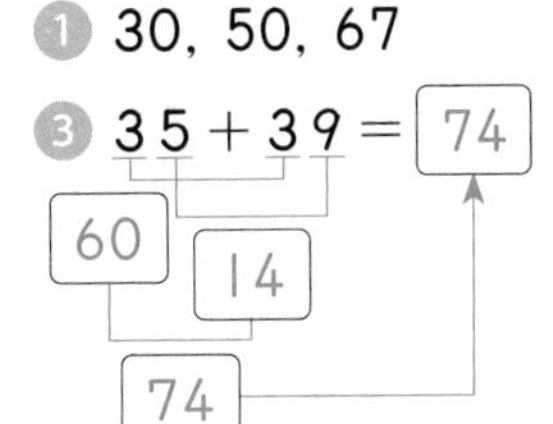

④ 47+24=71
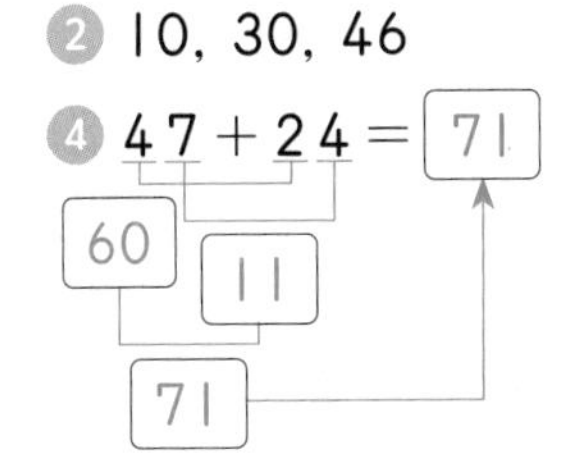

⑤ 15+48=63
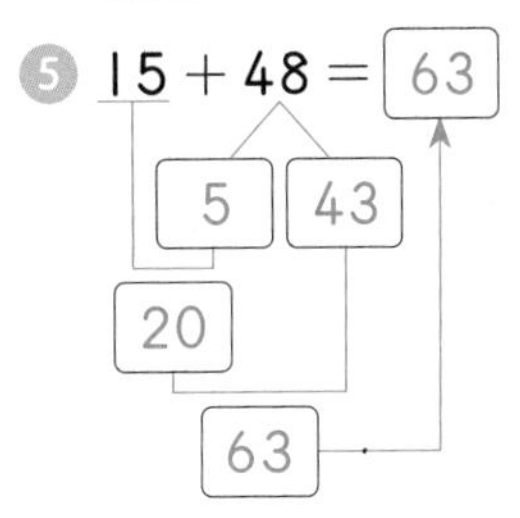

⑥ 24+58=82
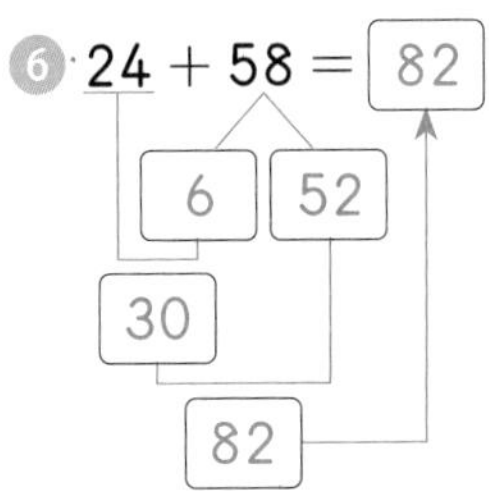

⑦ 36+26=62
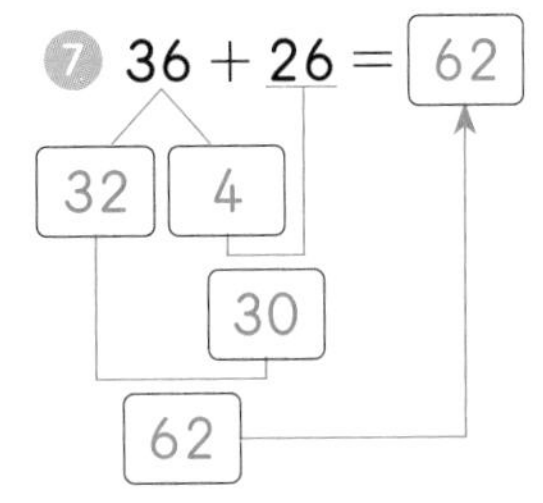

⑧ 55+37=92
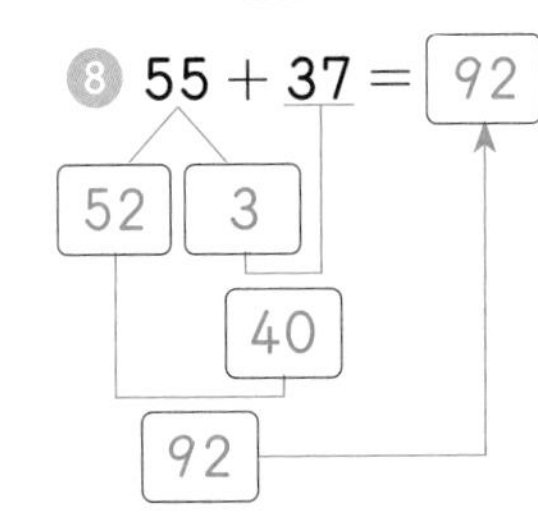

개념 다지기 ····· 172쪽

① 40, 50, 64
② 40, 60, 74

③ 46+25=71
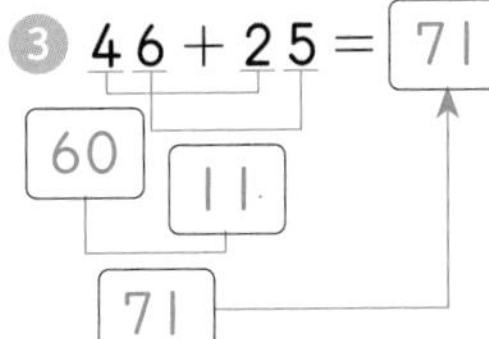

④ 32+49=81
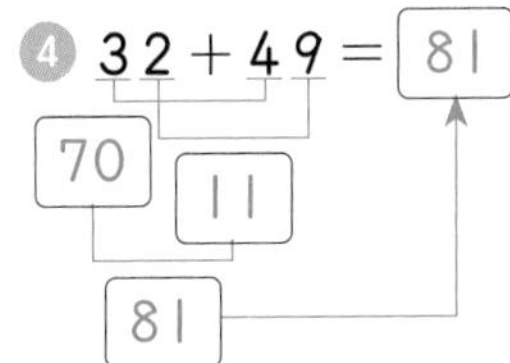

5 29 + 53 = 82

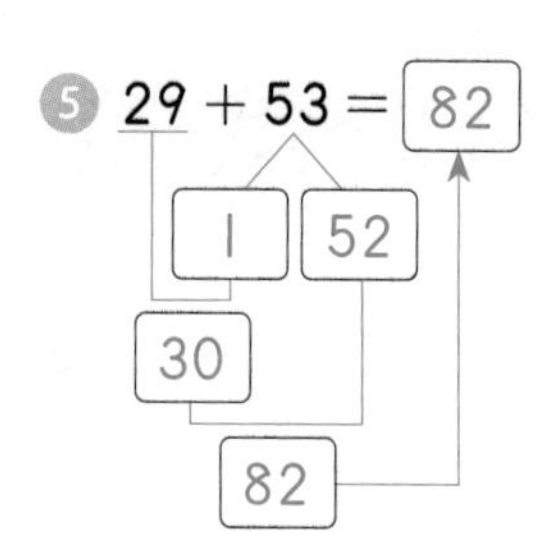

6 71 + 29 = 100

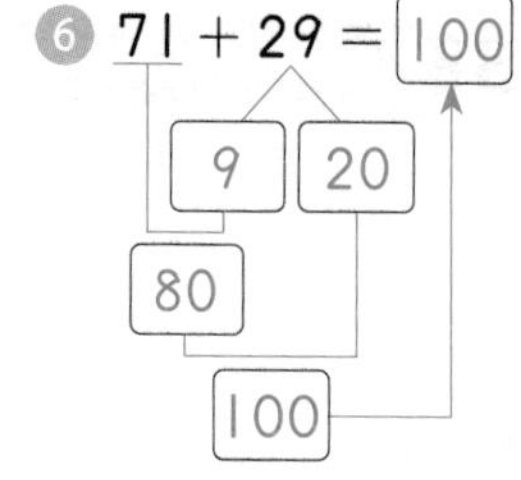

7 39 + 56 = 95

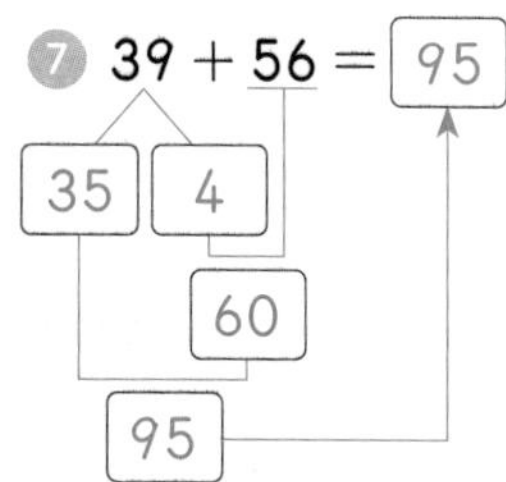

8 86 + 36 = 122

82 4

40

122

개념 키우기 173쪽

1 26 + 18 = 44
❶ 36
❷ 44

2 39 + 26 = 65
❶ 59
❷ 65

3 48 + 32 = 80
❶ 78
❷ 80

4 67 + 36 = 103
❶ 97
❷ 103

5 75 + 46 = 121
❶ 115
❷ 121

1 48 + 7 3 = 121

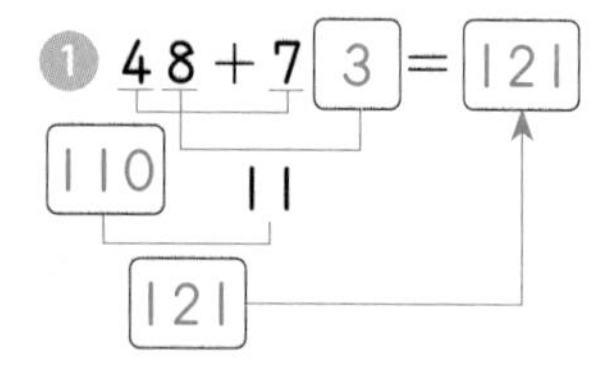

2 해설 참조

1

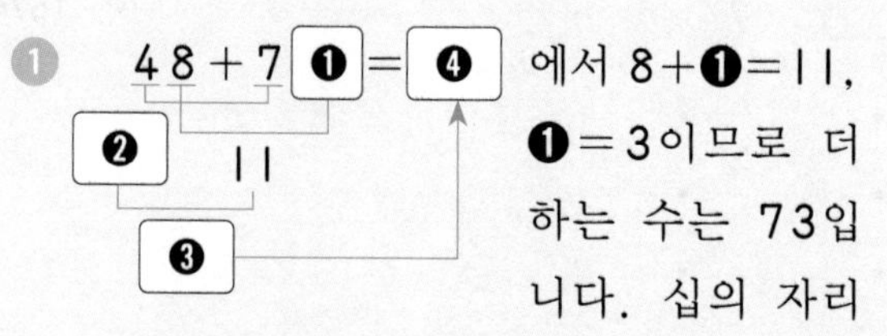

에서 8+❶=11, ❶=3이므로 더하는 수는 73입니다. 십의 자리 수끼리 더하면 40+70=110이므로 ❷는 110이고, 일의 자리 수끼리 더하면 11이므로 110+11=121입니다.

따라서 ❸=121, ❹=121입니다.

2 방법1 몇십과 몇으로 나누어 더하는 방법

$$26+49=20+40+6+9$$
$$=60+15$$
$$=75$$

방법2 뒤의 수를 가르기 하여 몇십으로 만들어 더하는 방법

26 + 49 = 75

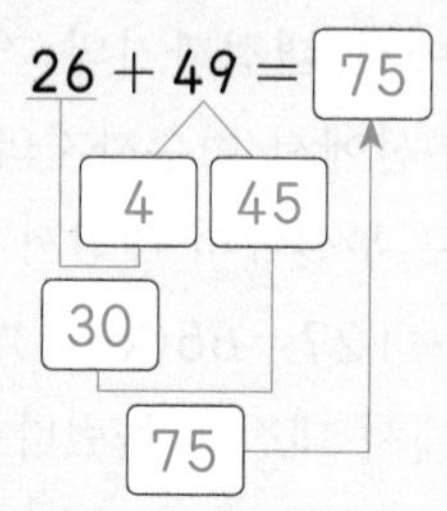

방법3 앞의 수를 가르기 하여 몇십으로 만들어 더하는 방법

26 + 49 = 75

25 1

50

75

39 여러 가지 방법으로 뺄셈하기

기억해 볼까요? 174쪽

1 16 − 8 = 8

2 15 − 7 = 8

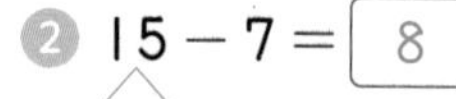

개념 익히기 175쪽

❶ 67 − 38 = 29
30, 8 / 37 / 29

❷ 37 − 19 = 18
10, 9 / 27 / 18

❸ 53 − 45 = 8
3, 42 / 50 / 8

❹ 71 − 24 = 47
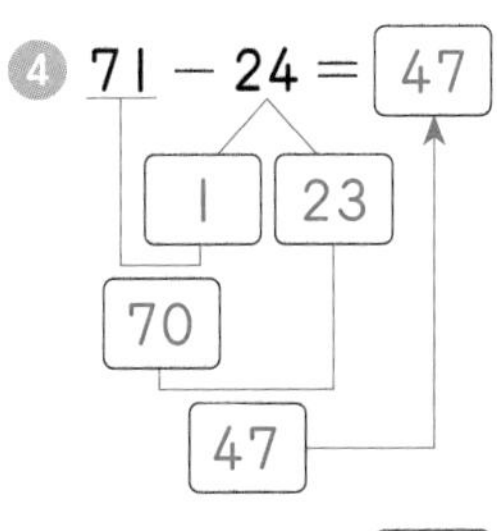
1, 23 / 70 / 47

❺ 72 − 53 = 19
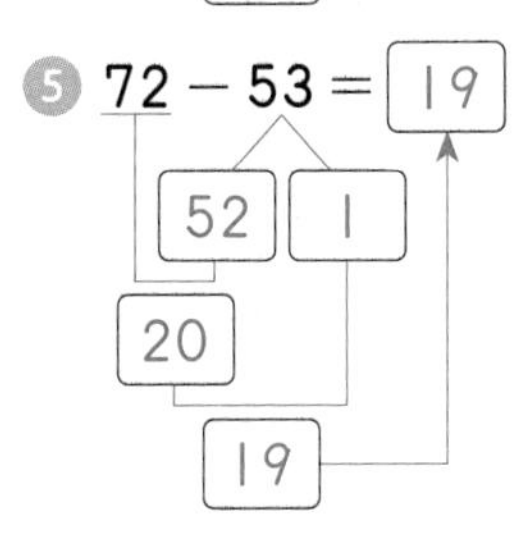
52, 1 / 20 / 19

❻ 66 − 38 = 28
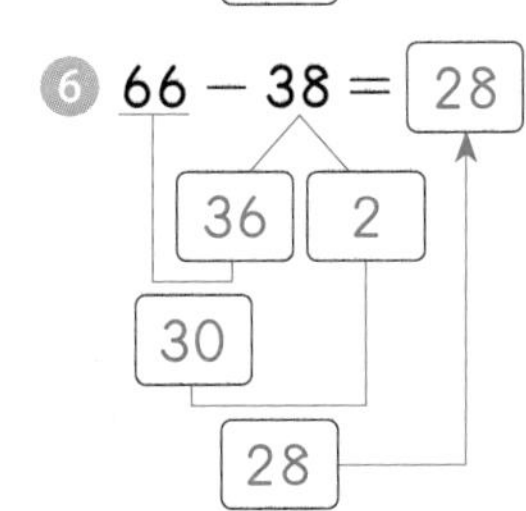
36, 2 / 30 / 28

개념 다지기 176쪽

❶ 65 − 34 = 31 (30, 4)

❷ 32 − 16 = 16 (10, 6)

❸ 55 − 27 = 28 (20, 7)

❹ 71 − 53 = 18 (50, 3)

❺ 43 − 17 = 26 (10, 7)

❻ 29 − 21 = 8 (20, 1)

❼ 35 − 17 = 18 (5, 12)

❽ 92 − 56 = 36 (2, 54)

❾ 27 − 19 = 8 (7, 12)

❿ 58 − 29 = 29 (8, 21)

⓫ 41 − 25 = 16 (1, 24)

⓬ 62 − 36 = 26 (2, 34)

⓭ 56 − 38 = 18 (36, 2)

⓮ 72 − 45 = 27
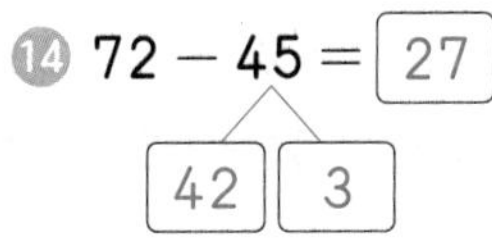
(42, 3)

⓯ 35 − 28 = 7 (25, 3)

⓰ 51 − 27 = 24 (21, 6)

⓱ 63 − 47 = 16 (43, 4)

⓲ 84 − 59 = 25 (54, 5)

개념 키우기 177쪽

❶ 75 − 47 = 28
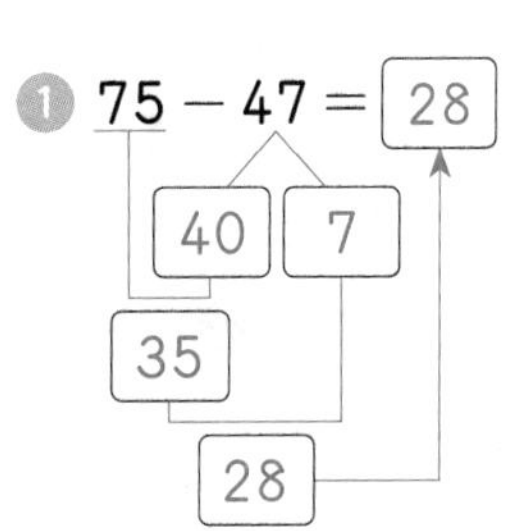
40, 7 / 35 / 28

❷ 75 − 47 = 28
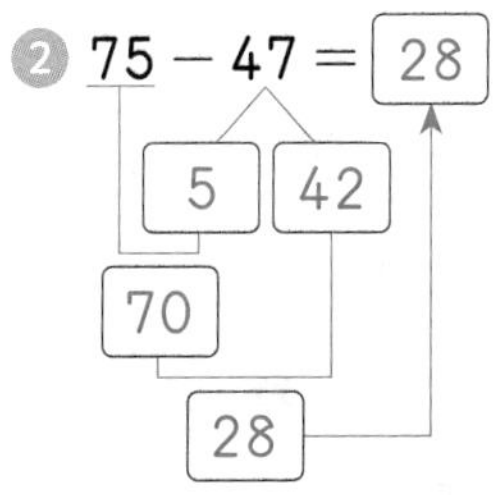
5, 42 / 70 / 28

❸ 75 − 47 = 28
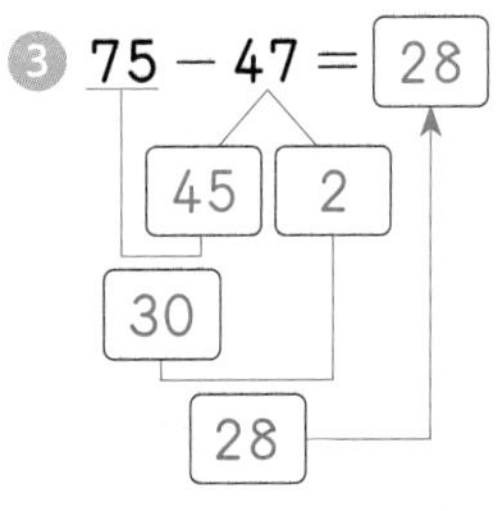
45, 2 / 30 / 28

❹ 93 − 51 = 42
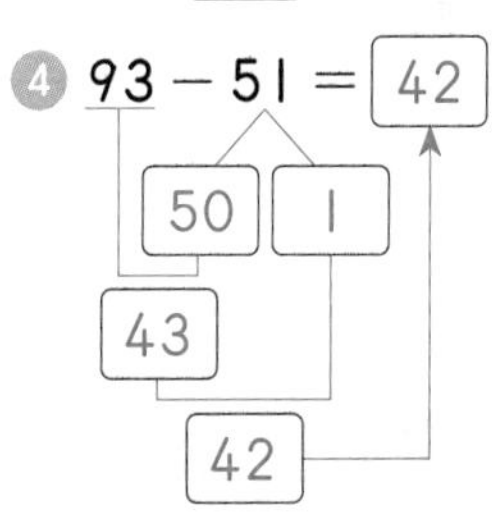
50, 1 / 43 / 42

❺ 93 − 51 = 42
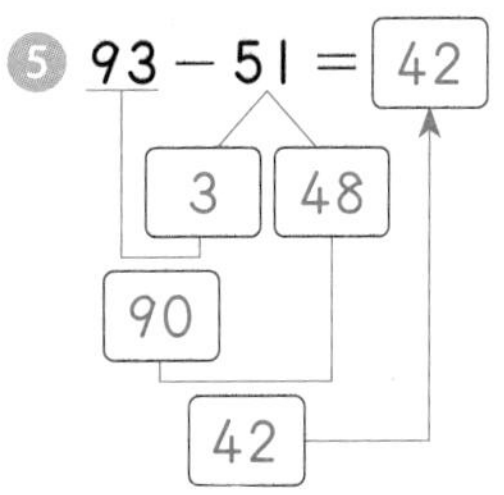
3, 48 / 90 / 42

❻ 93 − 51 = 42
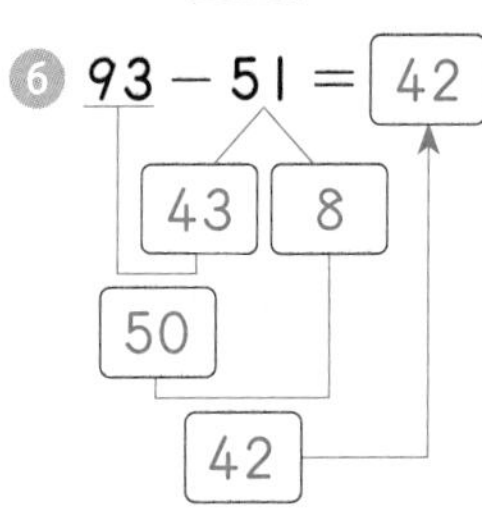
43, 8 / 50 / 42

도전해 보세요 177쪽

❶ 75 − 62 = 13
❷ 84 − 37 = 47
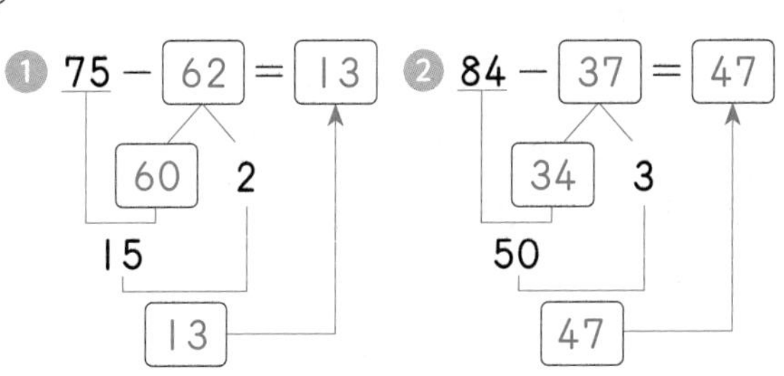
❶ 60, 2 / 15 / 13
❷ 34, 3 / 50 / 47

① 75 − ❷ = ❹ 에서 75−❶=15, ❶=60입니다. ❷를 60과 2로 가르기 하였으므로 ❷=62이고, ❸=15−2이므로 ❹=13입니다.

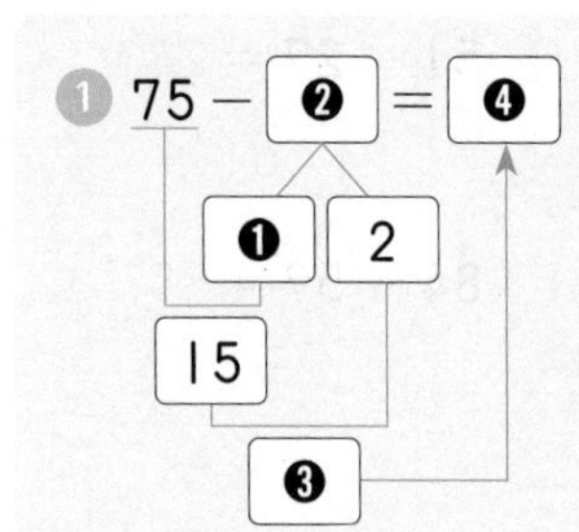

② 84 − ❷ = ❹ 에서 84−❶=50, ❶=34입니다. ❷를 34와 3으로 가르기 하였으므로 ❷=37이고,

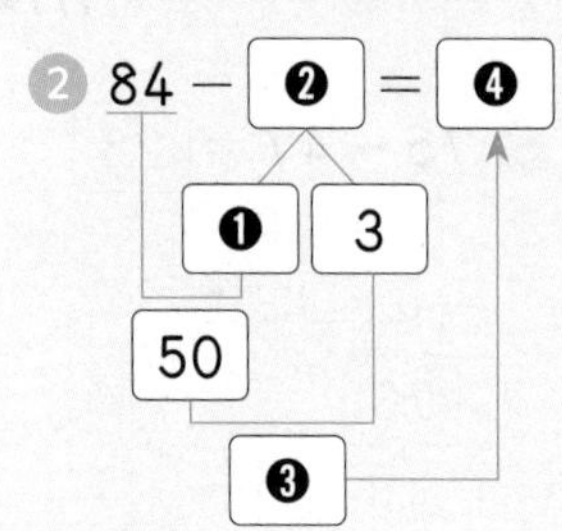

❸=50−3=47이므로 ❹=47입니다.

40 덧셈과 뺄셈의 관계

기억해 볼까요? ········· 178쪽

4, 5, 9; 5, 4, 9; 9, 5, 4; 9, 4, 5

개념 익히기 ········· 179쪽

① 45−29=16; 45−16=29

② 65−39=26; 65−26=39

③ 83−19=64; 83−64=19

④ 155−72=83; 155−83=72

⑤ 9+33=42; 33+9=42

⑥ 46+29=75; 29+46=75

⑦ 26+56=82; 56+26=82

⑧ 48+73=121; 73+48=121

개념 다지기 ········· 180쪽

① 61;

61−32=29

61−29=32

② 19;

19+54=73

54+19=73

③ 84;

84−37=47

84−47=37

④ 6;

6+47=53

47+6=53

⑤ 83;

83−64=19

83−19=64

⑥ 16;

16+67=83

67+16=83

⑦ 90;

90−72=18

90−18=72

⑧ 69;

69+22=91

22+69=91

개념 키우기 ········· 181쪽

① 덧셈식 24+17=41, 17+24=41

뺄셈식 41−24=17, 41−17=24

② 뺄셈식 62−34=28, 62−28=34

덧셈식 34+28=62, 28+34=62

도전해 보세요 ········· 181쪽

1 (1) 33−19=□; 14
(2) 29+45=□ 또는 45+29=□; 74

2 25+□=92; 67

1 (1) 덧셈식 19+□=33을 뺄셈식으로 나타내면 33−19=□, □=14입니다.
(2) 뺄셈식 □−29=45를 덧셈식으로 나타내면 29+45=□ 또는 45+29=□, □=74입니다.

2 봄이가 어제까지 읽은 책의 쪽수는 25쪽이고, 오늘 읽은 쪽수는 □입니다.
어제와 오늘 읽은 쪽수의 합은 92쪽이므로 덧셈식을 써 보면 25+□=92, □=92−25=67이므로 봄이가 오늘 읽은 쪽수는 67쪽입니다.

41 □의 값 구하기

········· 182쪽

1 32; 15
2 18; 45

개념 익히기 ········· 183쪽

1 18+□=56; □=56−18=38
2 27−□=11; □=27−11=16
3 □+25=42; □=42−25=17
4 □−47=24; □=24+47=71
5 33+□=51; □=51−33=18
6 □−18=27; □=27+18=45
7 □+19=46; □=46−19=27
8 □−31=35; □=35+31=66
9 □+15=22; □=22−15=7
10 □−26=38; □=38+26=64
11 25+□=91; □=91−25=66
12 42−□=17; □=42−17=25

개념 다지기 ········· 184쪽

1 □=41−24=17
2 □=19+36=55
3 □=52−39=13
4 □=71−13=58
5 □=73−16=57
6 □=71−27=44
7 □=34+17=51
8 □=83−54=29
9 □=73−49=24
10 □=25+57=82
11 □=32−25=7
12 □=71−42=29

개념 키우기 ········· 185쪽

1 □+23=41; 18
2 □−35=49; 84
3 36+□=72; 36
4 68−□=29; 39
5 □=17+35; 52
6 □=95−45; 50
7 □−7=32; 39
8 □−18=25; 43

도전해 보세요 ········· 185쪽

1 37+□=63; 26
2 72−□=47; 25

1 은수가 가진 구슬의 수는 37개이고, 오늘 더 산 구슬의 수를 □라고 하면 37+□=63이므로 오늘 산 구슬의 수는 □=63−37=26(개)입니다.

2 지효가 가지고 있던 사탕의 수는 72개이고, 동생에게 준 사탕의 수를 □라고 하면 72−□=47이므로 동생에게 준 사탕의 수는 □=72−47=25(개)입니다.

42 세 수의 덧셈, 세 수의 뺄셈

기억해 볼까요? 186쪽

1. 6+8=14 (4, 4)
2. 16−8=8 (6, 2)

개념 익히기 187쪽

1. 16+8+5=29
   16+8=24, 24+5=29
2. 32+9+17=58
   32+9=41, 41+17=58
3. 26+14+15=55
   26+14=40, 40+15=55
4. 45+17+24=86
   45+17=62, 62+24=86
5. 32−6−8=18
   32−6=26, 26−8=18
6. 44−9−18=17
   44−9=35, 35−18=17
7. 51−28−16=7
   51−28=23, 23−16=7
8. 74−45−18=11
   74−45=29, 29−18=11

개념 다지기 188쪽

1. 26+9+5=40 (35, 40)
2. 19+22+9=50 (41, 50)
3. 15+25+21=61 (40, 61)
4. 9+36+17=62 (45, 62)
5. 39+14+26=79 (40, 79)
6. 29+18+22=69 (40, 69)
7. 46+33+18=97 (51, 97)

❽ 8+51+28=87

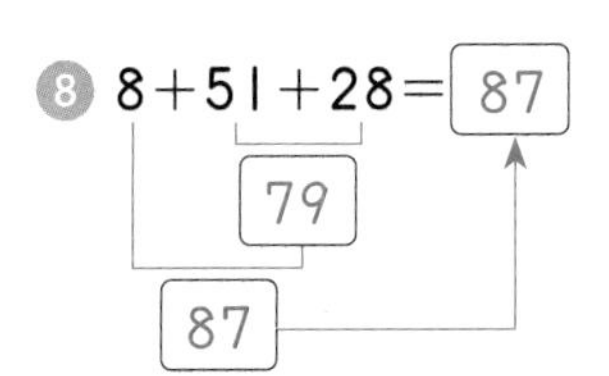

❾ 98　　❿ 122

개념 다지기 189쪽

❶ 33−6−8=19

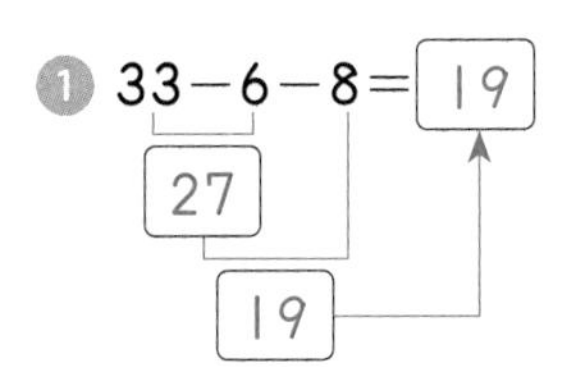

❷ 42−12−9=21

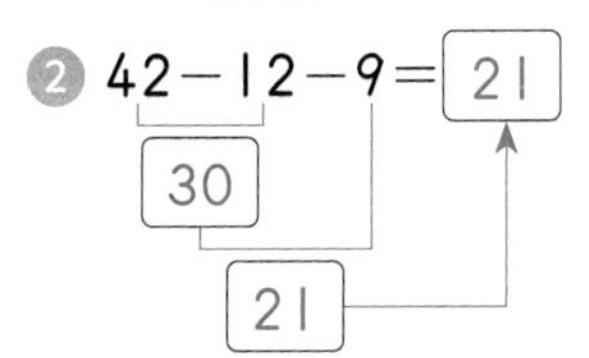

❸ 51−28−16=7

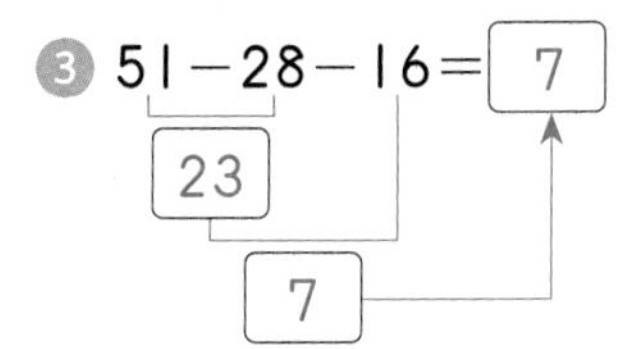

❹ 50−13−27=10

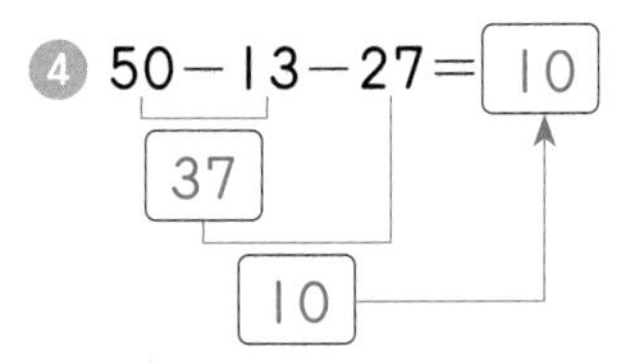

❺ 62−25−22=15

37, 15

❻ 75−29−38=8

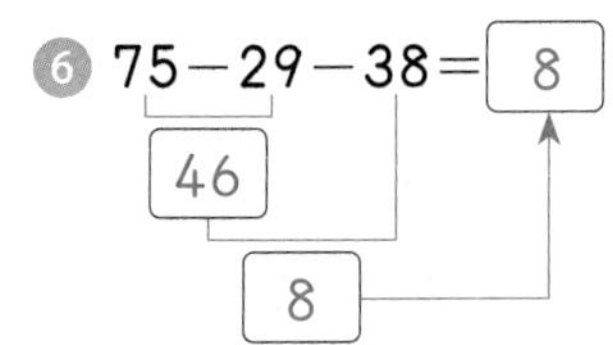

❼ 81−37−19=25

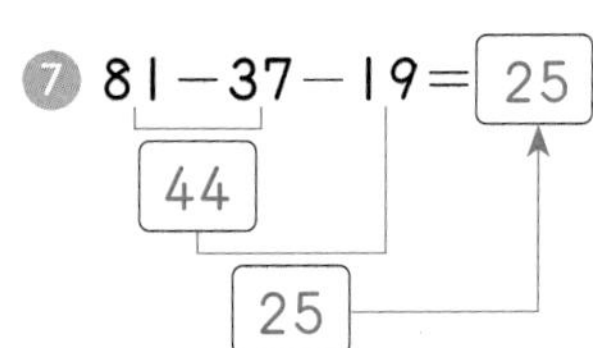

❽ 94−37−44=13

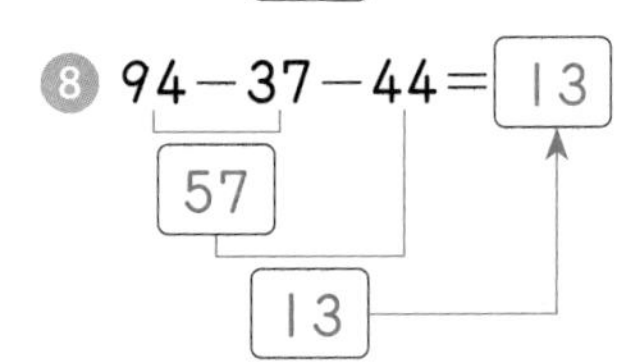

❾ 60　　❿ 39

개념 다지기 190쪽

❶ 71

15+39=54 → 54+17=71

❷ 17

60−16=44 → 44−27=17

❸ 68

14+29=43 → 43+25=68

❹ 19

66−28=38 → 38−19=19

❺ 151

64+29=93 → 93+58=151

❻ 10

92−35=57

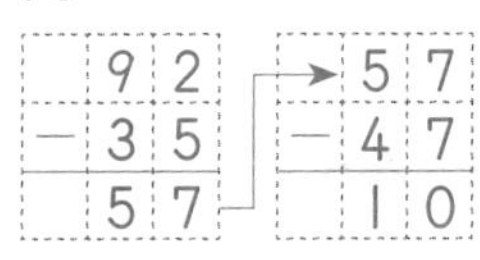

❼ 112

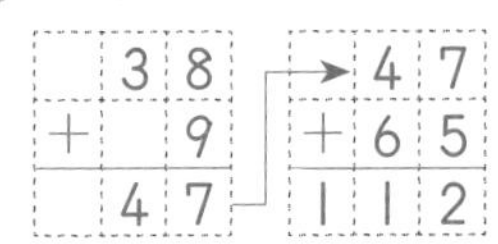

❽ 6

70−49=21

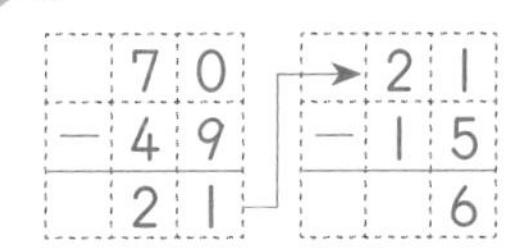

개념 키우기 191쪽

❶ 60　　❷ 71

❸ 69　　❹ 85

❺ 33　　❻ 9

❼ 24　　❽ 9

도전해 보세요 191쪽

❶ 60　　❷ 8

① 가을이가 모은 스티커는 37장, 겨울이가 모은 스티커는 가을이보다 8장 더 모았으므로 37+8=45(장), 여름이가 모은 스티커는 겨울이보다 15장 더 모았으므로 45+15=60(장)입니다.
다른 계산: 37+8+15=60(장)

② 봄이는 귤 25개 중에서 어제는 9개, 오늘은 8개를 먹었으므로 남은 귤의 수는 25−9−8=8(개)입니다.

43 세 수의 덧셈과 뺄셈

기억해 볼까요? 192쪽

① 61 ② 15

개념 익히기 193쪽

① 35+18−27=26 (53, 26)

② 72−37+19=54 (35, 54)

③ 42+39−57=24 (81, 24)

④ 81−33+29=77 (48, 77)

⑤ 33+59−25=67 (92, 67)

⑥ 68+14−37=45 (82, 45)

⑦ 42−13+62=91 (29, 91)

⑧ 77−49+25=53 (28, 53)

개념 다지기 194쪽

① 20 ② 55
③ 64 ④ 83
⑤ 55 ⑥ 84
⑦ 75 ⑧ 24
⑨ 56 ⑩ 40
⑪ 274 ⑫ 443
⑬ 590 ⑭ 706

개념 키우기 195쪽

① 예 72, 21, 56 ② 예 47, 15, 24
③ 예 81, 18, 27 ④ 예 37, 25, 46
⑤ 예 45, 31, 23, 53 ⑥ 예 74, 57, 35, 52

도전해 보세요 195쪽

① 해설 참조 ② 해설 참조

❶ 67－11＋32＝24

43

24

뺄셈과 덧셈이 섞인 세 수의 계산은 앞에서부터 차례로 계산해야 합니다.

따라서 바르게 계산하면

67－11＋32＝88

56

88

❷ 74－35－21＝60

14

60

에서 세 수의 뺄셈은 앞에서부터 차례로 계산해야 합니다.

따라서 바르게 계산하면

74－35－21＝18

39

18